国家出版基金资助项目

Projects Supported by the National Publishing Fund

国家出版基金项目
NATIONAL PUBLICATION FOUNDATION

钢铁工业协同创新关键共性技术丛书

主编　王国栋

高性能绿色化钢铁材料

刘振宇　等编著

北　京

冶金工业出版社

2021

内 容 提 要

本书主要介绍国民经济建设各领域的典型高性能钢铁材料、相关物理冶金原理及绿色化生产技术。具体包括普碳钢及绿色制造技术、高性能船体结构用钢及绿色制造技术、高性能海洋平台用钢特点及绿色制造技术、管线用钢及绿色制造技术、桥梁钢及绿色制造技术、锅炉压力容器用钢及绿色制造技术、高性能低温用钢特点及绿色制造技术、高性能大线能量焊接用钢特点及绿色化技术、高性能耐大气腐蚀钢及绿色制造技术。结合作者研究工作，对相关领域的基础研究、应用基础研究和工业应用进行了较为全面的阐述。

本书可供钢铁材料轧制加工领域的高校师生、科研人员和工程技术人员阅读参考。

图书在版编目（CIP）数据

高性能绿色化钢铁材料／刘振宇等编著．—北京：冶金工业出版社，2021.5

（钢铁工业协同创新关键共性技术丛书）

ISBN 978-7-5024-8984-7

Ⅰ.①高…　Ⅱ.①刘…　Ⅲ.①功能材料—钢—金属材料　Ⅳ.①TG142

中国版本图书馆 CIP 数据核字（2021）第 237129 号

高性能绿色化钢铁材料

出版发行	冶金工业出版社		**电　话**	（010）64027926
地　址	北京市东城区嵩祝院北巷 39 号		**邮　编**	100009
网　址	www.mip1953.com		**电子信箱**	service@ mip1953.com

责任编辑　卢　敏　美术编辑　彭子赫　版式设计　孙跃红
责任校对　郑　娟　责任印制　禹　蕊
北京捷迅佳彩印刷有限公司印刷
2021 年 5 月第 1 版，2021 年 5 月第 1 次印刷
710mm×1000mm　1/16；19.75 印张；381 千字；298 页
定价 **92.00 元**

投稿电话　（010）64027932　投稿信箱　tougao@cnmip.com.cn
营销中心电话　（010）64044283
冶金工业出版社天猫旗舰店　yjgycbs.tmall.com
（本书如有印装质量问题，本社营销中心负责退换）

《钢铁工业协同创新关键共性技术丛书》
总　序

　　钢铁工业作为重要的原材料工业，担任着"供给侧"的重要任务。钢铁工业努力以最低的资源、能源消耗，以最低的环境、生态负荷，以最高的效率和劳动生产率向社会提供足够数量且质量优良的高性能钢铁产品，满足社会发展、国家安全、人民生活的需求。

　　改革开放初期，我国钢铁工业处于跟跑阶段，主要依赖于从国外引进产线和技术。经过40多年的改革、创新与发展，我国已经具有10多亿吨的产钢能力，产量超过世界钢产量的一半，钢铁工业发展迅速。我国钢铁工业技术水平不断提高，在激烈的国际竞争中，目前处于"跟跑、并跑、领跑"三跑并行的局面。但是，我国钢铁工业技术发展当前仍然面临以下四大问题。一是钢铁生产资源、能源消耗巨大，污染物排放严重，环境不堪重负，迫切需要实现工艺绿色化。二是生产装备的稳定性、均匀性、一致性差，生产效率低。实现装备智能化，达到信息深度感知、协调精准控制、智能优化决策、自主学习提升，是钢铁行业迫在眉睫的任务。三是产品质量不够高，产品结构失衡，高性能产品、自主创新产品供给能力不足，产品优质化需求强烈。四是我国钢铁行业供给侧发展质量不够高，服务不到位。必须以提高发展质量和效益为中心，以支撑供给侧结构性改革为主线，把提高供给体系质量作为主攻方向，建设服务型钢铁行业，实现供给服务化。

　　我国钢铁工业在经历了快速发展后，近年来，进入了调整结构、转型发展的阶段。钢铁企业必须转变发展方式、优化经济结构、转换增长动力，坚持质量第一、效益优先，以供给侧结构性改革为主线，推动经济发展质量变革、效率变革、动力变革，提高全要素生产率，使中国钢铁工业成为"工艺绿色化、装备智能化、产品高质化、供给服务化"的全球领跑者,将中国钢铁建设成世界领先的钢铁工业集群。

2014年10月,以东北大学和北京科技大学两所冶金特色高校为核心,联合企业、研究院所、其他高等院校共同组建的钢铁共性技术协同创新中心通过教育部、财政部认定,正式开始运行。

自2014年10月通过国家认定至2018年年底,钢铁共性技术协同创新中心运行4年。工艺与装备研发平台围绕钢铁行业关键共性工艺与装备技术,根据平台顶层设计总体发展思路,以及各研究方向拟定的任务和指标,通过产学研深度融合和协同创新,在采矿与选矿、冶炼、热轧、短流程、冷轧、信息化智能化等六个研究方向上,开发出了新一代钢包底喷粉精炼工艺与装备技术、高品质连铸坯生产工艺与装备技术、炼铸轧一体化组织性能控制、极限规格热轧板带钢产品热处理工艺与装备、薄板坯无头/半无头轧制+无酸洗涂镀工艺技术、薄带连铸制备高性能硅钢的成套工艺技术与装备、高精度板形平直度与边部减薄控制技术与装备、先进退火和涂镀技术与装备、复杂难选铁矿预富集-悬浮焙烧-磁选(PSRM)新技术、超级铁精矿与洁净钢基料短流程绿色制备、长型材智能制造、扁平材智能制造等钢铁行业急需的关键共性技术。这些关键共性技术中的绝大部分属于我国科技工作者的原创技术,有落实的企业和产线,并已经在我国的钢铁企业得到了成功的推广和应用,促进了我国钢铁行业的绿色转型发展,多数技术整体达到了国际领先水平,为我国钢铁行业从"跟跑"到"领跑"的角色转换,实现"工艺绿色化、装备智能化、产品高质化、供给服务化"的奋斗目标,做出了重要贡献。

习近平总书记在2014年两院院士大会上的讲话中指出,"要加强统筹协调,大力开展协同创新,集中力量办大事,形成推进自主创新的强大合力"。回顾2年多的凝炼、申报和4年多艰苦奋战的研究、开发历程,我们正是在这一思想的指导下开展的工作。钢铁企业领导、工人对我国原创技术的期盼,冲击着我们的心灵,激励我们把协同创新的成果整理出来,推广出去,让它们成为广大钢铁企业技术人员手中攻坚克难、夺取新胜利的锐利武器。于是，我们萌生了撰写一部系列丛书的愿望。这套系列丛书将基于钢铁共性技术协同创新中心系列创新成果，以全流程、绿色化工艺、装备与工程化、产业化为主线，结合钢铁工业生产线上实际运行的工程项目和生产的优质钢材实例，系统汇集产学研协同创新基础与应用基础研究进展和关键共性技术、前沿引领技术、现代工程技术创新，为企业技术改造、转型升级、高质量发展、规划未来发展蓝图提供参考。这一想法得到了企业广大同仁的积极响应，全力支持及密切配合。冶金工业出版社的领导和编辑同志特地来到学校，热心指导，提出建议，商量出版等具体事宜。

国家的需求和钢铁工业的期望牵动我们的心，鼓舞我们努力前行；行业同仁、出版社领导和编辑的支持与指导给了我们强大的信心。协同创新中心的各位首席和学术骨干及我们在企业和科研单位里的亲密战友立即行动起来，挥毫泼墨，大展宏图。我们相信，通过产学研各方和出版社同志的共同努力，我们会向钢铁界的同仁们、正在成长的学生们奉献出一套有表、有里、有分量、有影响的系列丛书，作为我们向广大企业同仁鼎力支持的回报。同时，在新中国成立 70 周年之际，向我们伟大祖国 70 岁生日献上用辛勤、汗水、创新、赤子之心铸就的一份礼物。

中国工程院院士 王一德

2019 年 7 月

前　言

　　钢铁是经济建设中最重要的结构材料，支撑国民经济的持续高速发展。但我国钢铁生产的排放量达到我国工业排放总量的15%，造成严重的环境污染，同时面临资源枯竭这一严重问题，而且高端钢铁材料仍严重依赖进口。因此，开发"资源节约、环境友好、性能优异、品质优良"的高性能钢铁材料，是支撑我国经济高速优质发展，满足能源、交通、国防等领域重大设施建设急需关键原材料的重要前提。

　　本书基于普碳钢、微合金钢和合金钢等典型热轧钢铁材料特点，介绍热轧钢材组织性能控制的再结晶、相变和析出控制的基本金属学原理。以超快速冷却技术为基础，结合船体结构用钢、海洋平台用钢、管线用钢、桥梁用钢、工程机械用钢、建筑结构用钢、锅炉压力容器用钢、低温用钢和耐大气腐蚀钢等典型热轧产品，介绍了组织细化、晶粒形态和晶界特性可控的一体化控制工艺，相变进程、相变产物和相稳定性、比例、形态、尺寸和分布可控的一体化控制工艺，以及析出粒子尺寸、形态、分布和相界面结构可控的一体化控制工艺。实现了利用不同物理冶金学原理"量身打造"钢铁材料使用性能的目标，满足我国经济建设、国防建设和工程设施等领域对关键原材料的重大需求，同时有效降低了贵金属元素的使用量。

　　编写本书的目的是针对国民经济建设领域的关键钢铁结构材料及相关绿色化制造技术进行概述，为钢铁材料高质化发展和绿色制造提供一定支撑。希望本书的编写能为钢铁领域相关人员提供有益参考。

　　本书第1章由任家宽编写，第2章由周晓光编写，第3章由刘振宇、崔聪编写、第4章由周晓光、李鑫编写、第5章由陈俊、李健编写，第 6 章由刘振宇、高野编写、第 7 章由唐帅编写，第 8 章由陈礼清、邱春林、焦军红编写、第 9 章由刘振宇、陈其源编写、第 10 章由杜林秀、王志国编写。

由于学识、水平所限，书中不妥和疏漏之处，敬请批评指正。

作　者
2020 年 12 月

目　　录

1 普 碳 钢

1.1 概述

钢铁材料具有价格低廉、资源丰富、生产规模大、易于加工使用、性能可靠、便于回收等众多优势。在 21 世纪，钢铁仍然被认为是主导的一种材料，而且我国钢铁一直以来都是国民经济发展中使用最多、最重要的材料之一。随着当前我国经济可持续的健康发展，钢铁工业产量也逐步实现了可持续、快速增长。钢铁工业已快速发展，并成为了国民经济的一个重要基础性支柱产业，有效地支撑了我国国民经济平稳、快速健康发展[1~2]。自 1996 年以来，我国钢产量一直保持世界首位。2005 年，我国生产的钢铁产品总量已经累计达到 3.52 亿吨。在"十一五"期间，我国全年粗钢生产总量进一步快速增长，由 3.5 亿吨增加至 6.3 亿吨，年均国内生产总值规模同比增长 12.2%，钢材在国内的市场占有率也由 92% 大幅增加至 97%。2010 年，钢铁企业累计完成钢铁工业综合总产值 7 万亿元，占全国工业总产值的 10%。2011 年，我国钢铁产量已达到 6.9 亿吨，产量比上年增长 8.9%，占全球钢铁产量的 70%，约相当于世界其他新兴地区和发达国家的产量总和的 2.5 倍。2012 年，我国粗钢生产能力已经到达 7.2 亿吨。2019 年我国粗钢产量达 9.96 亿吨。2020 年全年我国粗钢产量首次突破 10 亿吨，钢材消费量达到 9.7 亿吨以上，双双再创历史新高，成为全球历史上首个粗钢产量超过 10 亿吨的国家。钢铁工业产品是我国建筑、机械、汽车、家电、造船等各个加工行业的持续迅猛发展所必需的原材料保障[3]。

进入 21 世纪以来，随着我国国民经济的进步和飞速发展，面对经济持续快速增长的市场发展要求和日益严峻的市场环境问题，各个行业都已经对于钢铁制造工业提出了越来越高的技术要求：一方面，国民经济中的各个部门都需要采用高性能、高精度和成本廉价的先进钢铁材料；另一方面，社会发展也给钢铁在生产、加工、利用以及回收再利用等各个环节提出了节约能源、节省矿产资源、保护环境的要求。从落实科学发展观角度来看，具有良好的高性能、高精度、低成本和绿色化特点的钢铁原材料将被认为是当前适应未来我国经济建设与社会发展的必然趋势[4~6]。在当今巨大的钢产量中，普碳钢的生产占有绝大部分比例。普碳钢中含有的化学杂质和其他非金属夹杂物虽然较多，但由于冶炼工艺简单、工艺性好、价格便宜、产量大，广泛应用于加工制造各种工程建筑结构件和承载力不大的机械部件，因而在工业中普遍应用[7]，具有广阔的市场和应用前景。

1.2 普碳钢特点

碳素钢，简称碳钢，是指含碳量小于2.11%的铁碳合金，除碳外一般还含有少量的硅、锰、硫、磷，不含其他合金元素。按照其用途，可以将碳素钢划分为碳素结构钢和碳素工具钢两种，而碳素结构钢又可进一步细化分为建筑结构钢和机器制造结构钢两种。按照碳素钢的含碳量可以把碳素钢划分为三类：低碳钢（碳含量<0.25%）；中碳钢（碳含量0.25%~0.6%）和高碳钢（碳含量>0.6%）。按照磷、硫的含量可以将碳素钢划分为一般碳素钢（含磷、硫比较高）、优质碳素钢（含磷、硫比较少）和高级优质钢（含磷、硫更低）。根据含锰量的不同，又可划分为普通含锰量（0.25%~0.8%）和较高含锰量（0.7%~1.2%）两种。添加适量的锰元素可以提高钢材的淬透性，强化铁素体，提高钢的屈服强度、抗拉强度和耐磨性。通常在锰含量较高的钢的牌号后附加标记"Mn"，如15Mn、20Mn以区别于正常含锰量的碳素钢。碳素钢的性能主要取决于碳含量和其组织结构，一般碳素钢中含碳量较高则强度也越高，硬度也会越高，但塑性会较低，其用途主要用于工程结构和机械零件，是机械工业的主要材料。

普碳钢按其屈服强度可划分为五个等级，钢的牌号由代表屈服点的字母、屈服强度、质量等级符号、脱氧方法符号等四个部分按顺序组成。以钢结构中常用的牌号Q235AF钢为例，其中"Q"，是钢材屈服点"屈"字汉语拼音的首位字母；"235"为该牌号钢的屈服强度，表明该钢材的屈服强度为"235MPa"；"A"为钢材的质量等级符号，共分为A、B、C、D四个等级；"A"级为最低等级，"D"级为最高等级；"F"是沸腾钢"沸"字汉语拼音的首位字母，表明该钢材为沸腾钢。钢材牌号尾部若标明"B"字母，则表明该钢材为半镇静钢，"B"为半镇静钢"半"字汉语拼音的首位字母；"Z"字母是镇静钢"镇"字汉语拼音的首位字母，代表镇静钢；"TZ"字母是特殊镇静钢"特镇"两字汉语拼音的首位字母，代表特殊镇静钢。在钢的牌号组成表示方法中，"Z"与"TZ"符号予以省略，"F""B""Z"和"TZ"四种符号表示钢锭浇铸时的脱氧程度。镇静钢是用铝、硅等充分脱氧的钢，浇铸时放出气体少，质量好，但价格高。沸腾钢是用锰铁脱氧，但由于脱氧不充分，浇铸时在钢锭中有沸腾现象，质量不够均匀，但生产率较高。介于镇静钢和沸腾钢之间的是半镇静钢。

综上所述，普碳钢具有明显的发展优势和潜力：首先，在普碳钢中不含Nb、V、Ti、Ni、Mo等价格昂贵的合金成分，具有生产成本低的特点。其次，普碳钢节约了合金资源，避免了合金元素在钢中无法回收的问题，有利于钢材的循环利用，符合绿色化的要求。三是普碳钢易于切削加工，成型性好，具有高精度的特点。因此，在此基础上，如果能有效的利用强化方式，充分提高普碳钢的强度，改善其综合性能，达到高性能的要求，那么产量如此高的普碳钢，将对国民经济的发展起到非常巨大的推动作用[8]。

1.3 发展历史及现状

1890 年至第二次世界大战期间，普碳钢控制轧制（C-R）和控制冷却（C-C）技术的研究在德国率先展开，当时的科研人员对钢铁的热加工工艺、材质和显微组织的对应关系进行了相对零散的研究，成为早期研究控轧和控冷技术的先驱，但是也缺乏一定的系统性。到了 20 世纪 60 年代初期，美国科研人员定性地解释了热轧后的钢材继续发生奥氏体再结晶的动力学变化，从理论上某种程度地解释了控制轧制技术。到了 20 世纪 60 年代末期，研究人员通过实验发现，添加微量元素 Nb 对提高单纯轧制钢材的强度有效。随后进一步的研究表明，造成 Nb 系钢材强度高的原因，是由于微细 Nb（C，N）的铁素体析出相强化造成的。同期英国钢铁研究机构（British Iron Steel Research Association）对轧制钢材的显微组织和力学性能的定量关系，Nb、V 的强化机理，控制轧制原理等进行了研究。到了 20 世纪 70 年代在奥氏体控制轧制的基础上，通过控制冷却速度来控制相变本身，于是开始了真正意义的控制轧制和控制冷却（简称"控轧控冷"或"TMCP"）技术[9,10]。20 世纪 70 年代以来，控轧控冷技术越来越受到重视，并在生产中得到广泛应用。例如法国生产的中厚钢板，控轧板约占 60%。近年来国外新建的中厚板轧机和热带轧机大都按控轧要求设计允许承载能力大、刚性好，设有控冷装置和配置，有完善的测试仪表及控制系统，能精确地控制各工艺参数，满足各种控轧控冷技术的发展和应用。20 世纪 80 年代以来，控制轧制控制冷却技术又有新的进展，开发了一些新的控轧方法，如多坯交叉轧制法等；超低温加热临界控制法，其特点是板坯加热温度低，在 1000℃ 以下，能生产出焊接性能良好的低温用超低碳贝氏体钢、α-M 双相钢及钛-钒铁素体-珠光体钢。TMCP 成为提高低温韧性、焊接性能，节能，降低碳当量，节省合金元素以及提高冷却均匀性，保持良好板形等，具有良好优越性的好方法[11]。

20 世纪 70 年代前半期至 1985 年前后，控制轧制技术高度发展并在世界范围内普及。有关控制轧制的研究到这一时期已积累了很多。小指军夫在已经建立的理论基础上，加上独自的研究结果，归纳总结为"高温加工热处理的热轧"，到现在也常被引用。

田中等人提出了"控制轧制三阶段工艺"，即第一阶段是在 1000℃ 以上轧制的再结晶阶段；第二阶段是从 950℃ 到 A_{i3} 温度；第三阶段是在低于 A_{i3} 温度的 α+γ 两相区轧制。同时他还提出在第一阶段的奥氏体轧制中，如果一个道次压下率为 8%，会造成应变诱发引起的奥氏体晶界的移动，生成局部粗大晶粒。合田等人对双相区轧制相变后铁素体形态做了研究，得出结论：以低压下率轧制的铁素体产生动态的复位，该组织极其稳定。1975 年住友金属实现了 SHT 法在新型中厚板控制轧制中的应用。该方法是连续加热两次、轧制两次，在最初的加热轧制后，冷却到相变点以下，再在加热炉内进行 900~950℃的低温加热，再进行轧制。精轧初始阶段为拥有细小晶粒尺寸的奥氏体组织，经轧制后进一步细化，利用两相区轧制的优点，可获得良好的低温韧性。20 世纪 70 年代人们相继开发出高强度的剪切变形高强钢，新仓等人研究了超低碳贝氏体和针状铁素体的相变及其强度和韧性的本质。

1982 年前后，日本新日铁、住友金属等钢铁企业都在设法提高控制轧制技术水平，对理论的研究也更深入。田野等人认为，如果模拟控制冷却，使加工后未再结晶状态的奥氏体进行恒温相变，与奥氏体晶界相比，温度越低，晶内变形带从双晶界面产生大量晶核，从而使铁素体晶粒变细。通过控制冷却的方式可以减弱钢板组织、性能对控制轧制的依赖性。随后阿部等人认为，即使在不产生变形带这种很小的应变的情况下，因控制冷却引起从未再结晶奥氏体晶粒内产生晶核这一现象，也会受到促进，并且因回复、再结晶的发生，导致形核率降低。因此，认为形核质点是位错、晶粒、亚晶界、第二相夹杂物。冈口等人对微量添加元素在控制冷却中的作用做了论述，特别是证实了固溶 Nb、Ti 元素在提高淬透性、细化奥氏体晶粒和促进贝氏体相变方面的作用是显著的[12]。Coldren 等人认为，如果对相变强化型针状组织铁素体钢进行控制冷却，得到多边形铁素体+针状铁素体组织，使后者的体积百分比增加，最终可以有效提高强度而不牺牲韧性[13]。大谷等人认为，低碳贝氏体钢通过控制冷却，对同一强度的钢材可以有效减少合金元素的添加，这表明了冷却速度和合金元素的互换性和等价性[14]。

在 20 世纪 60 年代，我国有较多的单位就展开了控制轧制这方面的研究工作，但迅速发展期还是始于 70 年代中后期，如北京钢铁研究总院、东北工学院（东北大学）、太钢、武钢、鞍钢、本钢以及上海的几个钢厂等都相继展开了控轧轧制方面的研究工作，并将大量的研究成果成功地应用到了实际生产中。在此期间，在控制轧制基础理论和机理方面也开展了大量的研究工作，特别是近几年来，取得了许多新成就。例如，在高温奥氏体形变再结晶、形变诱导 γ-α 相变、α 晶粒的细化和不均匀性、(γ+α) 两相区轧制、低温控轧钢的层状撕裂、形变和冷却过程中析出和溶解规律、控制轧制钢的强初化机制以及控制轧制钢的抗腐蚀性等方面的研究上达到了本学科发展的世界前沿[15]。

1998 年东北大学国家重点实验室接受国家重大基础研究项目，利用 TMCP 工艺使现有的 200MPa 级别的普碳钢在成分基本不变的条件下，屈服强度提高一倍，并具有良好的塑性和韧性。之后与宝钢公司合作，在 2050mm 热连轧生产线上实现了 400MPa 超级热轧带钢的工业试制和工业生产。随后这种新一代钢铁材料被一汽集团用作卡车底盘发动机前置横梁，不但各项指标全部满足要求，而且每吨钢材可以节省成本 200～300 元，取得了良好的经济效益和社会效益。

2005 年东北大学国家重点实验室与首钢钢铁公司共同研究了 Q345 中厚板控轧控冷的生产工艺，确定了 Q345 中厚板的最佳 TMCP 生产工艺，使钢板的平均晶粒度达到 10～12 级，带状组织降低到 1.5 级以下[16]。自 2005 年开始，鞍钢针对 TMCP 工艺在船板生产上的应用展开了深入的研究。2006 年初，鞍钢集团在 TMCP 工艺下生产的普通强度、高强度、超高强度船板钢及海洋工程用钢板等系列产品一次性顺利通过中国、英国、挪威、美国、德国等 9 国船级社认证，钢板厚度由 40mm 提高到 100mm，强度级别最高达到超高强 FH550，钢种由原来的 10 个增加到 128 个[17]。

2007 年安徽工业大学联合安徽高校金属材料与加工重点实验室及北京钢铁研究总院、马鞍山钢铁公司等多家单位共同研究了 N 含量和 TMCP 参数对低碳合金 V-N 钢力学性能和显微组织的影响，认为降低终轧温度可以有效细化组织，强度也可因此而得到提高[18]。于爱民通过对 700MPa 级低碳贝氏体钢轧制工艺的研制分析，制定出合理的轧制工艺，成功地开发出 TMCP 工艺下的 700MPa 级低碳贝氏体钢[19]。NKK 公司成功研发出建筑用 TMCP 型高韧性超厚 H 型钢 HIBIL-H，开发了现有轧机最大限度控轧效果的新控冷法和在以再结晶区域轧制为前提的变形热处理条件下的合金设计及材质控制法，来生产具有高韧性、高焊接性的建筑结构用高韧性超厚 H 型钢，可以有效抵抗地震等灾害的破坏[20]。

东北大学国家重点实验室进一步研究了 TMCP 技术对低碳锰钢组织和力学性能的影响，得出通过控制终轧温度和卷取温度可以实现细晶强化、贝氏体相变强化和析出强化的复合强化的结论[21]。东北大学国家重点实验室联合首钢利用 TMCP 技术以普通 Q235 坯料成功地试制出了性能合格的 Q345 级中厚板。所研制的 Q235 升级钢板具有屈强比低（0.69～0.77）、伸长率高（平均 26.5%）和焊接性能良好的特点，具有良好的推广和应用前景[22]。近期，王国栋院士提出了以超快冷为核心的新一代 TMCP。与传统 TMCP 技术中的"低温大压下"和"微合金化"的理念不同，新一代 TMCP 利用超快速冷却技术固化连续轧制所得硬化奥氏体，这是一项节省资源和能源、有利于材料循环利用、促进社会可持续发展的新技术[23]。

1.4 普碳钢绿色化生产技术的进展

1.4.1 绿色化控轧控冷技术的原理

控制轧制和控制冷却技术的核心是晶粒细化和细晶强化。在控制轧制和控制冷却技术的发展历程中，人们首先认识到的是控制轧制。所谓控制轧制，是对奥氏体硬化状态的控制，即通过变形在奥氏体中积累大量的能量，在轧制过程中获得处于硬化状态的奥氏体，为后续的相变过程中实现晶粒细化做准备。控制轧制的基本手段是"低温大压下"和添加微合金元素。所谓"低温"是在接近相变点的温度进行变形，由于变形温度低，可以抑制奥氏体的再结晶，保持其硬化状态。"大压下"是指施加超出常规的大压下量，这样可以增加奥氏体内部储存的变形能，提高奥氏体硬化程度。增加微合金元素，例如 Nb，是为了提高奥氏体的再结晶温度，使奥氏体在比较高的温度即处于未再结晶区，因而可以增大奥氏体在未再结晶区的变形量，其核心也是实现奥氏体的硬化。

为了突破控制轧制的限制，同时也是为了进一步强化钢材的性能，在控制轧制的基础上，又开发了控制冷却技术。控制冷却的核心思想是，对处于硬化状态奥氏体相变过程进行控制，以进一步细化铁素体晶粒，甚至通过相变强化得到贝氏体等强化相，进一步改善材料的性能。控制冷却的理念可以归纳为"水是最廉价的合金元素"这样一句话。图 1-1 为控制轧制和控制冷却技术的示意图。

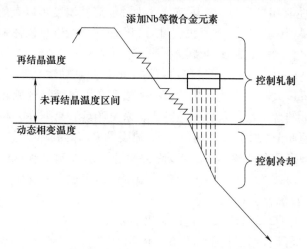

图 1-1　绿色化普碳钢控制轧制和控制冷却技术示意图

为了提高再结晶温度，利于保持奥氏体的硬化状态，同时也为了对硬化状态下奥氏体的相变过程进行控制，控制轧制和控制冷却始终与微合金化紧密联系在一起。由于铌等微合金元素的加入，显著提高了钢材的再结晶温度，使材料很大一部分热加工区间位于未再结晶区，这大大强化了奥氏体的硬化状态。此外，加入的微合金元素，除了有利于奥氏体硬化外，还经常会以碳氮化物的形式析出，对材料实行沉淀强化，从而对材料强度的提高做出贡献。

传统控制轧制和控制冷却技术自身也存在一些限制其应用的问题：（1）采用"低温大压下"，与我们长久以来形成的"趁热打铁"传统观念背道而驰。它必然受到设备能力等条件的限制，操作方面的问题也自然不容回避。为了实现"低温大压下"，人们需要付出代价。长期以来，人们为大幅提升轧制设备能力，投入了大笔资金、人力和资源，与"低温大压下"的思想不无关系。采用"低温大压下"带来的另一个问题是降低了生产效率。钢材的加热温度是有一定要求的，例如含铌钢为了使铌充分溶解，需要加热到较高的温度，例如 1200℃ 左右。但是精轧的温度又要比较低，例如 800℃，甚至更低。为了满足精轧温度的要求，人们不得不在精轧之前，实行待温，即将坯料在辊道上摆动，让钢材辐射和对流散热，达到必要的进精轧温度。待温会大幅度降低轧机的生产效率，从而严重影响到轧机的产量。尽管已经开发出多坯交叉轧制技术或者中间冷却技术，可以降低待温对产量的影响，但是待温的负面作用仍然不容忽视。因此，人们常常需要在产量和 TMCP 之间做出选择。换言之，为了产量，有时候不得不放弃 TMCP，这自然会限制 TMCP 工艺的应用。(2) 微合金元素的加入，甚至合金元素的加入，会大幅度提高材料的碳当量，这会恶化材料的焊接性能；同时，这自然提高了钢材的成本，也不利于材料的循环利用。(3) 控制冷却上目前存在的主要问题是高冷却速率下材料冷却不均而发生较大残余应力，甚至翘曲的问题。例如，作为控制冷却的极限结果，直接淬火的作用早已为人们所认识，但是，其潜在的能力一直未得到发挥，原因在于直接淬火条件下冷却均匀性的问题一直没有得到解决，板形控制一直困扰人们。

针对越来越严重的资源、能源短缺问题，越来越大的环境压力，在制造业领域，提出了 4R 原则[24]，即减量化、再循环、再利用、再制造。具体到 TMCP 工艺本身，我们必须坚持减量化的原则，即采用节约型的成分设计和减量化的生产方法，获得高附加值、可循环的钢铁产品。同时，也为了解决传统 TMCP 工艺自身存在的问题，提出了基于超快速冷却的新一代控制轧制和控制冷却技术，即 NG-TMCP。

图 1-2 为 NG-TMCP 与传统 TMCP 工艺的比较示意图。NG-TMCP 的中心思想是[23]：(1) 在奥氏体区间趁热打铁，在适于变形的温度区间完成连续大变形和应变积累，得到硬化的奥氏体；(2) 轧后立即进行超快冷，使轧件迅速通过奥氏体相区，保持轧件奥氏体硬化状态；(3) 在奥氏体向铁素体相变的动态相变点终止冷却；(4) 后续依照材料组织和性能的需要进行冷却路径的控制。

采用 NG-TMCP 工艺，也可以得到硬化的奥氏体。现代的热轧带钢过程采用高速连续大变形的连续轧制过程；现代棒线材轧机，横列式布置也已经逐步被淘汰，高速连轧机已经取而代之。因此，即使在较高的温度下，也可以通过连续大变形和应变积累，在轧后得到硬化的、充满"缺陷"的奥氏体。换言之，在现代的热连轧机上，即使不用"低温大压下"，也可以实现奥氏体的硬化。可见，由于连轧中的连续大变形和应变积累，硬化奥氏体的获得不仅不需要低温大压下，甚至也不一定必须添加合金和微合金元素。图 1-3 所示为 Q235 钢热连轧过程中发生再结晶的模拟计算结果，可见在热连轧的后部道次再结晶软化受到了极大的抑制[25]。

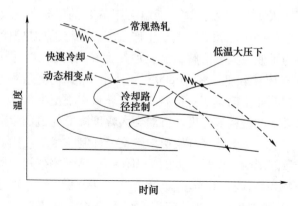

图 1-2 NG-TMCP 与传统 TMCP 生产工艺的比较

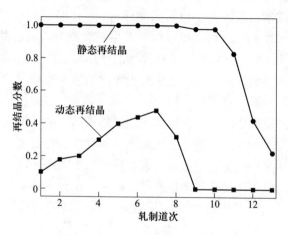

图 1-3 热连轧过程中的软化现象

在这种情况下，我们希望尽量采用适于轧件变形的常规的轧制温度。此时，终轧温度较高，如果不加控制，材料会由于再结晶而迅速软化，失去硬化状态。因此，在终轧温度和相变开始温度之间的冷却过程中，应努力设法将奥氏体的硬化状态保持到动态相变点，避免硬化奥氏体的软化。近年出现的超快速冷却技术，可以对钢材实现每秒几百摄氏度的超快速冷却，因此可以使材料在极短的时间内，迅速通过奥氏体相区，将硬化奥氏体"冻结"到动态相变点，这就为保持奥氏体的硬化状态和进一步进行相变控制提供了重要基础条件。

1.4.2 普碳钢的绿色化升级轧制

普碳钢 Q235 具有含碳量适中、综合性能较好、强度、塑性和焊接性等性能较好的配合，被大量用于建筑钢筋或轧制成型钢、钢板，建造厂房、房架、高压输电铁塔、桥梁、车辆、容器、船舶等，C、D 级钢还可以作为某些专业用钢使用[26]。国内外对 Q235 的研究已经进行了很多年，研究的也相当充分，工业上已能够实现 Q235 的稳定轧制，表 1-1 为 Q235B 的力学性能国家标准要求。但是，使之在成分不改变的基础上提高其性能，还有很大的研究空间。

表 1-1　Q235B 力学性能国家标准要求

钢种	屈服强度/MPa	抗拉强度/MPa	伸长率/%
Q235B	235	375~460	26

以相同化学成分轧制出更高级别的钢种，可简称为钢种的升级。对于 Q345，在传统生产工艺条件下，为保证 Q345 热轧带钢的强韧性能，通常需添加 1.00%~1.60%Mn，部分厂家由于设备条件限制，甚至尚需添加适量的 Nb、V、Ti 等微合金元素。此外传统 Q345 钢中的锰含量相当于普通 Q235 钢的 2~3 倍，因此在轧制过程中还易于形成拉长的 MnS 塑性夹杂，导致纵、横向力学性能差大、带状组织严重，从而使其应用范围受到很大限制。表 1-2 为 Q345B 的国家标准要求。近年来，随着国内 TMCP 技术研究的深入，通过传统层冷设备，以普通 Q235 坯料已能生产出 Q345 钢板，且以 Q235 坯料生产的 Q345 产品，既可以减轻带状组织程度，减小纵横向性能差异，还降低了碳当量、减少了合金元素用量，从而提高了钢材韧性和焊接性能。

表 1-2　Q345B 力学性能国家标准要求

钢种	屈服强度/MPa	抗拉强度/MPa	伸长率/%	屈强比	冲击功/J
Q345B	345	470~600	22	≤0.83	34

1.4.2.1　低温大压下工艺

李艳梅等人[22]研究了 TMCP 工艺参数对升级轧制 Q235 中厚板组织及性能的影响，他们认为对钢材最终的铁素体-珠光体组织细化起决定性作用的是精轧阶段未再结晶奥氏体晶粒内应变累积的程度及其后的冷却过程，因此选择合适的精轧温度区间和精轧变形制度对最终组织的细化具有关键作用。研究发现，随着精轧开轧温度的降低，钢材的屈服强度逐渐升高（见图 1-4）。在轧后加速冷却系统冷却能力较弱的条件下，为使钢材性能满足 Q345 级，精轧开轧温度应低于 840℃。同时，精轧开轧温度和终轧温度的设定还要根据成品板厚度和生产线的自身条件进行调整。最终，本书作者在首钢 3340mm 和 3500mm 生产线上以 Q235 坯料成功研制出 20mm 以下 Q345 级中厚板，其微观组织以细小的多边形铁素体和退化珠光体组织为主，组织细化是强韧性提高的主要原因，同时焊接性能良好。

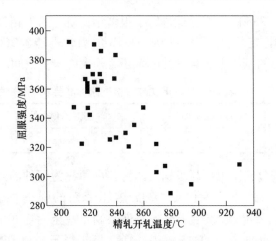

图 1-4　精轧开轧温度与实验钢屈服强度的关系

对于低碳钢，根据轧制的温度区间不同，可分为再结晶区控轧和未再结晶区控轧。一般认为，Q235 钢的未再结晶区间较窄，较难通过未再结晶控轧改善钢材的性能。任培东[27]通过对 Q235 钢进行相变实验确定了 Q235B 可有效累积形变的温度区间为 770~850℃，并在该温度区间进行 11~13 道次总变形量为 55%~70%的形变累积，最终实现了 12~18mm 厚度规格 Q235B 板坯的升级轧制，其性能媲美于 Q345 级别中厚板。通过这种低温大变形的技术，利用"形变累积"效应，促进铁素体相变过程中的形核率的提高。在快速冷却工艺的配合下，可以得到细小的铁素体晶粒，是实现"低材高出"、增加效益的有效办法。

1.4.2.2　基于新一代 TMCP 的绿色化技术

A　Q235 升级 Q345 轧制

采用"低温大压下"的 TMCP 技术已实现 Q235 到 Q345 的升级轧制，一般其终轧温度大约为 780℃。但此方法存在对设备能力要求过高、能耗高、生产效率低等缺点，从而限制了它的推广。研究表明，在再结晶区连续的热连轧可以有效抑制 Q235 钢的再结晶软化程度。宋胜勇等人[28]尝试通过热连轧后的超快速冷却，将硬化的奥氏体"冻结"到动态相变点。继而利用充满"缺陷"的奥氏体提高相变过程中的形核率，最终达到细化组织的目的。

表 1-3 列出了宋勇胜等人升级的 Q235 铸坯的化学成分，相比于 Q345 钢，它的 Mn 含量仅为 Q345 钢的 1/5~1/3，减小了 MnS 等有害夹杂的析出。同时，Q235 钢不需要添加微合金元素，有着更低的合金成本。表 1-4 列出了 Q235 钢升级轧制的部分轧制工艺参数，其中 1 号实验钢为无超快速冷却（UFC）的常规TMCP 工艺，2 号和 3 号实验钢为采用带有 UFC 新一代 TMCP（NG-TMCP）工艺，4 号实验钢采用低温大压下工艺轧制。

表 1-3　Q235 铸坯化学成分　　　　　　（质量分数，%）

C	Si	Mn	S	P	Al
0.19	0.09	0.31	0.004	0.015	0.025

表 1-4　Q235 钢升级轧制第一次热轧实验工艺　　　　（℃）

编号	二阶段开轧温度	终轧温度	出 UFC 温度	卷取温度
1	—	930	—	680
2	—	940	760	660
3	—	940	750	510
4	890	824	—	620

图 1-5 是 Q235 钢传统 TMCP 轧制和升级轧制后的金相显微组织照片。从图中可以看出，相比于传统 TMCP 轧制的 1 号实验钢，采用 NG-TMCP 的 2 号和 3 号实验钢和低温大压下工艺的 4 号实验钢的显微组织均得到了有效的细化，表明

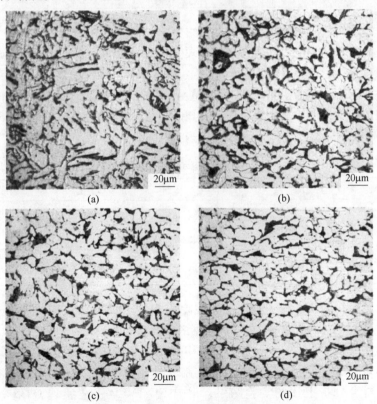

图 1-5　Q235 钢升级轧制金相组织图

（a）1 号实验钢；（b）2 号实验钢；（c）3 号实验钢；（d）4 号实验钢

NG-TMCP 工艺和低温大压下工艺均具有相比于传统 TMCP 工艺更优异的组织细化能力。

对 Q235 钢传统 TMCP 轧制和升级轧制后实验钢的拉伸性能和冲击性能进行测试，结果见表 1-5。可以看出，采用 NG-TMCP 轧制的实验钢和低温大压下工艺轧制的实验钢性能相近，且都要优于传统 TMCP 轧制获得实验钢的性能。表明 NG-TMCP 工艺在降低轧机负荷和提高生产效率的前提下，可以达到低温大压下工艺获得的实验钢的性能水平。略有遗憾的是，本次轧制获得 2 号~4 号实验钢的性能未完全满足 Q345B 性能的国家标准，只是接近于 Q345B 国家标准要求的下限。

表 1-5   Q235 钢升级轧制第一次热轧力学性能

编号	屈服强度/MPa	抗拉强度/MPa	伸长率/%	屈强比	-40℃冲击功/J
1	287	457	34.3	0.65	72
2	312	457	37.4	0.68	165
3	330	460	29.5	0.71	—
4	325	465	27.7	0.69	—

为提高实验钢强度，在上述研究的基础上，宋勇胜等人对 Q235 钢升级轧制的终轧温度进行了调整，由 930℃ 降低至 830℃，实验钢详细轧制工艺参数见表 1-6。同时将奥氏体化温度由 1200℃ 调整至 1150℃，通过细化初始奥氏体晶粒尺寸来提高实验钢性能。其中，1 号、3 号和 4 号实验钢的终轧温度均为 830℃，而 2 号实验钢的终轧温度略高，约为 860℃。

表 1-6   Q235 钢升级轧制优化后实验工艺参数　　　　　（℃）

编号	二阶段开轧温度	终轧温度	出 UFC 温度	卷取温度
1	900	830	704	465
2	970	860	745	416
3	950	831	737	570
4	—	830	737	457

对优化后轧制获得的实验钢拉伸性能和 -40℃ 下的夏比冲击性能进行测试，结果见表 1-7。可以看出，除 2 号实验钢由于终轧温度较高导致屈服强度略低外，其他三组实验钢的力学性能均达到 Q345B 钢的国家要求。说明 NG-TMCP 技术可以完全实现 Q235 钢到 Q345 钢的升级轧制，同时 NG-TMCP 工艺的终轧温度也不宜太高。综合分析上述的实验结果，得出 NG-TMCP 工艺实现 Q235 板坯升级 Q345 级别钢种的工艺参数为奥氏体化温度为 1150℃、二阶段开轧温度为 950℃、终轧温度为 830℃、卷取温度应控制在 450~550℃、层流冷却冷速要大于 10℃/s。

将此工艺在钢厂进行了现场试制，实验钢屈服强度达到 400MPa 左右，抗拉强度达到 500MPa 左右，伸长率为 34%~37%，完全满足 Q345B 的国家标准要求。

表 1-7　Q235 钢升级轧制优化后的力学性能

编号	屈服强度/MPa	抗拉强度/MPa	伸长率/%	屈强比	-40℃冲击功/J
1	355	480	37.4	0.74	76
2	325	465	37.4	0.70	73
3	350	480	31.0	0.73	121
4	355	485	34.0	0.73	126

B　Q370q 升级 Q460q 轧制

以超快冷技术为核心的 TMCP 是实现钢铁材料绿色化生产的有效途径，沈钦义等人[29]采用超快冷技术对中碳低成本的 Q370q 进行了升级轧制。表 1-8 为升级轧制用 Q370q 钢的化学成分。

表 1-8　Q370q 铸坯化学成分　　　　　　　　（质量分数，%）

C	Si	Mn	S	P	Nb、Ti
0.16	0.22	1.37	0.003	0.009	适量

Q370q 升级轧制采用两阶段轧制工艺，粗轧为再结晶控轧，为避免轧制过程中出现混晶，粗轧的终轧温度高于 980℃。为确保轧制力充分渗透至板坯心部，采用大的道次压下率，累积变形率为 70%。精轧采取未再结晶区控轧，保证一定的总变形率（>50%），使热轧板组织获得尽可能多的位错、变形带等晶体缺陷，促进超快冷过程中相变形核。轧后采用超快冷，返红温度为 600℃。

图 1-6 示出了试制钢板不同位置的光学显微组织图，可以看出钢板表面显微组织和厚度 1/4 处、心部的组织差别较大，而心部和 1/4 处组织的差别较小。试制板表面的显微组织主要为铁素体（PF+QF+AF）+贝氏体（UB+GB）组织，厚度 1/4 处为铁素体（PF+QF+AF）+极少量的 GB 和珠光体，心部为铁素体（PF+QF）+珠光体组织。随着由钢板表面至心部厚度的增加，贝氏体相的比例逐渐减少，铁素体和珠光体相比例逐渐增加，钢板表面、厚度 1/4 处和心部铁素体相的比例分别为 20%，56%，82%。总的来说，实验钢的显微组织细小均匀，有利于实验钢强韧性的提高。

对升级轧制实验钢进行拉伸性能及夏比冲击性能的测试分析，同时将测得力学性能与 Q460qE 的国标要求进行比对，结果见表 1-9。可以看出，升级轧制 Q370q 制备获得的 2754 和 2755 两组试制钢的屈服强度均高于 480MPa，抗拉强度高于 610MPa，断后伸长率大于 20%，-40℃的 CVN 冲击吸收功高于 200J，各项性能均满足 Q460qE 的国标要求。表明采用超快冷技术对中碳低成本的 Q370q 进行升级轧制 Q460q 达到了减量化和降低生产成本的目的。

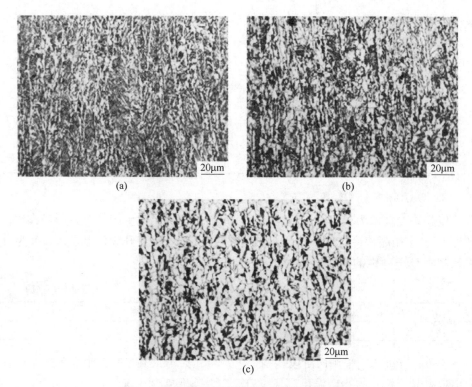

图 1-6　试制钢板不同厚度的光学显微组织图

（a）表面；（b）厚度 1/4 位置；（c）心部

表 1-9　升级轧制钢板及国标 Q460qE 的力学性能

项目	编号	R_{el}/MPa	R_m/MPa	A/%	YR	-40℃ 冲击功/J			
						1	2	3	平均
实验钢	2754	485	615	23.0	0.79	207	225	254	229
	2755	485	620	24.5	0.78	204	237	237	226
GB/T 714—2008	Q460qE	≥460	≥570	≥17.0	—	≥47			

1.4.3　普碳钢智能化热轧工艺优化设计

目前，钢铁产能过剩依然制约着钢铁销售的市场，企业依然面临供大于求的供货局面，钢铁产品价格仍未脱离低谷，利润空间较小。在此形势下，减量化的生产模式备受企业青睐，合金含量最小化是钢铁企业追求的重要目标之一。

在传统普碳钢产品生产过程中，成分和工艺是通过大量中试试验制定的，生产成本较高，因此快速热轧工艺优化设计成为解决这一问题的关键。智能化热轧工艺优化设计是基于合理的化学成分—工艺参数—力学性能对应关系模型，结合多目标优化算法，对热轧带钢的化学成分和轧制工艺进行优化计算，得到在一定约束条件下的最优生产工艺。热轧带钢力学性能优化是一个具有挑战的多目标优化问题。强度和伸长率是一对相互矛盾的指标，屈服强度的升高通常伴随着伸长率的降低，这就需要采用多目标优化的手段来解决此类问题。高效的多目标优化算法是实现智能化热轧工艺优化设计的一个重要环节，也是普碳钢绿色化制造的有效途径。

1.4.3.1 合金元素的减量化

吴思炜[30]在化学成分—工艺参数—力学性能对应关系模型基础上，结合 ε-ODISA 算法，对 380CL 的成分和工艺参数进行优化，设定多目标优化计算的目标函数为：

$$F_{MP}^i = \begin{cases} 1000000 & MP_i < MP_i^t \ 或 \ MP_i > MP_i^t + \mu_i \\ MP_i - MP_i^t & MP_i^t \leqslant MP_i \leqslant MP_i^t + \mu_i \end{cases} \qquad (1\text{-}1)$$

式中　MP_i，MP_i^t——第 i 个力学性能的预测值和目标值，$i=1$ 表示屈服强度，$i=2$ 表示抗拉强度，$i=3$ 表示伸长率；

μ——一个矢量，表示目标力学性能的阈值。在逆向优化计算过程中，需要根据现场设备能力和用户需求设定性能目标值和优化计算的约束条件。

本次计算采用 380CL 热轧带钢的目标厚度为 2.5mm，其力学性能标准要求见表 1-10。传统工艺下厚度规格为 2.5mm 的 380CL 钢 Mn 含量为 0.9%~1.0%，其典型的轧制工艺为中间坯厚度 34.5mm、粗轧出口温度 1018℃、终轧温度 850℃和卷取温度 610℃。考虑模型预测误差和设备能力，分析历史生产数据，确定 380CL 钢力学性能优化目标区间为：屈服强度 310~355MPa、抗拉强度 415~445MPa 和伸长率 37%~41%。故设定目标力学性能分别为屈服强度 310MPa、抗拉强度 415MPa 和伸长率 37%，阈值参数 $\mu=[45,30,4]$。为了减少合金元素的添加，该研究尝试将 Mn 含量从 0.9%~1.0%降低至 0.45%~0.55%。为了达到原 380CL 钢的力学性能，分析历史数据分布，将卷取温度区间设定为 510~600℃，具体工艺参数约束条件见表 1-11。在 ε-ODICSA 算法优化计算过程中，参数设定见表 1-12。

表 1-10　380CL 钢力学性能标准要求（厚度≤5.5mm）

钢种	YS/MPa	TS/MPa	EL/%
380CL	≥260	380~480	≥32

表 1-11　　380CL 钢热轧工艺优化设计约束条件

项目	$w(C)/\%$	$w(Si)/\%$	$w(Mn)/\%$	FEH/mm	RDT/℃	FDT/℃	CT/℃
下限	0.075	0.014	0.30	34	1000	840	510
上限	0.085	0.034	0.64	35	1030	860	600

表 1-12　　ε-ODICSA 算法的参数设定

参数	数值	参数	数值
问题维度	3	克隆重组概率	0.9
抗体个数	300	变异概率	0.33
最大代数	100	正交试验设计参数	$Q=7$，$J=2$
克隆比例	3		

　　表 1-13 示出了 380CL 钢热轧工艺优化设计计算结果，为生产工艺的制定提供了工艺窗口。可以看出，屈服强度和抗拉强度展现出了高度的一致性，随着强度的增加伸长率下降。虽然待优化各力学性能指标之间相互制约，通过优化计算可以得到多种满足预设力学性能要求的生产工艺。研究者可以根据实际需求选择合适的工艺，本节选择第一套工艺方案进行工业试轧。

表 1-13　　380CL 钢热轧工艺优化设计 Pareto 解

序号	$w(C)/\%$	$w(Si)/\%$	$w(Mn)/\%$	FEH/mm	RDT/℃	FDT/℃	CT/℃	YS/MPa	TS/MPa	EL/%
1	0.0833	0.0340	0.5267	34.3	1000	857	525	336	424	39.0
2	0.0833	0.0307	0.4700	34.2	1030	853	510	330	419	39.9
3	0.0850	0.0240	0.4133	34.2	1000	860	570	321	417	41.0
4	0.0767	0.0240	0.5267	34.8	1030	840	540	337	422	38.4
5	0.0800	0.0140	0.4700	35.0	1010	857	570	325	418	40.3
6	0.0767	0.0207	0.4700	34.7	1025	860	525	328	419	39.4

　　380CL 试轧钢的化学成分及工艺参数见表 1-14。图 1-7 示出了优化工艺下 380CL 试轧钢的力学性能，可以看出力学性能均能符合 380CL 钢的力学性能标准要求。通过将卷取温度由原来的 610℃ 降低至 525℃，协调其他工艺参数，使试轧钢在 Mn 含量降低至约传统工艺 50% 的情况下仍然能够满足 380CL 钢的力学性能标准要求，节约了 380CL 钢的生产成本。

表 1-14　　380CL 试轧钢的化学成分和工艺参数

$w(C)/\%$	$w(Si)/\%$	$w(Mn)/\%$	FEH/mm	RDT/℃	FDT/℃	CT/℃
0.0833±0.01	0.034±0.02	0.5267±0.05	34.3±0.5	1000±30	857±20	525±20

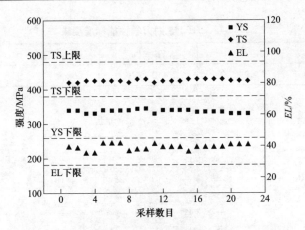

图 1-7 优化工艺(试轧工艺)下 380CL 钢的力学性能

1.4.3.2 提升产品性能的稳定性

智能化热轧工艺优化设计除了可以对普碳钢进行合金元素的减量化外,还可以逆向求解得到目标钢材的力学性能下所需的化学成分和工艺参数,进而对性能波动较大的钢种进行工艺的优化。吴思炜等人[31]针对 HP295 钢性能波动较大的问题,利用基于大数据的智能化热轧工艺优化设计系统对 HP295 钢的热轧工艺进行优化设计。

基于数据库中的化学成分和轧制工艺参数数据,系统已针对多种牌号钢种内置多种化学成分—工艺参数—力学性能对应关系模型,通过这些模型可以获得任意工艺参数下的力学性能计算值。基于化学成分—工艺参数—力学性能对应关系模型,结合 ε-ODICSA 算法,可以逆向求解得到目标钢材的力学性能下所需的化学成分和工艺参数,最终得到最优工艺窗口,供用户根据需要选择合适的工艺进行试轧。

HP295 钢主要用于制造液化石油气钢瓶、乙炔钢瓶和液氯瓶等,由于密闭环境的需要,焊瓶用钢必须具有良好的成型性能。屈强比是影响成型性能的重要因素,低屈强比钢通常具有良好的成型性能。在热轧生产中,HP295 钢屈强比的稳定性控制一直是一个困扰研究者们的难题。本节采用智能化热轧工艺优化设计系统对 HP295 钢的生产工艺进行优化,以达到控制产品力学性能稳定性的目的。

在逆向优化计算过程中,需要根据现场设备能力和用户需求设定性能目标值和优化计算约束条件。本次计算采用 HP295 热轧带钢,目标厚度为 2.9mm,力学性能标准要求见表 1-15。考虑模型预测误差和设备能力,分析历史生产数据,确定 HP295 钢力学性能优化目标区间为:屈服强度 340~370MPa、抗拉强度 455~475MPa 和伸长率 32%~38%。根据历史数据分析,确定 HP295 钢热轧工艺优化设计的化学成分和工艺约束条件。此外,根据预测得到的屈服强度和抗拉强度值,计算其屈强比,将屈强比区间控制在 0.735~0.785,具体参数设置如图 1-8 所示。

表 1-15　HP295 钢力学性能标准要求

钢种	YS/MPa	TS/MPa	YS/TS	EL/%
HP295	≥295	440~560	≤0.8	≥26

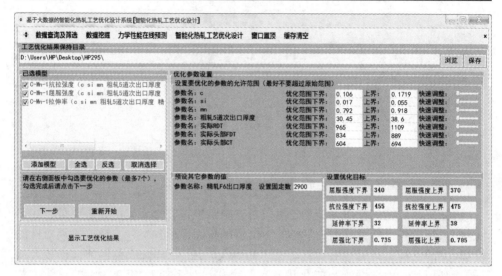

图 1-8　HP295 钢热轧工艺优化设计参数设定界面

　　表 1-16 示出了 HP295 钢热轧工艺优化设计计算结果，为生产工艺的制定提供了工艺窗口。虽然待优化钢材的各力学性能指标之间相互制约，通过优化计算可以得到多种满足预设力学性能要求的生产工艺。研究者可以根据实际需求选择合适的工艺，本研究选择第一套工艺方案进行工业试轧。

表 1-16　HP295 钢热轧工艺优化设计 Pareto 解

序号	w(C)/%	w(Si)/%	w(Mn)/%	FEH/mm	RDT/℃	FDT/℃	CT/℃	YS/MPa	TS/MPa	YS/TS	EL/%
1	0.1497	0.0214	0.8541	33.5	1037	878	638	348	467	0.745	37.3
2	0.1513	0.0372	0.8684	33.7	966	873	660	344	463	0.742	36.0
3	0.1419	0.0340	0.8435	32.9	1032	862	633	348	464	0.751	34.3
4	0.1456	0.0469	0.8647	31.6	997	855	642	346	460	0.753	36.1
5	0.1538	0.0246	0.8794	35.5	1059	864	653	359	476	0.754	36.7
6	0.1455	0.0316	0.8846	35.4	1047	854	624	356	469	0.759	33.5

　　表 1-17 示出了 HP295 工业试轧用钢的化学成分和工艺参数。图 1-9 比较了 HP295 钢在传统工艺下和优化工艺（试轧）下力学性能波动情况。由于生产过程中工艺参数控制水平较高，不易造成力学性能大幅波动，力学性能波动主要来源于

炼钢,即铸坯成分的波动。热轧工艺优化设计可以根据铸坯的成分波动快速给出合适的工艺达到用户预定的性能指标,从而实现柔性轧制。因此,优化工艺下力学性能波动相比于传统工艺下力学性能波动有了大幅减小。

表 1-17 HP295 试轧钢的化学成分及工艺参数

$w(C)/\%$	$w(Si)/\%$	$w(Mn)/\%$	FEH/mm	$RDT/℃$	$FDT/℃$	$CT/℃$
0.1497 ± 0.01	0.0214 ± 0.02	0.8541 ± 0.05	33.5 ± 0.5	1037 ± 30	878 ± 20	638 ± 20

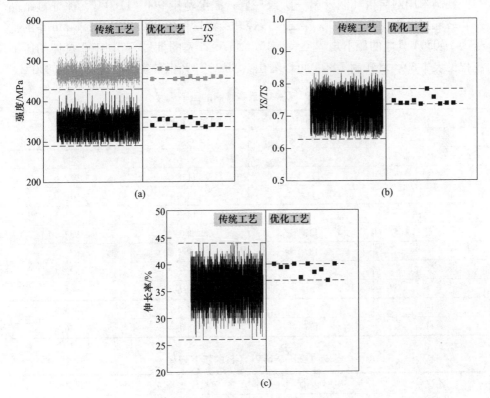

图 1-9 HP295 钢传统工艺下和优化工艺(试轧)下力学性能波动对比
(a) 强度;(b) 屈强比;(c) 伸长率

1.5 普碳钢绿色化生产典型产品及应用

1.5.1 38mm 厚度规格的 Q345A 板坯和 Q345 板坯的升级轧制

当前,世界钢铁工业高度重视环境保护、清洁生产以及资源能源高效利用,钢铁的绿色制造是现代钢铁冶炼技术的发展方向,轧制技术及连轧自动化国家重点实验室(RAL)结合 Q345 钢种的技术要求,利用 C-Mn 系的 Q345A 板坯和 C-Mn-Nb-V-Ti 的 Q345 板坯进行 38mm 厚度规格的 Q460 超快冷试制。

实验使用 C-Mn 系和 C-Mn-Nb-V-Ti 系钢坯，所用钢坯成分见表 1-18。

表 1-18　钢坯化学成分　　　　　　　　　　　　（质量分数，%）

钢种	批号	C	Si	Mn	P	S	Nb	V	Ti	ALs	备注
Q345A	5D0504	0.16	0.37	1.46	0.021	0.003				0.036	C-Mn 系
Q345	5D0143	0.13	0.15	1.49	0.018	0.004	0.033	0.032	0.009	0.019	C-Mn 系

轧制采用两阶段轧制，第一阶段控轧：温度范围 960~1160℃，保证再结晶控轧终轧温度不低于 960℃；第二阶段控轧：温度范围 880~860℃；C-Mn 系的批号为 5D0504 具体的压下规程见表 1-19，Nb-V-Ti 系的批号为 5D0143 具体的压下规程见表 1-20。从轧制工艺上可以看出，Nb-V-Ti 系钢的实际终轧温度为 830℃。

表 1-19　C-Mn 系实验钢的压下规程

道次号	道次间隔时间/s	道次压下率/%	轧制温度/℃
1	0	6.5	1044.5
2	9	8.7	1012.1
3	18	11.8	982.6
4	11	13.0	970.0
5	7	14.3	964.1
6	132	0.0	957.0
7	182	27.2	877.2
8	7	28.5	870.3
9	10	29.6	866.9
10	7	29.4	858.5
11	197	0.0	756.3

表 1-20　Nb-V-Ti 系的压下规程

道次号	道次间隔时间/s	道次压下率/%	轧制温度/℃
1	0	0.9	1045.7
2	10	0.9	1017.7
3	20	9.2	983.3
4	8	9.9	967.3
5	8	10.5	958.6
6	7	11.4	956.0
7	7	12.2	956.4
8	10	0.0	983.6
9	514	25.4	819.7
10	6	32.8	818.1

道次号	道次间隔时间/s	道次压下率/%	轧制温度/℃
11	7	30.2	819.8
12	7	25.6	825.3
13	19	0.0	830.7

冷却过程中的温度曲线如图 1-10~图 1-12 所示。

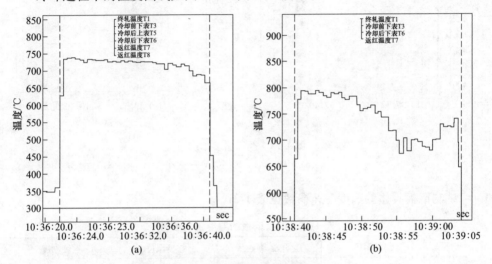

图 1-10 开冷温度曲线

(a) C-Mn 系；(b) Nb-V-Ti 系

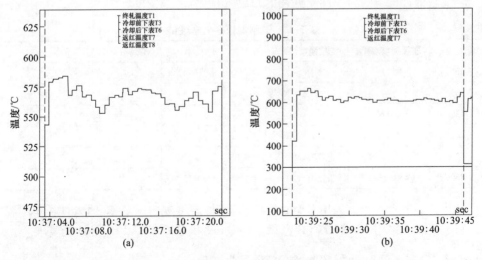

图 1-11 终冷温度曲线

(a) C-Mn 系；(b) Nb-V-Ti 系

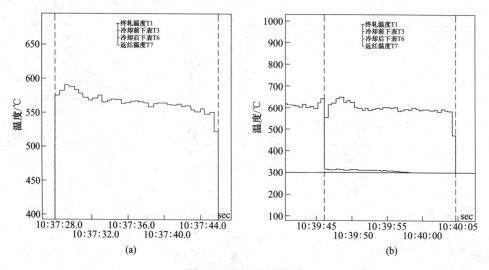

图 1-12　返红温度曲线

（a）C-Mn 系；（b）Nb-V-Ti 系

试制钢板具体的温度工艺参数见表 1-21。

表 1-21　试制钢板的温度工艺参数　　　　　　　　　（℃）

批号	终轧温度	开冷温度	终冷温度	返红温度
5D0504	866.9	717.7±21.6	567.2±8.4	565.1±14.8
5D0143	830.7	741.2±42.4	614.7±25.8	597.8±24.3

试制钢板检验的力学性能见表 1-22。

表 1-22　试制钢板的力学性能

批号	屈服强度/MPa	抗拉强度/MPa	屈强比	伸长率/%	$A_{kv20℃}$/J	备注
5D0504	487	589	0.83	16.0	260	
5D0143	494	596	0.83	18.5		Q460、Q460GJ
Q420GJ	≥420	[520, 680]		≥19		
Q460GJ	≥460	[550, 720]		≥17		
Q420GJ	[410, 540]	[520, 680]	≤0.85	≥19		
Q460GJ	[450, 590]	[550, 720]	≤0.85	≥17		

从性能上看，单独采用 C-Mn 系生产 38mm 厚度规格的 Q460 时，伸长率不容易满足要求；采用 Nb-V-Ti 微合金化生产 Q460 和 Q460GJ，均满足性能要求。

1.5.2　低成本 20mm 和 38mm Q460 工业试制

轧制技术及连轧自动化国家重点实验室结合 Q345 的技术要求，利用 C-Mn-

Nb-Ti 系的 A32 板坯和 C-Mn-Nb-V-Ti 的 E36 板坯进行 20mm 和 38mm Q460 超快冷试制。

实验使用 C-Mn-Nb-Ti 系的 A32 板坯和 C-Mn-Nb-V-Ti 的 E36 板坯，所用钢坯的化学成分见表 1-23。

表 1-23　钢坯化学成分　　　　　（质量分数,%）

钢种	批号	C	Si	Mn	P	S	Nb	V	Ti	ALs	备注
A32	6D0998	0.11	0.17	1.21	0.017	0.005	0.031		0.008	0.04	Nb-Ti 系
E36	4D1113	0.10	0.37	1.49	0.017	0.002	0.030	0.030	0.010	0.03	Nb-V-Ti 系

轧制采用两阶段轧制，第一阶段控轧：温度范围 970~1160℃，保证再结晶控轧终轧温度不低于 970℃；第二阶段控轧：温度范围 780~835℃，应保证未再结晶区开轧温度低于 850℃。A32 的压下规程见表 1-24，E36 的压下规程见表 1-25。

表 1-24　A32 的压下规程

道次号	道次间隔时间/s	道次压下率/%	轧制温度/℃
1	0	12.7	1056.4
2	8	12.8	1024.7
3	17	22.9	990.1
4	8	26.7	974.0
5	9	22.8	972.1
6	7	20.2	973.8
7	6	18.0	977.2
8	6	0.0	1009.5
9	232	26.1	832.1
10	4	22.3	829.8
11	7	20.1	814.8
12	8	14.4	778.6
13	12	0.0	788.4

表 1-25 E36 的压下规程

道次号	道次间隔时间/s	道次压下率/%	轧制温度/℃
1	0	3.5	1053.6
2	7	2.6	1027.8
3	22	16.4	987.0
4	8	14.9	968.6
5	9	14.2	958.6
6	8	13.4	955.7
7	8	12.7	953.7
8	9	0.0	980.2
9	483	25.8	834.2
10	5	17.0	829.7
11	6	13.0	834.7
12	7	12.1	823.8
13	11	11.2	819.1
14	4	10.2	813.3
15	10	0.0	819.3

从轧制工艺上可以看出，A32 板坯的实际终轧温度为 788.4℃，E36 板坯的实际终轧温度为 819.3℃。

冷却过程中的温度曲线如图 1-13～图 1-15 所示。

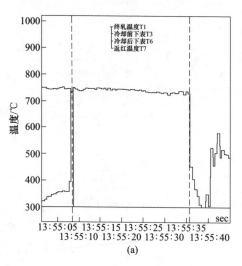

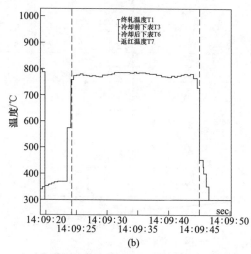

(a)　　　　　　　　　　　　　　　(b)

图 1-13 开冷温度曲线

(a) A32 钢；(b) E36 钢

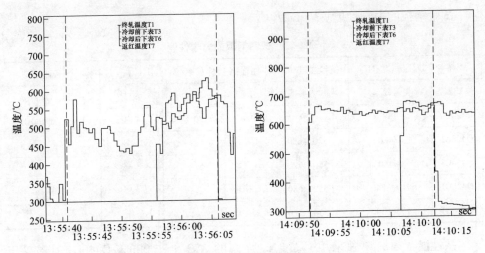

图 1-14 终冷温度曲线

(a) A32 钢；(b) E36 钢

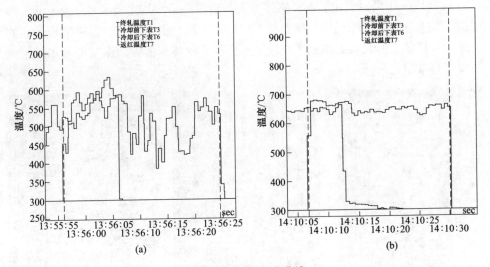

图 1-15 返红温度曲线

(a) A32 钢；(b) E36 钢

试验钢板的温度工艺参数见表 1-26。

表 1-26 试制钢板的工艺参数 （℃）

钢坯牌号	终轧温度	开冷温度	终冷温度	返红温度
A32	789	739.7±6.8	516.1±52.2	518.8±58.3
E36	820	776.1±8.8	646.3±10.7	651.4±19.9

试验钢板的力学性能见表 1-27。

表 1-27　试制钢板的力学性能

钢坯	屈服强度/MPa	抗拉强度/MPa	屈强比	伸长率/%	$A_{KV-40℃}/J$	备注
A32	492	594	0.83	21.8	273	Q460、Q460GJ
E36	487	579	0.84	20.8	273	Q460、Q460GJ
Q420GJ	≥420	[520, 680]		≥19		
Q460GJ	≥460	[550, 720]		≥17		
Q420GJ	[410, 540]	[520, 680]	≤0.85	≥19		
Q460GJ	[450, 590]	[550, 720]	≤0.85	≥17		

从性能上看，单独采用 C-Mn-Nb-Ti 系的 A32 生产 20mm Q460GJ 时和采用 C-Mn-Nb-V-Ti 系的 E36 生产 Q460GJ，均满足性能要求，表明了绿色化生产 Q460GJ 的可行性。

从图 1-16 中可以看出，A32 钢坯的表面到中心组织均主要为铁素体+贝氏体组织，另外有少量的珠光体。从钢板不同位置来看，由于轧制过程中钢板表面的温度相对较低，因此其组织也相对细腻。而随着距离钢板表面深度的增加，组织也变得略微粗化。

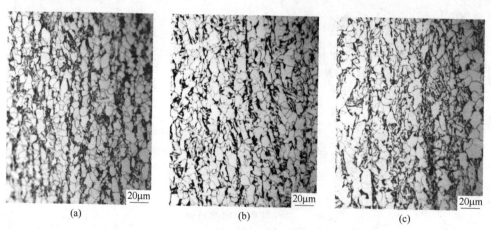

图 1-16　A32 钢坯不同位置金相组织
（a）表面；（b）1/4 位置；（c）心部

从图 1-17 中可以看出，E36 钢坯不同部位的组织主要为铁素体+珠光体+贝氏体的多相组织，而在厚度方向上组织存在一定差异，钢坯表面主要为铁素体+贝氏体组织，1/4 厚度位置为细晶的铁素体组织，1/2 厚度位置为铁素体+珠光体，还有少量的贝氏体。

图 1-17　E36 钢坯不同位置金相组织

(a) 表面；(b) 1/4 厚度位置；(c) 1/2 厚度位置

1.5.3　50mm 厚度规格 Q345 的现场试制

RAL 实验室和鞍钢对成品为 50mm 厚度规格的 Q345 钢坯进行了现场轧制试验，实验钢为鞍钢炼制，化学成分见表 1-28。

表 1-28　不同厚度实验钢的化学成分

检验批号	物料号	熔炼号	化学成分（质量分数）/%						厚度/mm
			C	Si	Mn	P	S	Al	
3220920600	H23270170000	125D1413	0.161	0.35	1.46	0.018	0.002	0.03	50
3220920700	H23270180000	125D1413	0.161	0.35	1.46	0.018	0.002	0.03	50
3220920800	H23270190000	125D1413	0.161	0.35	1.46	0.018	0.002	0.03	50
3220920900	H23270200000	125D1413	0.161	0.35	1.46	0.018	0.002	0.03	50
3220921000	H23270210000	125D1413	0.161	0.35	1.46	0.018	0.002	0.03	50
3220921100	H23270220000	125D1413	0.161	0.35	1.46	0.018	0.002	0.03	50
3220921200	H23270230000	125D1413	0.161	0.35	1.46	0.018	0.002	0.03	50
3220921300	H23270240000	125D1413	0.161	0.35	1.46	0.018	0.002	0.03	50
3220921400	H23270250000	125D1413	0.161	0.35	1.46	0.018	0.002	0.03	50
3220921500	H23270260000	125D1413	0.161	0.35	1.46	0.018	0.002	0.03	50

试制在鞍钢 4300mm 中厚板生产线上进行，加热温度 1180℃，道次压下量分配如下。成品厚度为 50mm，待温厚度为 120mm，轧制工艺设定值和实测参数见表 1-29 和表 1-30。

表 1-29　轧制工艺设定值

检验批号	厚度/mm	待温厚度/mm	二次开轧温度/℃	终轧温度/℃	开冷温度/℃	返红温度/℃	TMCP 策略
3220920600	50	120	860	840	空冷		840CR
3220920700	50	120	830	810	空冷		810CR
3220920800	50	120	830	810	770	610~650	810CR+UFC+先冷后矫
3220920900	50	120	830	810	770	610~650	810CR+UFC+先冷后矫
3220921000	50	120	830	810	770	610~650	810CR+UFC+先冷后矫
3220921100	50	120	830	810	770	610~650	810CR+UFC+先冷后矫
3220921200	50	120	830	810	770	610~650	810CR+UFC+先冷后矫
3220921300	50	120	830	810	770	610~650	810CR+UFC+先冷后矫
3220921400	50	120	830	810	680~700	500~550	810CR+UFC+先矫后冷
3220921500	50	120	830	810	680~700	500~550	810CR+UFC+先矫后冷

表 1-30　轧制过程工艺参数测定值

物料号	终轧温度/℃		开冷温度/℃		返红温度/℃		辊速/m·s⁻¹	备注
	现场值	PDA	现场值	PDA	现场值	PDA		
3220920600	830	782		780				
3220920700	810	787		784				
3220920800	825	788	780	774	610	601	1.00	
3220920900	810	782	775	769	654	650	1.10	
3220921000	818	789	790	788	630	627	1.05	
3220921100	815	781	785	775	627	625	1.05	
3220921200	810	757		766	610	590	1.05	
3220921300	818		780	777	680	674	1.30	返红高于设定值30℃
3220921400	820	782	702	698	610	596	2.00	返红高于设定值85℃
3220921500	820	782	680	686	590	584	1.60	返红高于设定值65℃

从实测的返红温度来看，钢板基本均能达到目标温度，但是3220921300号试制钢返红温度高于设定值30℃，达680℃；在先矫直后冷却工艺中，返红温度均高于设定值40~60℃，需要在试制中进行重点关注、控制。金相组织如图1-18所示。

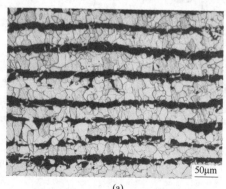
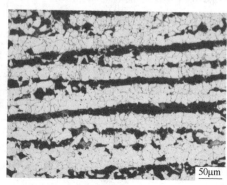

50μm

50μm

(a)　　　　　　　　　　　　　　　　　　(b)

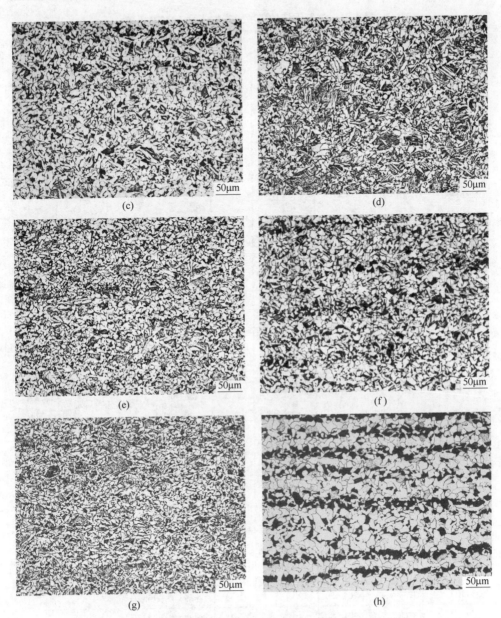

图 1-18 不同工艺下 50mm 实验钢 1/4 厚度位置的金相组织

（a）322920600，830℃终轧；（b）322920700，810℃终轧；（c）322920800，810℃终轧+610℃返红；

（d）322920900，810℃终轧+650℃返红；（e）322921000，818℃终轧+630℃返红；

（f）322921100，815℃终轧+625℃返红；（g）322921200，810℃终轧+590℃返红；

（h）322921300，818℃终轧+670℃返红

试制钢坯热轧钢板各项力学性能及对应 TMCP 策略见表 1-31。

表 1-31　试制钢坯的各项力学性能及 TMCP 策略

编号	屈服强度 /MPa	抗拉强度 /MPa	伸长率/%	屈强比	$A_{kv0℃}$ /J	$A_{kv-20℃}$ /J	$A_{kv-40℃}$ /J	TMCP 策略	备注
322920600	349	510	32.0	0.68	283	240	215	840℃ CR	满足工艺要求
322920700	362	513	36.0	0.71	279	210	217	810℃ CR	满足工艺要求
322920800	392	539	29.8	0.73	285	233	213	810℃ CR+UFC+先冷后矫	满足工艺要求
322920900	401	542	29.3	0.74				810℃ CR+UFC+先冷后矫	满足工艺要求
322921000	383	532	32.1	0.72	272	237	199	810℃ CR+UFC+先冷后矫	满足工艺要求
322921100	421	561	31.0	0.75				810℃ CR+UFC+先冷后矫	满足工艺要求
322921200	409	553	30.3	0.74				810℃ CR+UFC+先冷后矫	满足工艺要求
先冷后矫	401	545	30.5	0.73	279	235	206	810℃ CR+630℃ 返红	
322921300	369	516	33.5	0.72				810℃ CR+UFC+先冷后矫	返红高于设定值 30℃
322921400	349	510	32.6	0.68	273	258	225	810℃ CR+UFC+先矫后冷	返红高于设定值 60℃
322921500	359	518	33.1	0.69	274	247	210	810℃ CR+UFC+先矫后冷	返红高于设定值 40℃
先矫后冷	354	514	34.0	0.69	274	253	218	810℃ CR+690℃ 开冷+600℃ 返红	
Q345GJ	≥3251**	470~630	≥20		≥34	≥34	≥34		
Q390GJ	≥3501**	490~650	≥19		≥34	≥34	≥34		
Q420GJ	≥3801***	520~680	≥18		≥34	≥34	≥34		
Q345GJ	335~4551***	490~610	≥22	≤0.83	≥34	≥34	≥34		
Q390GJ	380~5001***	490~650	≥20	≤0.85	≥34	≥34	≥34		
Q420GJ	410~5401***	520~680	≥19	≤0.85	≥34	≥34	≥34		

注：*：屈服强度实测值为 R_{eL} 值；**：屈服强度要求值为 R_{eL} 值；***：屈服强度要求值为 R_{eH} 值。

从试制的结果看：

（1）50mm 厚规格试制钢坯均满足 Q345 及 Q345GJ 的性能要求。

（2）采用 840℃ 终轧，满足 Q345 和 Q345GJ 要求，屈服强度富余 24MPa，抗拉强度富余 40MPa，伸长率富余 12.0%。

（3）采用 810℃ 终轧，满足 Q390 和 Q390GJ 要求；与 Q345 标准相比，屈服强度富余 37MPa，抗拉强度富余 43MPa，伸长率富余 16.0%。

（4）采用 810℃ 终轧+630℃ 返红先冷却后矫直工艺，满足 Q420 和 Q390GJ 要求；与 Q345 标准相比，屈服强度富余 76MPa，抗拉强度富余 75MPa，伸长率富余 10.5%。

（5）采用 810℃ 终轧+680℃ 开冷+600℃ 返红先矫直冷后却工艺，满足 Q390 和 Q345GJ 要求；与 Q345 标准相比，屈服强度富余 29MPa，抗拉强度富余 44MPa，伸长率富余 14.0%。

因此，结合实验室轧制和鞍钢现场试制的钢坯性能来看，通过绿色化的钢铁制备技术生产普碳钢的技术是完全可行的，新技术下制备的产品不但在拉伸性能上较传统方法有很大的富余量，同时这种绿色化钢铁制备技术大大地节约了钢铁生产的成本，减少了钢铁生产过程中对环境的破坏，满足我国绿色化发展的需求，将为我国的绿色可持续发展贡献强大的力量。

1.6　展　望

基于超快冷技术的新一代 TMCP 为普碳钢的减量化和绿色化升级轧制注入了强大动力。相比于传统 TMCP 工艺中采用的"低温大压下"技术，NG-TMCP 在保证普碳钢力学性能的基础上，减少了生产对轧机高载荷的依赖性。同时，精轧温度区间的增大也减少了钢材待温的过程，提高了工厂的生产效率。因此，借助于 NG-TMCP 技术强大的组织调控能力，实现普碳钢合金元素的减量化、绿色化成为普碳钢生产的必然趋势。

同时，我国钢铁制造业也同样面临市场波动的巨大压力。我国钢铁制品的竞争优势主要体现在廉价上，生产批量化和规模化是目前发展的主要特点。但是，下游用户对钢铁产品需求越来越趋于多样化、个性化和优质化；而钢铁生产发展的特点是大型化、连续化和集约化，两者产生了巨大的矛盾[2]。为解决用户对产品质量的特殊需求，钢铁企业通常采取开发新的钢种来解决这一问题[3]。随着开发的钢种越来越多，过多的钢种牌号增加了炼钢工序的复杂性，严重制约了生产效率和产品质量的持续提高。此外，混浇坯改判造成了经济损失。在这种情况下，为了满足用户对热轧产品高质量、低成本、个性化的需求，又使企业实现大规模生产，科研工作者提出了以组织性能预测为核心的智能化钢铁制造方法。

智能化钢铁制造方法实现的基本思路为：基于采集的大量工业数据，结合统计学理论和轧制工艺对工业数据进行数据处理，在此基础上建立组织性能预测模型。将组织性能预测技术和智能算法相结合，针对用户对热轧产品性能的个性化需求设定目标性能，考虑实际生产中的约束条件，快速优化计算出最优的生产工艺，为用户提供最优工艺窗口，最终实现钢铁生产工艺的智能化设计。因此，在未来的普碳钢绿色化制造的道路上，充分发挥智能化钢铁制造方法的高效率、低成本的优势，结合 NG-TMCP 技术强大的组织调控能力，将推动我国普碳钢绿色化技术的快速发展。

参 考 文 献

[1] 王斌. 超快速冷却条件下碳素结构钢中渗碳体的纳米化及球化行为的研究 [D]. 沈阳：东北大学，2013.

[2] 林清华. C-Mn 超细晶钢控轧控冷工艺的研究 [D]. 昆明：昆明理工大学，2003.

[3] 赵昌武. 国内外钢铁行业未来发展形势分析 [J]. 冶金经济与管理，2004 (5)：17~20.

[4] 王国栋，吴迪，刘振宇，等. 中国轧钢技术的发展现状和展望 [J]. 中国冶金，2009，19 (12)：1~14.

[5] 王国栋，刘相华，朱伏先，等. 新一代钢铁材料的研究开发现状和发展形势 [J]. 鞍钢技术，2005 (4)：1~7.

[6] 杜立辉，何琦，李永. 中国钢铁行业发展战略调研及建议 [J]. 冶金经济与管理，2011 (2)：20~24.

[7] 刘相华，王国栋，杜林秀，等. 普碳钢产品升级换代的现状与发展前景 [C]//中国金属学会轧钢学会. 中国金属学会第 7 届年会论文集. 北京：冶金工业出版社，2002：415~420.

[8] 许洪贵，孔样纬，李放. 钢铁行业需提升可持续发展能力 [J]. 中国国情国力，2009 (2)：59~60.

[9] 原思宇. 特殊钢棒线材热连轧过程的有限元模拟与分析 [D]. 大连：大连理工大学，2007.

[10] 小指军夫. 控制轧制控制冷却 [M]. 李伏桃，陈岢译. 北京：冶金工业出版社，2002.

[11] 冯光纯. 控轧控冷技术的现状与发展 [J]. ASPT，1996 (01)：294~298.

[12] Okaguchi S, Hashimoto T, Ohtani H. Fletcher. Physical Metallurgy of Direct-Quenched Steels [J]. TMASAI-ME, 1988：33~65.

[13] P. coldren A, Oakwood T G, Tither G. HSLA steels-Technoology & Applica-tions [J]. ASM, 1984：755.

[14] Ohtani H, Hashimot T, Komizo Y, et al. HSLA Steels-Technology & Aplications [J]. ASM, 1984：843.

[15] 王占学. 控制轧制控制冷却 [M]. 北京：冶金工业出版社，1988.

[16] 朱伏先，李艳梅，刘艳春. 控轧控冷条件下 Q345 中厚板的生产工艺研究 [J]. 钢铁，

2005, 40 (5)：32~33.

[17] 鞍钢 TMCP 船板通过省级科技鉴定 [J]．金属加工，2008 (8)：57.

[18] 尹桂全，黄贞益，杨才福．氮含量和 TMCP 对微合金 V-N 钢显微组织和力学性能的影响
     [J]．金属热处理，2008，33 (3)：1~5.

[19] 于爱民．采用 TMCP 工艺生产 700MPa 级低碳贝氏体钢 [J]．河南冶金，2007，15 (5)：
     12~15.

[20] 山本定弘，肖英龙，张化义．NKK 公司开发成功建筑用 TMCP 型高韧性超厚 H 型钢 HI-
     BUIL-H [J]．鞍钢技术，2000 (01)：37.

[21] 李龙，丁桦，杜林秀．TMCP 对低碳锰钢组织和力学性能的影响 [J]．钢铁，2006，
     41 (11)：53~57.

[22] 李艳梅，朱伏先，刘艳春．升级 Q235 中厚板的 TMCP 工艺研究 [J]．钢铁，2006，
     41 (12)：40~44.

[23] 王国栋．以超快速冷却为核心的新一代 TMCP 技术 [J]．上海金属，2008，30 (2)：
     2~5.

[24] 徐匡迪．20 世纪——钢铁冶金从技艺走向工程科学 [J]．稀有金属材料与工程，2001，
     30：10~19.

[25] Hiroshi Kagechika. Production and Technology of Iron and Steel in Japan during 2005 [J]. ISIJ
     International，2006，7：939~958.

[26] 何秀锦．薄板温轧特性研究 [D]．唐山：河北理工大学，2005.

[27] 任培东．Q235B 钢性能升级试验研究 [J]．甘肃冶金，2008，30 (001)：3~5.

[28] 宋胜勇．Q235 升级轧制和管线钢 X80 的新一代控制轧制和控制冷却工艺研究与开发
     [D]．沈阳：东北大学，2009.

[29] 沈钦义，李春智，谌铁强，等．超快冷条件下 Q370q 升级 Q460q 的工业试制 [C] // 第
     八届 (2011) 中国钢铁年会.

[30] Wu S W，Zhou X G，Ren J K，et al. Optimal design of hot rolling process for C-Mn steel by
     combining industrial data-driven model and multi-objective optimization algorithm [J]. J IRON
     STEEL RES INT，2018，25 (7) 700~705.

[31] 吴思炜．基于工业大数据的热轧带钢组织性能预测与优化技术研究 [D]．沈阳：东北大
     学，2018.

2 高性能船体结构用钢及绿色制造技术

2.1 概述

船体结构用钢属于结构钢的一种，是具有特殊性能的结构钢。改革开放以来，我国船舶工业快速发展，在规模和技术水平上都实现了跨越性的进步[1]。自 2012 年开始，我国年造船完工量已经连续四年稳居世界第一。船舶工业也成为继建筑、机械、汽车之后我国的第四大用钢行业。造船行业需求的钢材品种主要有船板钢、型材和船用钢管，其中船板钢需求量占造船用钢总需求量的 80%~90%[2~5]。

船舶在蓬勃发展的海洋产业研究与开发中具有重要作用，随着人们对海洋的进一步探索和海洋研究领域的扩大，对于船舶的性能也提出了更高的要求，船舶需求向着高速、抗压、耐腐蚀化、大型化等多方面发展，这就对船体结构用钢的性能有了更严格的要求。一般强度船板钢已经不能满足船体结构要求，高强度级别的船板钢强度较高、综合性能好，可以减轻船体自重、提高单位载重量，在船舶建造中的使用量逐年增加[6,7]。

为了与船舶日益大型化、轻型化以及环保化的发展方向保持一致，造船业对船用钢板特别是高强度级别船板的质量要求也日益提高。材料选择的优越性意味着行业发展的优越性，因此对于船体结构用钢的研究成为未来探索海洋的重中之重[8]。在此环境下，钢铁行业不断研发新的产品以适应市场的需求，总的来看，船体结构用钢的开发趋势向着强韧性配合良好、低温韧性及焊接性能优异、耐腐蚀、成本低廉和轻量化的方向发展。为适应使用环境要求和提高生产效率，大线能量焊接性能也成为船体结构用钢需要具备的性能。

2.2 船体结构用钢特点

各国船级社对船板的技术要求各不相同，但差别不大。船板钢按强度级别分为：一般强度、高强度和超高强度船舶及海洋工程结构用钢三类。一般强度船体结构用钢最低屈服强度为 235MPa，分为 A、B、D、E 四个质量等级，其物理意义分别为在 20℃、0℃、-20℃、-40℃下船板钢所应达到的冲击韧性标准。高强度船体结构用钢按其最小屈服强度来划分强度等级，分为 32kg、36kg、40kg 三个强度级别，相应的屈服强度最低值分别为 315MPa、355MPa 和 390MPa；每个

强度等级又按其冲击韧性的不同分为 AH、DH、EH、FH 四个级别，分别对应
0℃、-20℃、-40℃、-60℃下所能达到的冲击韧性。超高强度船体结构用钢按
其最小屈服强度分为 420MPa、460MPa、500MPa、550MPa、620MPa、690MPa
六个等级，又按冲击韧性的要求每个强度级别再分为 A、D、E、F 四个级别，共
24 个级别[9]。

船体结构用钢作为船体的重要组成材料，决定着船舶实际应用过程中的安全
性和可靠性。船舶的工作条件比较恶劣，不仅受到海水的化学腐蚀、电化学腐蚀
以及海洋生物的腐蚀作用，还要承受较大风浪的冲击和交变负荷作用[6]。船体材
料需要承受巨大的载荷，并且要在恶劣的环境下保持持久不变形，因此船体结构
用钢必须要具有足够的强度。对于无限航区的船舶，还要求具有良好的低温韧
性[10,11]。除此之外，船体结构用钢还需具备以下特点[12]。

（1）良好的塑性与焊接性能：船体材料要经过加工、弯曲以及冲压成型等
步骤，所以必须保证船体材料能够经得起拉伸、热压、冷却等特殊条件的成型工
艺，且保证过程中不出现硬化及裂纹现象，否则将影响钢材的使用性能，因此船
体结构用钢需要具有良好的塑性与焊接性能。

（2）良好的韧性：金属材料在使用过程中能够消除应力集中，具有良好的
塑性变形能力，能够有效抑制钢材内部裂纹的进一步蔓延和扩张，即有效抑制钢
材脆性的破坏；船体结构用钢在使用过程中可能会因应力集中现象而出现微裂
纹，因此要求船体结构用钢具有良好的韧性。

（3）高的疲劳强度：船舶在海洋航行过程中难免会出现因高频率引起的疲
劳裂纹，疲劳裂纹很容易引发船体钢材抗脆性的减弱，因此疲劳强度也是衡量船
板用钢材的关键因素。

（4）优良的耐腐蚀性：海水是一种复杂的多盐类平衡溶液，船舶在航行过
程中，不可避免地要面临大气、海水、微生物的腐蚀作用，因此耐腐蚀性也是衡
量船板用结构钢的重要指标[13]。

2.3 船体结构用钢冶金学原理

2.3.1 船体结构用钢合金设计基础

目前，许多厂家均采用"低碳、高锰、微合金化"的思路设计化学成分来生
产高强度船体结构用钢，主要途径之一是在普通 C-Mn 钢或 C-Mn-Si 钢基础上添加
微合金元素（如铌、钒、钛等）。通过与控制轧制相配合，控制其沉淀析出相的尺
寸和分布，最大程度地细化晶粒，从而有效地改善钢材的组织与性能[14~16]。

2.3.1.1 主要化学元素的作用

船体结构用钢中各主要化学元素有如下作用。

（1）碳（C）：碳几乎对钢的所有性能都有影响。碳是较强的固溶强化元素，随着钢中碳含量的增加，钢的屈服强度、抗拉强度和疲劳强度均增加，但塑性和韧性降低，冷脆倾向性和时效倾向性提高；而且，当碳含量超过 0.23% 时，会明显恶化钢板的焊接性能。同时，较低的碳含量有助于发挥铌的细化晶粒和析出强化作用；因此高强船板用钢的碳含量一般不超过 0.2%。

（2）锰（Mn）：锰是低合金高强度钢中最常用的元素。它在冶炼中可以脱氧，同时可以固定硫，从而减小硫对钢材力学性能的不良影响。锰能提高钢的强度和硬度，稍微降低塑性，但几乎不改变屈强比。由于锰能减少晶界碳化物，细化珠光体，相应地也细化了铁素体晶粒，故能提高韧性；尤其是当 Mn/C（质量比）为 3 以上时，其作用更显著，所以多数钢都提高 Mn/C。

（3）硅（Si）：硅在冶炼中起到脱氧的作用。硅有很强的固溶强化作用，能显著提高钢的抗拉强度，但对屈服强度提升较少；因此随钢中硅含量增加，屈强比将降低。在碳含量较低时，硅对钢的塑性降低不多，并且硅能显著提高钢的临界脆性温度。当硅的含量超过一定范围时将粗化晶粒，对韧性不利。

（4）硫（S）和磷（P）：硫和磷对船体结构用钢来说都是非常有害的元素。为了充分发挥控制轧制的作用，必须严格控制钢中的硫、磷含量。

硫作为钢中的一种有害元素，主要来源于炼钢的矿石与燃料焦炭。硫以 FeS 的形态存在于钢中，FeS 与 Fe 形成低熔点的化合物（985℃），而钢的热加工温度一般在 1150~1200℃ 以上，因此当钢材热加工时，由于 FeS 化合物的过早熔化导致工件的开裂，称为"热脆"。另外，硫会严重降低钢的强度、延展性和韧性，在轧制过程中造成裂纹，并且降低钢材的焊接性能和耐腐蚀性。

磷是由矿石带入钢中的，虽然能提高钢的强度和硬度，但严重降低钢的可塑性和韧性，特别是在低温下使钢材显著变脆，称为"冷脆"。"冷脆"使得钢材的可加工性和焊接性能变坏，并且含磷越高冷脆性越大。

考虑经济性和工艺的可行性，一般控制 $w(\mathrm{S}) \leqslant 0.008\%$，$w(\mathrm{P}) \leqslant 0.015\%$。

（5）微合金化元素：目前，使用最多的微合金元素是铌（Nb）、钒（V）、钛（Ti），它们最能满足控制轧制对微合金元素的要求[17]：1）在加热温度范围内具有部分溶解或全部溶解的足够的溶解度，而在钢材加工和冷却过程中又能产生特定大小的析出质点，在加热时能阻碍原始奥氏体晶粒长大；2）在轧制过程中能抑制再结晶及再结晶后的晶粒长大；3）在低温时能起到析出强化的作用。大量研究表明，微合金元素铌、钒、钛的细晶强化和沉淀强化作用可以显著提高钢板强度[18~20]。但由于每种元素及其形成的化合物的溶解度积和物理性能的差别，每种元素的析出特点及强化机制不尽相同。

铌是生产高强度船体用钢最重要的合金元素。在控制轧制时，铌能产生显著的晶粒细化和中等强度的沉淀强化作用。一方面，少量的铌即可以显著提高奥氏体再结晶温度，为未再结晶区轧制提供了更宽的温度区间，从而可以在相对较高的温度下进行多道次、大累积变形量的奥氏体未再结晶区轧制，为细化铁素体晶粒创造条件，达到通常情况下只有低温轧制时才能得到的细化晶粒的效果。另一方面，铌延迟 $\gamma \to \alpha$（奥氏体→铁素体）转变，这种作用伴随着加速冷却可以显著提高钢材的强度。例如，在 $\gamma \to \alpha$ 两相区控轧 12mm 厚的钢板时，仅添加 0.03% 铌就可以使抗拉强度为 500MPa 级别的碳钢抗拉强度提高 100MPa 以上。更重要的是，铌在提高强度的同时不损害钢材的焊接性能。在设计高强度级别的船板钢时，应特别强调铌的第一个作用，在细化晶粒的同时，既提高强度又不降低韧性[21,22]。

钒能产生中等程度的沉淀强化作用以及较弱的晶粒细化作用，而且与其质量分数成比例。钒对奥氏体再结晶的阻止作用没有铌明显。钒仅在 900℃ 以下时对再结晶才有推迟作用，在奥氏体转变以后，钒几乎已经全部溶解，所以钒几乎不形成奥氏体中析出物，在固溶体中仅作为一个元素来影响奥氏体向铁素体转变。另外，钢中氮含量对含钒钢的影响很大，VN 或富氮的 V（C，N）能抑制奥氏体再结晶、阻止奥氏体晶粒长大，从而细化铁素体晶粒，并且可以在铁素体内析出，起到析出强化的作用。实际使用时，高强度级别钢材大多利用铌的细晶强化作用和钒的析出强化作用提高钢板强度[23]。

钛能产生强烈的沉淀强化作用和中等的晶粒细化作用。和相同强度等级的含铌钢相比，钛钢的热轧或退火产品的抗脆性能力较低。即使是少量的钛（<0.02%），在高温条件下也会显示出一种强的抑制晶粒长大的效果。如果加入钛的量足够高，钛还可以与硫形成硫化钛，它的塑性比 MnS 低得多，从而可以降低 MnS 的有害之处，使得钢板纵向、横向性能均匀。由钛引起的屈服强度的增加十分复杂。由于钛和氮有很强的亲和能力，所以钛在钢中就形成了氮化钛。含钛量约在 0.025% 以下时不改变钢的强度，这个值与氮含量有关。关于理想的钛和氮比值，Maurizio 等人认为最优的 Ti/N（质量比）在 4~10 之间。Chsapa 等人认为在 2~3.4 之间，同时 Yang 等人认为当钢中的 Ti/N 超过 3.4 时，TiN 的晶粒细化作用减弱，且多余的钛会与碳结合形成 TiC，在低温时起到析出强化的效果。对钛含量较高的钢，其强化作用与锰的含量有关[24~27]。

表 2-1 给出了铌、钒、钛的微合金化效果及存在的普遍问题[28]，其中"●●"为影响显著，"●"为有效，"○"为不明显。综合考虑可以看出，对钢组织和性能的影响方面，以铌最为显著。

铌、钒、钛是控轧控冷中最常用的微合金元素，但这些元素单独添加时，有时不能满足实际生产的需要，而复合添加铌、钒、钛时往往能收到很好的效果。在加热阶段，铌、钒完全固溶，未溶 TiN 可以抑制奥氏体晶粒长大；在轧制阶段，利用铌抑制奥氏体再结晶并阻止再结晶晶粒长大；在控制冷却阶段，铌、钒

表 2-1　铌、钒、钛微合金化效果及存在的普遍问题

项　目		微合金元素		
		Nb	V	Ti
强韧化效果	晶粒细化	●●	●	●
	析出强化	●	●●	○
	固氮效果	○	●	●●
	控轧操作性	●●	●●	○
	控冷有效性	●	●●	●
普遍问题	强度难控制		●	○
	合金化难度			●
	浇铸困难	○	○	●
	铸坯裂纹	○	○	○
综合性能		●●	●	●

的碳氮化物可以在奥氏体相变过程或相变后析出,综合利用析出强化和细晶强化可以使钢板获得高强度和高韧性。需要注意的是,在控轧控冷过程中,必须严格控制加热温度、轧制和冷却工艺参数,才能最大程度地发挥各种微合金元素的细晶强化和析出强化效果。

2.3.1.2　强韧化机制

目前国内外的船用钢板,尤其是高强度船用钢板,通常采用的是微合金化和控轧控冷有机结合的方法,即在钢中有效和合理地使用 Nb、V、Ti 等微合金化元素,并利用控轧控冷工艺来提高其强韧性,其强韧化机制包括了细晶强化、析出强化、固溶强化和相变强化等。

A　细晶强化

目前,在金属材料领域,能够同时大幅度提高材料的强度和韧性的方法就是细化晶粒。由于高强度船用钢板对强度和韧性要求都比较高,因此细晶强化是其最重要的强化方式之一。Hall-Petch 提出的晶粒尺寸和屈服强度的关系式(Hall-Petch 公式)表明,材料的屈服强度随着晶粒直径的减小而增大,晶粒大小是决定材料强韧性的重要因素。在外力作用下,造成临近晶粒位错源开动时晶界上的集中应力的大小与位错塞积集群的大小成比例,要取得同样的应力集中,较长的塞积距离(相当于较大的晶粒直径)在较小的外加应力作用下就能达到,而在塞积距离很短的情况下,则需要较大的外加应力才能形成同样的应力集中,这样细晶粒组织的材料就有较高的流变应力。流变一旦实现后,在高应力作用下,将会有大量的晶粒同时实现塑性变形,应变硬化的表现不大突出,使得晶粒粗大的金

属应变硬化能力比细晶粒的同一金属的要大。同理，粗晶粒组织内部变形不均匀，同时位错塞积产生的应力集中较大，裂纹容易形核，韧性较细晶材料要差[29,30]。

由于晶界对位错运动和裂纹扩展的阻碍作用，晶粒的细化既可以提高钢的塑性，又可以改善钢的韧性。Heslop 和 Pickering 提出的低碳钢的韧脆转变温度表达式：

$$T_{rs} = a - bd^{-1/2} \tag{2-1}$$

式中　T_{rs}——韧脆转变温度；

　　　a——依赖于化学成分的常数；

　　　b——表示抵抗脆性裂纹传播的常数；

　　　d——晶粒直径。

从式（2-1）中可以看出，随着晶粒尺寸的减小，韧脆转变温度降低，韧性提高。

根据以上分析，最大程度地细化材料的晶粒尺寸，可以获得更高的强度和韧性的组合。在低碳含 Nb 的微合金钢中，通过奥氏体未再结晶区的控制轧制可以有效地增加形变奥氏体晶界、形变带等晶体缺陷，为铁素体形核提供了更多位置，细化了铁素体组织。目前，在工业化生产中能够生产出 $3 \sim 5\mu m$ 的细晶组织钢，并使材料的性能有了大幅度的改善[31]。日本采用稍高于 A_{r3} 以上温度进行大变形量轧制得到约 $2\mu m$ 的 α 晶粒，为目前已报道应用的控轧最细小组织[32]。

微合金元素 Nb 对细化晶粒起到重要作用，在控制轧制过程中，Nb 主要通过提高再结晶温度、抑制奥氏体再结晶、阻止奥氏体再结晶晶粒长大等作用为相变过程提供更多的形核位置，从而达到细晶强化的目的。Nb 对奥氏体的细化作用主要包括以下几方面。

（1）在加热过程中，未溶的 Nb（C，N）能够通过钉扎晶界阻止奥氏体晶粒粗化。但对于中低碳含 Nb 钢来说，大部分 Nb（C，N）会在温度达到 1150℃时溶解而无法阻止奥氏体晶粒长大，因此 Nb 阻止均热奥氏体晶粒长大的作用相对较弱[33]。

（2）固溶的 Nb 通过溶质拖曳效应和析出粒子的钉扎机制能够延迟和抑制奥氏体的再结晶行为。晶界处的溶质原子能够降低晶界及亚晶界的迁移率，并且当晶界和亚晶界移动时，溶质原子会对其施加阻力，降低其运动速度，减缓再结晶过程。由于再结晶形核过程与大角度晶界、亚晶界的迁移和位错的攀移有关，因此再结晶过程必然受到溶质原子的阻碍。细小的析出粒子能够对晶界和位错产生钉扎作用，从而降低晶界和位错的移动速度，即阻止再结晶形核和长大过程。

（3）Nb 对奥氏体回复具有阻止作用。Maruyama 等的研究结果表明[34]，Nb、V、Ti 的溶质原子均可阻止静态回复的发生，且阻止能力依次降低；Nb、V、Ti

阻止静态回复能力的差别主要与它们的扩散系数及其和位错、空位之间的交互作用有关；由于 Nb 的溶质原子对位错移动和空位扩散具有较强的阻碍作用，因此具有较强的阻止奥氏体回复的作用，而 Nb(C，N) 仅在回复前期能够延迟回复的发生。

（4）应变诱导析出的 Nb(C，N) 可起到阻止奥氏体再结晶晶粒长大的作用。Gladman 的研究结果表明[35]，只有当析出粒子尺寸小于某个临界尺寸时，析出粒子才会对再结晶晶粒的长大起到阻碍作用。

利用新技术，通过改善工艺，合理调整微合金钢的化学成分，在工业生产中进一步的细化晶粒已成为人们研究的热点。

B　析出强化

船板钢中一般含有一定量的 Nb、V、Ti 等微合金，它们可以形成碳化物、氮化物或者碳氮化物；在轧制过程中或轧后冷却过程中沉淀析出，其与位错之间相互作用，起到了第二相沉淀析出强化作用。

第二相质点与位错之间的相互作用有两种方式：一是位错切过易变形的第二相质点；其二是位错绕过第二相粒子。根据 Gladman 等的理论，由沉淀粒子所造成的析出强化作用随粒子尺寸的减小和粒子体积分数的增加而增加。

除了沉淀析出相的大小对析出强化作用有影响外，其析出部位和形状对强度也有影响。整个基体均匀沉淀析出的强化效果要比晶界析出效果好；颗粒状要比片状有利于强化。在相变前对材料施以塑性变形，使位错密度增加，第二相沉淀形核位置增多，从而使析出物更加弥散，析出强化作用增强。

高强船板钢中添加微量的 Nb、V、Ti，就是为了使固溶在奥氏体中的微合金在相变时或相变后以细小的碳化物或氮化物弥散析出，其强烈的沉淀析出强化作用使铁素体的强度提高，并且细小弥散析出物对材料的塑性和韧性不利影响也很小[36]。

C　固溶强化

固溶强化是利用点缺陷对金属进行强化。其机理是溶质原子融入铁的基体中，造成基体晶格畸变，并且溶质原子能够阻碍位错的运动，从而使材料的强度提高。固溶强化可分为间隙固溶强化和置换固溶强化。

固溶强化的效果决定于很多因素，根据大量实验结果分析认为有如下规律[17]：

（1）对于有限固溶体（如碳钢），固溶体的强度随溶质元素溶解量增加而增大；对于无限固溶体，当溶质原子溶度为 50% 时的强度最大。其强度随溶质元素溶解量增加而增大。

（2）溶质元素在溶剂中的饱和溶解度越小其固溶强化的效果越好。

（3）形成间隙固溶体的溶质元素（如 C、N、B 等元素在 Fe 中）其强化作用大于形成置换固溶体（Mn、Si、P等元素在Fe中）的溶质元素。

（4）溶质与基体的原子大小差别越大，强化效果也越显著。C、N等元素在Fe中形成间隙固溶体，由于其有很好的扩散能力，可以直接在位错附形成柯氏气团，对位错有钉扎作用，使屈服强度和抗拉强度提高，但是C含量的增加会极大损害钢的韧性和可焊性。

因此，高强船板钢中，需要控制碳当量来获得较好的韧性和焊接性能。

D　相变强化

由于冷后不同相的强度不同，通过相变产生的强化效应称为相变强化。在钢中添加合金元素，通过控制轧制和控制冷却工艺，可以获得不同的室温组织，如铁素体-珠光体、贝氏体、铁素体-贝氏体、马氏体等，其强度和性能也都有一定程度的提高。

对于船板钢来说，由于性能方面的要求，室温组织一般为铁素体-珠光体组织，因此相变强化对船板钢来说作用不大。

2.3.2　船体结构用钢组织控制金属学基础

船体结构用钢的组织控制主要通过控制轧制与控制冷却工艺（简称TMCP工艺）来实现，TMCP工艺的实质是将变形和热处理相结合，通过控制全部工艺参数（均热温度、轧制温度、道次压下量、冷却速度等）来调整奥氏体的形态与相变产物的组织形态，结合Nb、V、Ti等微合金元素碳氮化物的析出，细化相变组织，提高钢材的强度、塑性和韧性。

控轧控冷作为实现钢铁材料组织细化的重要技术手段，能够降低能源消耗、简化生产工艺、提高钢材综合力学性能，已成为现代轧制生产中不可缺少的工艺技术。

2.3.2.1　控制轧制

按照轧制过程中奥氏体组织状态的变化，控制轧制可以分为三个阶段，即奥氏体再结晶区控制轧制、奥氏体未再结晶区控制轧制和两相区控制轧制。

第一阶段：奥氏体再结晶区控制轧制。变形温度一般在1000℃以上，在奥氏体变形过程中发生动态再结晶，在随后道次间隙时间内发生静态再结晶，随着轧制过程的反复进行，奥氏体晶粒逐渐细化。为达到奥氏体完全再结晶，应当保证轧制温度在再结晶温度以上，并且要有足够的道次变形量，且变形速度不宜过大。一般来说，在此区间内轧制时，随着道次压下量的增加奥氏体再结晶后的晶粒尺寸逐渐减小，但有一极限值，这一极限值也决定了奥氏体再结晶细化铁素体晶粒的限度。对于含Nb钢该极限值约为$20\mu m$，而碳素钢为$35\mu m$左右[17]。

第二阶段：奥氏体未再结晶区控制轧制。奥氏体未再结晶区域的温度范围为

950℃ ~ A_{r3}，该温度区间与钢的化学成分相关，在此区间内轧制时奥氏体的再结晶被抑制。变形使得奥氏体晶粒被拉长，在晶粒内部形成大量变形带、形变孪晶等缺陷以及微合金元素的碳氮化物的应变诱导析出，从而作为铁素体形核点的有效晶界面积大大增加，导致相变后的铁素体晶粒也更加均匀细小。未再结晶区轧制的总变形量应控制在 40% ~ 50% 或更大。对于微合金钢来说，微合金元素（Nb、V、Ti 等）的加入能够有效地提高奥氏体再结晶温度，扩大未再结晶区，有利于实现未再结晶区轧制。

第三阶段：奥氏体和铁素体两相区控制轧制。在此阶段，一方面未相变的奥氏体晶粒由于变形被压扁，晶粒内形成变形带等缺陷，并在这些部位形成新的等轴铁素体晶粒；另一方面，先析出的铁素体晶粒因承受变形而形成亚结构，促使钢的强度提高、脆性转变温度降低。研究表明[37]，铁素体的位错密度在压下量大于10% ~ 20%时将显著增加，导致钢的强度提高。两相区轧制使得相变后的组织更加细小，同时由于位错强化及亚晶强化的作用，进一步提高了钢的强度和韧性。

总的来说，控制轧制是对奥氏体硬化状态的控制，通过变形在奥氏体中积累大量的能量，在轧制过程中获得处于硬化状态的奥氏体，为后续的相变过程中实现晶粒细化做准备。

2.3.2.2　控制冷却

由于热轧变形的作用，使得奥氏体向铁素体的转变温度提高，相变后的铁素体晶粒容易长大，降低产品的力学性能。因此，必须在轧制过程之后采用控制冷却工艺，阻止变形奥氏体晶粒及铁素体晶粒长大，从而提高钢板强度且不损害其韧性。控制冷却条件（开冷温度、冷却速度、终冷温度）对相变前的组织和相变产物均有影响。因此，要获得理想的钢板组织和性能必须制定合理的控冷工艺参数。

控制冷却过程可以分为三个阶段：一次冷却、二次冷却和三次冷却（空冷）。

第一阶段：从终轧温度开始到相变开始转变温度 A_{r3} 或二次碳化物开始析出温度 A_{rcm} 之前范围内的冷却控制，主要目的是控制相变之前奥氏体的组织状态，阻止高温下奥氏体晶粒的长大和微合金元素碳氮化物的过早析出，同时固定位错，增大过冷度，为相变做组织上的准备。

第二阶段：从相变开始到相变结束温度区间内的冷却控制，主要目的是通过控制冷却速率和终冷温度来控制相变产物，以保证得到需要的金相组织。

第三阶段：从相变结束到室温这一温度区间内的冷却控制（空冷）。对于含Nb 等微合金元素的钢，在空冷过程中可以继续促进碳氮化物的析出，形成沉淀强化。

总的来说，控制冷却的核心是对硬化状态的奥氏体相变过程进行控制，进一步细化晶粒，或者通过得到贝氏体等强化相来实现相变强化，进一步改善材料的性能。

控制冷却主要是通过控制轧后的冷却速度来实现改善组织性能的目的。各钢厂采用的冷却方式不同，钢板的冷却速度则不同。目前在国内外中厚板生产中，采用的控制冷却方式主要有：压力喷射冷却、层流冷却、水幕冷却、雾化冷却、喷淋冷却、板端冷却、水-气喷雾法加速冷却、直接淬火等方式[38]。根据控冷的工艺要求，可以采用单一或者复合的冷却方式。

2.4 船体结构用钢绿色化生产技术

2.4.1 控制轧制与控制冷却工艺

随着海洋工业的不断发展，船舶制造业空前繁荣，船体结构钢是造船所用的重要材料之一，其价格在造船生产成本费用中所占比例为 15%~20%，在船舶原材料供应价格中占 70% 以上。近年来，船舶大型化、轻型化以及环保化是主要的发展方向，造船业对船体结构用钢的质量要求也日益提高。为适应绿色发展、满足客户对船体结构钢的性能要求，科研工作者与生产厂家研究开发了控制轧制与控制冷却工艺（简称 TMCP 工艺），并且该技术已经广泛应用于高强度低合金钢板的生产中[39]。

TMCP 工艺是 20 世纪钢铁业最伟大的成就之一，它的本质是将变形和热处理相结合，通过控制均热温度、轧制温度、道次压下量、冷却速度等工艺参数来调整奥氏体的形态和相变产物的组织形态，结合 Nb、V、Ti 等微合金元素碳氮化物的析出，细化相变组织，提高钢材的强度、塑性和韧性。TMCP 工艺生产过程中能量消耗低，工艺过程简单，生产出的钢材力学性能良好，是现代轧制生产领域不可缺少的技术[40]。

2.4.2 超快速冷却技术

为进一步推进钢铁行业绿色化可持续发展进程，我国需要在船体结构钢的生产过程中减少铁矿石、煤炭等原料的消耗，减少对合金元素的依赖，减少有害气体的排放，以及开发资源节约型的高性能结构钢产品。当代学者在控轧控冷技术中得到启发，即钢材的相变主要在轧后冷却过程中完成，它是调控组织状态和产品力学性能的主要手段。为了弥补传统 TMCP 工艺中控冷技术的不足，热轧板带轧后超快速冷却技术（Ultra Fast Cooling，简称 UFC）随之诞生。

超快冷装置的基本原理是[41]：在传统层流冷却的基础上，减小每个出水口的口径，增加出水口密度，增加水流压力，从而保证即使很小流量的水流也能获得较大的能量和冲击力，以击破冷却水与钢板的界面上生成的汽膜，使得单位时间内有更多的新水直接冲击热交换表面，大大提高换热效率，实现超快速冷却。

超快速冷却的作用主要体现在[42]：（1）细晶强化，高冷速能够抑制变形奥氏体的再结晶，防止奥氏体软化及晶粒粗化，为后续相变过程中细化铁素体晶粒作准备；（2）析出强化，冷速快抑制奥氏体中碳氮化物的析出，使析出在较低温度下发生，使得析出粒子更加细化，析出粒子数量增多；（3）相变强化，抑制奥氏体高温相变，促进中温或低温相变的发生。

世界上第一套超快速冷却实验装备是由 Hoogovens-UGB 开发，对厚度为 1.5mm 的钢板，实现了 900℃/s 的冷却速率，并且板形没有因为强冷而受到影响[43]。比利时 CRM 中厚板厂用此技术，对 4mm 的热轧带钢实现了 400℃/s 的超快速冷却[44]。日本在 20 世纪 90 年代由 JFE 开发的 Super-OLAC 系统在福山厂应用时，可以对 3mm 的热轧带钢实现 700℃/s 超快速冷却[45]。在我国，部分专业院校和科研机构也相继进行了 UFC 技术的研究，东北大学轧制技术及连轧自动化国家重点实验室（RAL）在实验室研究和工业推广方面开展了大量的工作。RAL 首先开发了用于热轧带钢的超快速冷却装置[46]，并在包钢 1700mm 薄板坯连铸连轧机组上实现了工业应用，之后陆续将超快冷技术应用在热轧带钢、中厚板、棒线材及 H 型钢的工业生产中。针对不同钢材种类开发的控冷系统统称为 AD-COS（Advanced Cooling System）[47,48]。针对中厚板生产，RAL 采用倾斜喷射的超快冷+层流冷却的设计，于 2007 年在河北敬业公司的 3000mm 中厚板轧机上装设了实验系统，随后分别于 2010 年 3 月和 5 月在鞍钢 4300mm 中厚板轧机和首秦 4300mm 中厚板轧机上投入运行[49]。

2.4.3　新一代 TMCP 技术

在原有 TMCP 技术的基础上，结合超快速冷却装置的应用，以超快速冷却技术为核心的新一代 TMCP 技术（简称 NG-TMCP）随之诞生[50]。NG-TMCP 的主要中心思想是[51]：在较高的奥氏体温度区间完成连续大变形和应变积累，得到硬化的奥氏体；然后立即进行超快冷以使轧件迅速通过奥氏体区，从而使奥氏体的硬化状态可以保留至新的相变区。超快速冷却在奥氏体向铁素体相变的动态相变点终止，之后根据产品组织和性能的要求制定冷却路径控制。由于热履历及冷却工艺的不同，传统 TMCP 与 NG-TMCP 的生产过程及产品组织性能相应的会有所差异。与传统 TMCP 工艺相比，NG-TMCP 具有较高的轧制温度，钢材变形抗力降低，减轻生产设备负荷；由于超快速冷却对晶粒的细化作用，可以使微合金元素的添加量减少，从而节约大量资源和能源，生产成本显著降低，该工艺可以实现节约型减量化生产，这对于实现钢铁工业的绿色可持续发展具有重要的作用。

2.5 船体结构用钢典型产品及应用

在美国，HY-80 和 HY-100 自 20 世纪 50 年代开始就用来建造各类潜艇。1956 年，HY-80、HY-100 首次用于建造潜艇成功，这次成功也被视为整个发展进程的新起点，并且对其不断改进性能、提高质量和修订规范。到 1992 年，HY-80 和 HY-100 已经成为美国最主要的潜艇用钢和大型水面舰艇用钢。这两个钢种具有较高的强度和优良的低温韧性，但焊接性能差。经过数十年的使用实践和研究改进，截至 20 世纪 90 年代，HY-80 和 HY-100 已经成为美国乃至世界上最为成熟完善的潜艇用钢[52]。

20 世纪 90 年代之后，随着超纯净钢冶炼、微合金化和控制轧制与控制冷却等制造技术的发展，同时为了提高舰船用钢的焊接性能并降低焊接成本，美国率先提出了新一代 HSLA（High Strength Low Alloy）舰船用钢的开发计划。由美国伯利恒钢铁公司、卢肯斯钢铁公司和 USX 钢铁公司制成钢坯，在日本开展了 TMCP-DQ 和 AC（Accelerated Cooling）等工业试验，并随后从日本引进了 DQ 和 AC 装备，开始工业化生产强度和韧性分别与 HY-80 和 HY-100 相当的 Cu 析出沉淀强化型 HSLA-80 和 HSLA-100 钢，显著降低了生产成本且提高了生产效率，形成了大型水面舰船结构用钢的新体系，而大型水下潜艇仍采用 HY 系列结构用钢。

HSLA-80 钢为 Ni-Cr-Mo-Cu-Nb 合金化钢，强度主要靠时效热处理过程中形成的纳米 ε-Cu 析出相获得，其制造工艺按照 ASTM A710 钢的最严格生产规范执行，化学成分、拉伸性能、缺口韧性和质量保证均比 ASTM A710 钢的要求更加严格。在 20 世纪 80 年代，美国根据水面战斗舰艇使用要求对 HSLA-80 钢进行了认证，并且按照军用材料规范 MIL-S-24645 组织生产。由于水面舰船减轻甲板以上结构质量的需求日益强烈，美国海军开发出 HSLA-100 钢并用以代替 HY-100 钢，达到降低成本、减轻质量并降低船体重心的目标。HSLA-100 是在研究 HSLA-80 的过程中发展起来的，这种钢主要是通过提高 HSLA-80 中的 Mn、Ni、Cu 和 Mo 含量，使其屈服强度从 550MPa 提高到 690MPa。1989 年，HSLA-100 钢通过认证并在水面舰船结构上得到应用，1990 年美国海军公布了军用规范 MIL-S-24645A，其中包括 HSLA-100 钢的相关标准。20 世纪 90 年代初，为了进一步满足新型航空母舰减轻质量和降低重心的需要，研制出了 HSLA-65 和 HSLA-115 钢。2008 年开始建造的新型航空母舰 CVN78 号采用 HSLA-65 钢作为主壳体材料，HSLA-115 钢则用于飞行甲板、栈桥甲板等部位。[53] 图 2-1 为美国海军舰船用钢发展历程及其典型应用。

表 2-2 示出的是美国 HSLA 系列和 HY 系列舰船用结构钢的化学成分[54]。可以看出，HSLA 钢的 C 含量一般低于 0.06%（质量分数，下同），而 HY

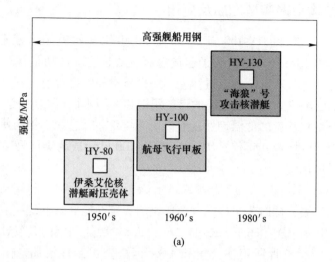

(a)

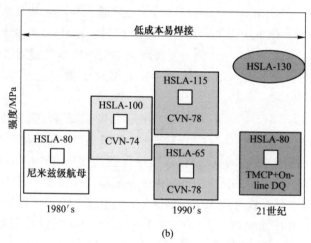

(b)

图 2-1　美国海军舰船用钢发展历程及其典型应用

（a）HY 系列大船结构用钢；（b）HSLA 系列大船结构用钢

钢的 C 含量一般大于 0.10%，甚至是大于 0.14%，表明新一代大型水面舰船用钢的 C 含量显著降低，钢材的强化已不再过度依赖 C 的间隙固溶强化和组织强化。HSLA 钢的主要合金元素为 Ni、Cu 和 Mo，随着钢板厚度的增加，Cu 和 Mo 的含量略有增加而 Ni 含量显著增加，以保证厚钢板的相变组织均匀性和整体低温韧性。HSLA 系列钢的低碳含量设计使其在很大程度上改善了焊接性能。HY 钢的主要合金元素为 Ni、Cr 和 Mo，随着钢板厚度的增加，Ni 含量显著增加，Cr 和 Mo 含量略有增加，而且 C 含量也有一定程度的增加，影响其焊接性能。

表 2-2 美国 HSLA 系列和 HY 系列舰船用结构钢的化学成分

钢种	厚度/mm	化学成分（质量分数）/%								
		C	Mn	Si	Ni	Cr	Mo	Cu	V	Nb
HSLA-65	≤32	0.03~0.10	1.10~1.65	0.10~0.50	≤0.40	≤0.20	0.03~0.08	≤0.35	0.04~0.10	0.02~0.06
HSLA-80	≤32	≤0.06	0.40~0.70	≤0.40	0.70~1.00	0.60~0.90	0.15~0.25	1.00~1.30	≤0.03	0.02~0.06
	≤25	≤0.06	0.75~1.15	≤0.40	1.50~2.00	0.45~0.75	0.30~0.55	1.00~1.30	≤0.03	0.02~0.06
HSLA-100	≤51	≤0.06	0.75~1.15	≤0.40	2.50~3.00	0.45~0.75	0.45~0.60	1.00~1.30	≤0.03	0.02~0.06
	≤152	≤0.06	0.75~1.15	≤0.40	3.35~3.65	0.45~0.75	0.55~0.65	1.15~1.75	≤0.03	0.02~0.06
HY-80	≤32	0.10~0.18	0.10~0.40	0.15~0.38	2.00~3.25	1.00~1.80	0.20~0.60	≤0.25	≤0.03	
	32~76	0.13~0.18	0.10~0.40	0.15~0.38	2.50~3.50	1.40~1.80	0.35~0.60	≤0.25	≤0.03	
	76~203	0.13~0.18	0.10~0.40	0.15~0.38	3.00~3.50	1.50~1.90	0.50~0.65	≤0.25	≤0.03	
HY-100	≤32	0.10~0.18	0.10~0.40	0.15~0.38	2.25~3.50	1.00~1.80	0.20~0.60	≤0.25	≤0.03	
	32~76	0.14~0.20	0.10~0.40	0.15~0.38	2.75~3.50	1.40~1.80	0.35~0.60	≤0.25	≤0.03	
	76~152	0.14~0.20	0.10~0.40	0.15~0.38	3.00~3.50	1.50~1.90	0.50~0.65	≤0.25	≤0.03	
HY-130	≤203	≤0.12	0.60~0.90	0.15~0.35	4.75~5.25	0.40~0.70	0.30~0.65	≤0.25	≤0.05~0.1	

参 考 文 献

[1] 杨浩. 超快速冷却条件下含 Nb 高强船板钢的组织性能调控 [D]. 沈阳：东北大学，2016.
[2] 焦多田. 我国造船业船板供需现状及发展趋势分析 [J]. 冶金管理，2013（7）：38~40.
[3] 黄维，高真凤，丁伟，等. 我国船板钢现状及技术发展趋势 [J]. 上海金属，2014，

36（4）：43~46.

［4］魏江. 高铌船板用钢的热变形行为及相变动力学研究［D］. 秦皇岛：燕山大学，2010.

［5］庄凯. 船用 E 级钢高功率激光焊接接头组织与韧性的研究［D］. 上海：上海交通大学，2010.

［6］张豪，雷运涛，魏金山. 高强度船体结构钢的现状与发展［J］. 钢结构，2004，19（2）：38~40，43.

［7］王亚超，吴开明. 回火温度对超高强韧船体结构钢力学性能的影响［J］. 武汉科技大学学报，2019，42（5）：328~332.

［8］徐少华. 超快冷对 315MPa 级船板钢组织性能的影响研究［D］. 沈阳：东北大学，2013.

［9］GB 712-2011，船舶及海洋工程用结构钢［S］. 北京：中国标准出版社，2011.

［10］Palermo P M. An Overview of Structural Integrity Technology［C］. SNAME Ship Structure Symposium，1975.

［11］S. R. Heller. A Personal Philosophy of Structural Design of Submarine Pressure Hulls［J］. Naval Engineers Journal，1962，74（2）：223~236.

［12］余建. 磷含量对船板结构钢性能的影响［J］. 舰船科学技术，2016，38（5A）：184~186.

［13］闫志华，郑桂芸，刁玉兰. 国内船体用结构钢板现状与发展［J］. 莱钢科技，2004（3）：65~67.

［14］朱鹏举，梁江民. 16MnNb 中厚板控轧工艺的实验研究［J］. 江苏冶金，2005，33（5）：25~28.

［15］韩炯，高亮. 高强船板拉伸试验断口分层的原因分析［J］. 宽厚板，2006，12（1）：30~32.

［16］王洪，刘小林，蔡庆伍. 生产工艺对 420MPa 高强度船板钢低温韧性的影响［J］. 钢铁，2006，41（8）：64~67.

［17］王有铭，李曼云，韦光. 钢材的控制轧制和控制冷却［M］. 北京：冶金工业出版社，2010.

［18］Manohra P A，Chandra T，Killmore C R. Continuous Cooling Transformation Behavior of Micro-alloyed Steels Containing Ti，Nb，Mn and Mo［J］. ISIJ International，1996，36（12）：1486~1493.

［19］Park J S，Lee Y K. Determination of Nb（C，N）Dissolution Temperature by Electrical Resistivity Measurement in a Low-Carbon Microalloyed Steel［J］. Scripta Materialia，2007，56（3）：225~228.

［20］Medina S F，Chapa M，Valles P，et al. Influence of Ti and N Contents on Austenite Grain Control and Precipitate Size in Structural Steels［J］. ISIJ International，1996，39（9）：930~936.

［21］马云亭，叶建军. Nb 在低温高强度船体结构钢 EH36 中的应用［J］. 宽厚板，2002，8（3）：18~23.

［22］张鹏云. TMCP 工艺在船板生产中的应用［J］. 宽厚板，2009，15（6）：17~20.

［23］狄国标. 高强度海洋平台用钢的强韧化机理研究及产品开发［D］. 沈阳：东北大

学，2010.

[24] Maurizio V, Aldo M. Effects of Titanium Addition on Precipitate and Microstructural Control in C-Mn Microalloyed Steels [J]. ISIJ International, 2002, 42 (12): 1520~1526.

[25] Chsapa M, Medina S F, Lopez V, et al. Influence of Al and Nb on Optimum Ti/N Ratio in Controlling Austenite Grain Growth at Reheating Temperatures [J]. ISIJ International, 2002, 42 (11): 1288~1296.

[26] Yang C F, Zhang Y Q, Liu T J. Effect of Content on Mechanical Properties of Hot Rolled Strip Steel [C]. HSLA Steel's 95 Conference Proceedings, Beijing, 1995: 403~406.

[27] Guo Z, Furuhara T. The Influence of (MnS+VC) Complex Precipite on the Crystallography of Intergranular Pearlite Transformation in Fe-Mn-C hypereutectoid alloys [J]. Scripta Materialia, 2001, 45: 525~532.

[28] 东涛，曹铁柱. 中国铌微合金化钢发展方向 [J]. 钢铁, 2002, 37 (7): 68~72.

[29] 翁庆宇. 钢的组织细化理论与控制技术 [M]. 北京: 冶金工业出版社, 2003: 15~16.

[30] Kuziak R, Hartman H, Budach M. Effect of Processing Parameters on Precipitation Reactions Occurring in a Ti-bearing IF steel [J]. Materials Science Forum, 2005, 500~501: 689~694.

[31] Kojima A. Ferrite Grain Refinement by Large Reduction Per Pass in Non-Recrystallization Temperature Region of Austenite [J]. ISIJ International, 1996, 36 (5): 603~605.

[32] Matsumura Y, Yada H. Evolution of Ultrafine-Grainer Ferrite in Hot Successive Deformation [J]. Transactions ISIJ, 1987, 27 (6): 492~498.

[33] 张子义. 铌、钒、钛合金元素在钢中的作用 [J]. 商品与质量·学术观察, 2011 (5): 111~112.

[34] Maruyama N, Uemori R, Sugiyama M. The Role of Niobium in the Retardation of the Early Stage of Austenite Recovery in Hot-Deformed Steels [J]. Materials Science and Engineering A, 1998, 250 (1): 2~7.

[35] Gladman T. Physical Metallurgy of Microalloyed Medium Carbon Engineering Steels [J]. Ironmaking and Steelmaking, 1989, 16 (4): 241~245.

[36] 孙卫华，李洪春，孙传水. Nb 微合金化 E36 造船板控轧控冷实验研究 [J]. 轧钢, 1998 (1): 23~26.

[37] 王春明，吴杏芳，黄国建. X70 管线钢控轧控冷工艺与组织性能的关系 [J]. 钢铁, 2005, 40 (3): 70~74.

[38] 王国栋. 新一代控制轧制和控制冷却技术与创新的热轧过程 [J]. 东北大学学报（自然科学版）, 2009, 30 (7): 913~922.

[39] 魏江. 高铌船板用钢的热变形行为及相变动力学研究 [D]. 秦皇岛: 燕山大学, 2009.

[40] 翁宇庆. 超细晶钢——钢的组织细化理论与控制技术 [M]. 北京: 冶金工业出版社, 2003.

[41] 刘相华，余广夫，焦景民，等. 超快速冷却装置及其在新品种开发中的应用 [J]. 钢铁, 2004, 39 (8): 71~74.

[42] 王国栋，吴迪，刘振宇，等. 中国轧钢技术的发展现状和展望 [J]. 中国冶金, 2009, 19 (12): 1~13.

[43] 王国栋，姚圣杰. 超快速冷却工艺及其工业化实践 [J]. 鞍钢技术，2009 (6)：1~5.

[44] Simon P，Fishbach J P，Riche P. Ultra-fast Cooling on the Run-out Table of the Hot Strip Mill [J]. Revue de Metallurgie，1996，93 (3)：409~415.

[45] Hiroshi Kagechika. Production and Technology of Iron and Steel in Japan during 2005 [J]. ISIJ Int. ，2006，46 (7)：939~958.

[46] 王国栋. 新一代 TMCP 的实践和工业应用举例 [J]. 上海金属，2008，30 (3)：1~4.

[47] 王国栋. 新一代 TMCP 技术的发展 [J]. 轧钢，2012，29 (1)：1~8.

[48] 王国栋，刘相华，刘彦春，等. 包钢 CSP "超快冷" 系统及 590MPa 级 C-Mn 低成本热轧双相钢开发 [J]. 钢铁，2008，43 (3)：49~52.

[49] 王国栋，吴迪，刘振宇，等. 中国轧钢技术的发展现状和展望 [J]. 中国冶金，2009，19 (12)：1~13.

[50] 王国栋. 以超快速冷却为核心的新一代 TMCP 技术 [J]. 上海金属，2008，30 (2)：1~5.

[51] 王国栋. 控轧控冷技术的发展及在钢管轧制中应用的设想 [J]. 钢管，2011，40 (2)：1~8.

[52] 吉嘉龙，马建坡. 美国潜艇用钢 HY-80/100 军用规范的演变与发展 [J]. 材料开发与应用，1992，7 (1)：1~9.

[53] 邓贤辉，郭爱红，廖志谦. 低成本材料技术在美国新型航母上的应用研究 [J]. 材料开发与应用，2012 (12)：81~86.

[54] 刘振宇，陈俊，唐帅，等. 新一代舰船用钢制备技术的现状与发展展望 [J]. 中国材料进展，2014，33 (9-10)：595~602.

3　高性能海洋平台用钢

3.1　概述

随着当今科技的发展和全球人口的增加，人们逐渐将目光投向了海洋资源中。海洋内部储蓄十分丰富的海洋资源，在国家经济发展及维护国家主权、安全、利益中的地位也更加突出，对于海洋资源的开发，引起世界各大国家十分重视。我国也高度重视海洋资源，我国拥有绵延又漫长的海岸线，广阔宽广的海域面积，因此海洋资源极其丰富。据资料表明，近海含油气盆地石油资源总产量约240 亿吨，天然气资源总产量14 万亿立方米；东海和南海等地区还有丰富的天然气和水合物资源；海洋能源理论下蕴藏太阳能6.3 亿千瓦；在全球海底领域共享多金属结核资源5 亿多吨。我国的海洋资源种类齐全数量丰富，开发前景极大，但我国海洋资源的勘探开发能力及水准不及世界各强国。发展海洋事业势在必行。由于在海洋深处的资源更为充足，海洋开发的方向逐渐由浅海区沿深海区拓展。因此，在 2017 年，中国共产党第十九次全国代表大会提出了"坚持陆海统筹，加快建设海洋强国"的国家经济社会发展思路。

海洋平台用于海面上开展石油钻探、开采、生产等工作的海洋建筑物，如图3-1 所示。由于在海洋环境中工作，所处环境恶劣，负重又大，支撑的钻井等设备总质量往往超过数百吨[1]。海洋平台还需要受重力载荷外，还要考虑到风载荷、波浪载荷、海流载荷、冰载荷、地震载荷等影响，这就意味着海洋平台所用钢板性能的特殊性[2]。海水温度随时间变化冷热交替，温差大，尤其是在深海中，不仅要承受高压，其环境更是恶劣。同时，海洋平台用钢板长期处于盐雾、潮气和海水等环境中，受到海水及海生物侵蚀作用而产生剧烈的电化学腐蚀，漆膜易发生剧烈皂化、老化，产生严重的结构腐蚀，降低结构材料的力学性能，缩短使用寿命[3]。在上述恶劣的服役环境要求下，必须要求海洋平台用钢具有优越的综合性能。另外，海洋平台远离海岸，不能像船舶那样定期进坞维修、保养，而一般要求海洋平台的服役期需要达到 30 年以上的要求，因此海洋平台用钢板必须保证内在质量及各项性能要求，主要是保证海洋平台钢必须具有优良的强度、韧性、抗疲劳性、抗层状撕裂性、耐海水腐蚀性、良好的焊接性能和加工性能[1]。

图 3-1　不同海洋平台类型及典型应用的钢铁材料

3.2　海洋平台用钢的国内外研究现状

3.2.1　海洋平台用钢国外研究现状

　　20 世纪中期，西方各国对海洋石油平台用钢率先展开研究。目前海洋平台用钢遵循的四大国际标准，即 En10225 和 BS7191（欧洲标准），API（美国标准），Norsok（北海标准）。国际海洋平台用钢主要由日本的新日铁、JFE 和住友金属公司以及德国的迪林根生产，主要屈服强度的级别为 355MPa，420MPa，460MPa。355MPa 级主要牌号包括依据 En10225 标准的 S355、依据 BS7191 标准的 350EM、依据 API 标准的 API2w-50 以及船标的 E36；420MPa 级主要牌号包括依据 En10225 标准的 S420、依据 API 标准的 API2Y-60 以及船标的 E40、E420；460MP 级主要牌号包括依据 En10225 的 S460 和船标的 E460。另外，国外注重大线能量焊接技术的提高，以适应寒冷地区的能源开发，日本在这方面早已走在世界最前沿。表 3-1 列举了常见的国际海洋平台钢的性能。总体而言，国际海洋平台用钢牌号众多，综合性能良好并能生产出大厚钢板。国内生产海洋平台用厚板的技术与国际上还存在一定的差距，主要体现在低温韧性、焊接性能和 Z 向性能等综合性能上，这些性能显著影响着海洋平台承载能力和使用性命。

表 3-1　国际海洋平台用钢的综合性能

生产公司	强度级别	综 合 性 能
迪林根	355MPa 级正火钢	在保证焊接性能的条件下厚度达到 120mm
迪林根	420MPa 级调质钢	在保证焊接性能的条件下厚度达到 100mm；采用 TMCP 工艺生产的厚度规格一般不超过 90mm
JFE	700MPa 级含 Ni	抗拉强度 800MPa，在保证焊接性能的条件下厚度达到 140mm
新日铁	700MPa 级	抗拉强度为 650MPa，-40℃冲击功大于 200J
JFE	高强度钢	在 200kJ/cm 的热输入条件下 HAZ 冲击功大于 47J
川崎制铁	400MPa 级	板厚达 60mm，其焊接热输入量达到 193kJ/cm，-60℃的冲击功最低值大于 60J
住友金属	抗拉强度 500MPa 级	在焊接热输入量为 99～219kJ/cm 范围内，均具有良好的低温冲击韧性
新日铁	大于 420MPa 级	钢板的韧脆转变温度为-120℃，经 204kJ/cm 的单面单道焊接，-60℃的冲击功最低值大于 60J

3.2.2　海洋平台用钢国内研究现状

我国开发海洋石油起步较晚，到了 20 世纪 80 年代才拥有自己的海洋石油平台。"十三五"重点研发计划"高强度、大规格、易焊接"海洋工程用钢及应用项目正式启动。项目的实施，将实现我国高端海洋平台用钢品种自给能力达 70%以上，最大寿命提升 50%以上，为我国"海洋强国"战略提供有力的物质基础保障。近几年，我国大部分中厚板厂家都能生产 D、E、D36、E36 等级海洋平台用钢，鞍钢、南钢生产的中厚板屈服强度大 550MPa，宝钢（武钢）和沙钢已具备生产屈服强度为 690MPa 海洋平台用钢的能力，但厚度在 120mm 以上时，产品质量尚不稳定、性能波动较大，导致部分 550MPa 级以上和确保-60℃以下低温韧性的超高强韧海洋平台用钢还需进口[4]。表 3-2 给出了国外和国内主要海洋平台用钢生产现状。

表 3-2　国外和国内主要海洋平台用钢生产情况对比

产品	典型规格/mm	屈服强度/MPa	生产现状
齿条钢	127，150，180，210，259	≥690	150mm 以上进口
弦板	25，50，85	≥690	进口
支撑管	17~60	≥550 ≥690	690MPa 进口

截至 2015 年，国际海洋平台用钢的关键技术还是领先我国的生产研发技术一部分，国内的海洋平台用钢主要由上海宝钢集团浦钢公司和邯钢集团舞阳钢铁公司生产，产品牌号为 A、B、D、E（Z15，Z25，Z35）、AH32-FH32（Z15，Z25，Z35）、AH36-FH36（Z15，Z25，Z35）、AH40-FH40（Z15，Z25，Z35）、API2H、Cr42、Cr50 等[3]。从表 3-3 可以看出，我国海洋平台用钢在强度等级、低温韧性、焊接、产品厚度等方面与国际先进水平存在明显差距，核心关键钢材仍不能满足安全要求，需要提高平台用钢强度级别，提高海洋平台的承载能力、延长平台使用寿命和缩短维修间隔。

表 3-3 我国海洋平台用钢与国外先进水平的差距

关键品种	国内先进水平	国际先进水平
高强度海洋平台用钢（10 ~ 80m）	460 ~ 690MPa，E 级焊前预热 80~120℃	690 ~ 720MPa，F 级室温焊接不预热 80~120℃
690MPa 级齿条钢特厚板	620 ~ 690MPa，E 级厚度 114 ~ 178mm	690 ~ 720MPa，F 级厚度 127~256mm
海洋平台用大口径高强度支撑管架	620MPa，E 级最大壁厚 20mm	690 ~ 720MPa，F 级最大壁厚 40mm
海洋平台用钢高强度大规格弦板	屈服强度 690MPa，E 级厚度规格为 88~97mm	屈服强度 690MPa，E 和 F 级最大规格为 88mm

3.2.3 我国海洋平台用钢发展趋势[5]

随着我国不断加大海洋开发力度，对高性能海洋平台用钢的需求量将不断增加，海洋平台用钢也将成为未来几年国内钢铁企业重点研发和生产的产品。综合分析我国海洋工业的市场需求及现有海洋平台用钢与国外产品的差距，可以看到目前海洋平台用桩腿、悬臂梁及半圆板等结构件急需升级换代，特厚规格齿条用钢、极地低温用钢等均需开展细致的研究工作，具体发展趋势体现在以下几方面。

（1）加快开发高强度、高韧性的海洋平台用钢。从海洋平台结构设计角度出发，采用高强度和超高强度钢可以有效减轻平台结构自重，增加平台可变载荷和自持能力，提高总排水量与平台钢结构自重比。国内的海洋平台用钢多集中在 E550 级别以下，而国外的同类产品多集中在 E690 级别以上，且使用量远远超过国内水平。另外，随着深海及极地海洋平台建设的快速发展，海洋工程用钢的低温韧性更显重要，同系列的 E 级和 F 级钢板的需求量逐渐增加，高强度、高韧性海洋平台用钢将是今后重点研发的品种。表 3-4 列出了目前不同海洋平台类型及使用的超高强钢级别，屈服强度 690MPa 级超高强钢已用于自升式平台桩腿、悬臂梁和张力腿、半潜式平台系泊构件等。新一代的超深水半潜平台采钻深度将在3000m以下，高度可达118m，总排水量与平台自重比值将超过4.0。据计算，以屈服强度355MPa级钢材为基准，若采用690MPa级钢替代，则钢板厚度可减少30%以上，将大幅降低平台的建造和安装成本，因此开发并广泛使用高强韧钢材对海洋平台的发展至关重要。

表 3-4　海洋平台结构类型、工作水深及使用钢级

平台类型	工作水深/mm	目前所需钢级屈服强度/MPa	未来所需钢级屈服强度/MPa
导管架平台	<450	500	690
自升式平台	30~200	690	980
顺应塔平台	300~700	460	550~690
半潜式平台	70~>2000	690	980
张力腿平台	300~1500	460	550~690
FPSO	50~>2000	460	550~690
立柱式平台	300~>2000	460	550~690

（2）研发低成本高附加值产品。海洋平台是由钢结构焊接而成，其中高强钢所占比例高达60%~90%，如果在高强钢合金设计实现减量化，将会大大降低海洋平台的建设成本。国内现有的690MPa级高强钢均采用添加大量的Ni、Mo等贵重合金元素，如能通过合金设计，实现以"Mn/C代Ni"的成分设计思路，可以大幅度降低成本。首先，Mn是一种强奥氏体稳定元素，其价格只是Ni的1/20~1/5；其次，高Mn钢具有优异的强度和塑性的综合性能以及优异的低温韧性。高Mn钢本身的优异综合性能可以解决目前海洋平台用690MPa级超高强钢的低温韧性差、屈强比高等问题，能够满足未来深海和极地海洋平台对超高强钢安全性能和建造成本需求，这也是今后高强、高韧海洋平台用钢的重要发展方向。

（3）良好成型性能的低屈强比。海洋平台用钢开发从海洋平台底部结构设计出发，如果采用先进的桩腿（包括桩靴）结构和升降机构，将会增加平台的承重能力、抗冲击能力及耐久性。目前，升降齿条用钢采用了690MPa级超高强钢，但其他桩腿结构用钢一般仅为550MPa级别高强钢。其主要原因在于，其他结构用钢不仅要求具有较高的强度，同时需要良好的成型性能，因而对屈强比进行了严格限制，海洋平台安全设计中结构件用钢的屈强比不允许超过0.85，以确保塑性失效前有足够的延展性来防止发生灾难性的脆性断裂。海洋平台用钢屈强比一般随着强度级别增加而升高，如图3-2所示。屈服强度500MPa以上钢级已很难满足低屈强比要求，屈服强度690MPa级高强钢的屈强比高达0.90~0.95，这也是造成目前平台结构用钢级别限制460MPa以下的主要原因。总之，开发并

使用良好成型性能的低屈强比高强钢已成为海洋平台建设的必然趋势，"Mn/C"合金化能够有效调控高强钢的组织结构，具有明显降低钢材屈强比的优势，将成为开发新型海洋平台用钢的重要保障。

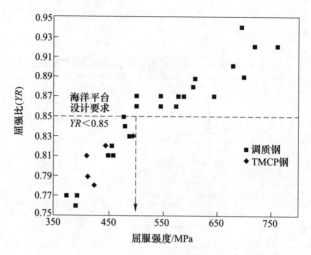

图 3-2　海洋平台用钢屈强比与屈服强度的关系

（4）止裂性能高强钢开发。针对船舶、建筑、储油罐、海洋结构、管线等结构设施所发生的一系列的结构件断裂灾难事故，国际工程领域提出了生产和应用止裂性能钢板的要求，且正在形成并推广相关的国际标准。钢中存在一定量的残余奥氏体时，在裂纹扩展时可以使其沿残余奥氏体发生偏转，或者因裂纹尖端的应力集中引发"残余奥氏体→马氏体"相变的 TRIP 效应而产生相变韧化，从而提高钢材的止裂性能，其作用原理如图 3-3 所示。

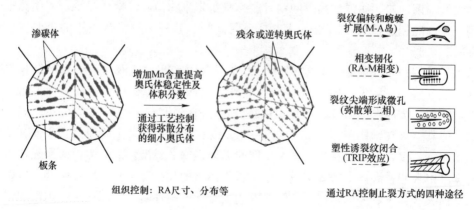

图 3-3　钢中残余奥氏体止裂作用示意图

由于"Mn/C"合金化可以有效调控钢中残余奥氏体含量，因此通过合理的成分设计以及组织性能控制，实现钢中残余奥氏体含量、大小、分布的精确控制，从而有效提高钢材的止裂性能，这是高强韧海洋平台用钢的又一重要发展趋势。

3.3 海洋平台用钢的特点

海洋平台钢服役条件非常严苛，在工作年限内，为了确保海洋平台安全和可靠的工作，决定了海洋平台用钢必须具有高强度、高韧性、抗疲劳、抗层状撕裂、良好的可焊性和冷加工性，以及耐海水腐蚀等性能指标。同时海洋平台用钢的选用需考虑构件类型、使用部位、环境温度、构件参数、使用性能、生产工艺等多个因素，并根据标准和规范的要求加以确定，以选择规格、等级合适的材料[6]。海洋平台用钢发展迅速，钢种不同，其强度不同；即使是同一钢种，也可根据其生产工艺和性能的不同而划分不同的等级，因而品种和规格种类众多。海洋平台用钢可根据不同的使用要求，在同一钢种下选择不同的等级，也可以使用不同强度、不同钢种的钢材。

鉴于海洋平台服役环境的特殊性，故海洋平台用钢有如下典型特征：

（1）强度：一方面，由于海洋平台长期受到风浪等交变应力作用，甚至是冰块等漂浮物的撞击，强度级别越高的海洋平台用钢可以保障海洋平台的安全性能越高；另一方面，提高强度可以降低海洋平台自身质量，减少焊接工作量并增大承载能力。当前世界各国海洋平台结构用钢在强度上大体可分为 I 类钢（一般强度结构钢）、II 类钢（高强度钢）和 III 类钢（超高强度钢），这三类不同强度级别的钢对应的屈服强度由低至高分别为 235~305MPa、315~400MPa、410~690MPa。一般前两类钢相当于船体结构钢中的一般强度优质碳素钢和低合金高强度钢，约占平台结构用钢的 90%；III 类钢主要用于平台结构承受主要载荷的重要构件，如平台甲板、自升式平台桩腿、导管架平台的导管等，约占平台结构用钢的 10%。为了提高海洋平台用钢的安全性及可移动性，高强、高韧钢的使用比例逐年增加，例如，自升式钻井平台中高强钢占 55%~60%，半潜式钻井平台中高强钢占 90%~97.5%，其中平台用的桩腿、悬臂梁及升级齿条机构等需要 460~690MPa 钢级甚至 690MPa 以上钢级的高强度或特大厚度（最大厚度达到 259mm）等专用钢[6]。建造固定式平台所用中厚钢板，目前多采用的屈服强度为 360MPa级。具有三根以上圆柱形或桁架桩腿支撑采油装置的自升式平台，其桩腿、桩靴、悬臂梁、齿条升降机构等关键部位，主要采用 460~690MPa 超高强度钢板[7]。自升式平台平移航行过程中，桩腿可达到 90m 以上，会导致重心提高，平台航行稳定性降低，因此提高钢板强度可以减轻桩腿的质量，降低重心，保证平台安全[8,9]。图 3-4 所示的大厚度齿条、舷杆等部件均采用 690MPa 级的超高强钢建造，其中齿条结构使用了 178mm 厚的钢板。目前此类产品主要被欧洲和日本的少数钢铁企业所垄断。半潜式平台配备有多个放射形的锚基，用于在采油目的地对钻井平台的固定，充水的压载水箱则用于承载大质量的采油装置，甲板、立柱、气压沉箱和支架现已大量采用 500MPa 以上的超高强钢板，可以有效减少浸水部分的容积。

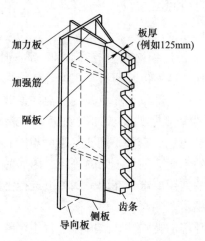

图 3-4　典型的自升式海洋平台与半潜式平台

（2）冲击韧性：韧性是指材料在外载荷作用下抵抗开裂和裂纹扩展的能力，也就是材料在断裂前所经历的弹塑性变形过程中吸收能量的能力，是强度和塑性的综合体现[10]。材料的韧性较好时，受力变形后到发生断裂破坏前这一阶段内材料会吸收更多的能量，产生较多的塑性变形，因此同时需要消耗更多的外部作用力所做的外力功，最终使得断裂过程得以延长，延长断裂所需时间；而对于韧性差的材料，受力变形后到发生断裂破坏前这一阶段经历的塑性形变受限，消耗吸收能量的能力差，极容易发生脆性断裂。海洋平台用钢的服役环境条件十分严苛，尤其是用于管结构的支节处，节点是两段材料的连接处，接头形式复杂，服役在寒冷的海区，低温会损害钢材的冲击韧性，最终导致脆性破坏，造成安全隐患，故优良的低温韧性对海洋平台用钢必不可少。1968 年 11 月中旬，渤海湾遭遇了罕见的强寒流袭击，我国自行设计、制造和安装的渤海老 2 号平台发生垮塌事故，经分析，沿用不具备低温条件下高强度和高韧性的陆上常用材料 16Mn 和 Q235A 是事故的主要原因[11]。随着能源消耗的增加和材料、装备研发制造能力不断提升，海洋油气开采已经不再局限于近海，而是逐渐向深海域转移，甚至到环境温度最低至-70℃的冰洋海域，这对海洋用钢的低温韧性的要求更加苛刻。获得钢材的韧性指标主要有三种方法，第一种方法是进行夏比 V 形缺口冲击试验，这是应用最广泛的冲击测试实验；其余两种方法分别为落锤冲击试验测定 NDT（零塑性转变温度）和裂纹开口位移（COD）试验。图 3-5 为熔合线的冲击断口纤维组织。

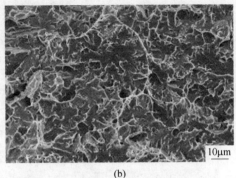

图 3-5　熔合线位置冲击试样断口 SEM 形貌

（a）宏观断口形貌；（b）微观断口形貌

（3）可焊性：海洋平台是大型焊接结构，焊接部位多，焊接质量直接影响到海洋平台的安全。焊接过程中，焊接热循环具有加热温度高、升温速度快、冷却速率不均等特点，形成焊接脆性区，破坏母材钢板的组织和性能[12]。焊接热影响区（Heat Affected Zone，HAZ）被认为是母材中性能最不稳定的区域，也被称作是局部脆性区（Local Brittle Zones，LBZs），包括粗晶热影响区（Coarse-grained Heat Affected Zone，CGHAZ）和部分相变热影响区（Inter-critical Heat Affected Zone，ICHAZ）[13,14]。在高于 1300℃ 的焊接再加热温度作用下，CGHAZ 区的奥氏体晶粒急剧粗化，以致冷却过程中形成粗大的粒状贝氏体（Granular Bainite，GB）组织，明显恶化钢板韧性[15]。在 ICHAZ 区，加热温度与母材相变温度 A_{c1} 相当，因此，冷却过程中只会发生部分相变，形成混合组织，严重损害韧性。研究表明，氧化物冶金技术和低 C 成分设计可以显著改善热影响区的韧性，在冶炼中加入 Ti、Ca、Zr 和 Mg 等易形成氧化物的合金元素，使其在钢中形成高熔点的氧化物夹杂，从而阻碍再加热过程中奥氏体的粗化，并且在冷却过程中促进针状铁素体（Acicular Ferrite，AF）的形核，达到细化晶粒、阻碍裂纹扩展、提高韧性的目的[16]；降低 C 含量，可以降低裂纹敏感系数，减少 M/A（Martensite-Austenite Constituent）组元的数量，结合控制轧制和控制冷却技术，精确控制 M/A 脆性相的形态和分布，从而减少裂纹形核位置，降低形核概率，改善韧性[17]。可以通过严格把控钢中的含碳量、降低焊接的裂缝敏感性和降低焊缝硬化这三方面入手以提升钢材的焊接性能。根据国际焊接协会（IIW）和日本焊接协会（WES）制定的碳当量公式，一般都把碳当量控制在小于等于 0.45%，当板厚增加到 100mm 时碳当量降低到不大于 0.40%，CCS（中国船级社）规定低合金高强度钢的碳当量不大于 0.40%。图 3-6 为多层多道焊，试样磨制抛光，并用 4% 硝酸酒精腐蚀后的宏观照片。

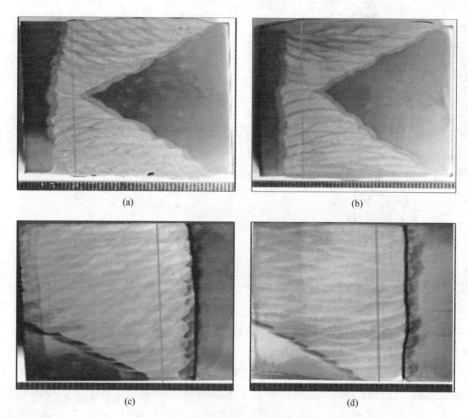

图 3-6　焊接接头宏观照片

（a）1—2G；（b）1—3G；（c）2—2G；（d）2—3G

（4）抗层状撕裂：由于海洋平台的重要节点均是大厚度管件相交，大直径厚壁管结构含有复杂的多圆柱管节点，其角接头在厚度方向承受相当大的拘束力。当钢材在板厚方向受拉应力，特别是外载荷引起的循环拉应力时，焊缝冷却收缩易引起近焊缝区的母材上的层状撕裂[18]，如图 3-7 所示。因此，这种厚板结构设计和制造时必须注意防止层状撕裂的问题[19]。海洋钻井平台的层状撕裂和许多因素有关，主要因素有：材料成分，非金属夹杂物的种类、数量和分布，扩散氢的含量，纵向约束应力的大小，钢板基体的塑性和韧性等。钢中的 S 含量越高，越容易形成夹杂物，它们在同一区域面内以片团状偏聚在一起。钢板的刚度大，厚度大；相同板厚和相同焊接方法条件下，焊缝断面大等情况均会增加钢板的层状撕裂倾向。钢中的 Mn 可与冶炼过程残余的 S 形成 MnS 夹杂，轧制过程中易形成平行于轧制方向的带状夹杂物，裂纹多启裂于这类非金属夹杂物，而后向焊接引起的受氢脆或时效脆化影响的区域扩展[20]。可以通过选材和工艺优化这两方面入手预防层状撕裂损害，即尽量选取对层状撕裂敏感性小的材料、优化工艺及结构设计。利用纯净化冶炼工艺，降低钢中 S 含量，结合控制轧制来控制非金属夹杂物的形态，可以有效提高钢板 Z 向的拉伸断面收缩率。日本学者稻垣道夫在调查分析各国有关层状撕裂事故之后得出结论，控制 S 含量在 0.0109% ~ 0.015%范围，断面收缩率在 15% ~ 20%范围内基本可以防止层状撕裂。

图 3-7　典型层状撕裂

　　轧制钢板在多层填角焊时，厚度方向的抗层状撕裂是海洋平台用钢的一个重要特点，这也是焊接裂纹的一种。与其他裂纹相比，由于这种裂纹修补非常困难，常需更换构件，有时会因此而发展成报废处理的重大事故，因此已引起世界性的关注。尤其是海洋平台管接点部位有许多熔敷量大、板厚方向约束大的焊接接头，特别容易发生层状撕裂。所以，对平台节点用钢要求非常严格，一般都用 Z 向钢[21]。抗层状撕裂性能可用钢板厚度方向（即 Z 向）拉伸试验的断面收缩率 y_z 来衡量[22]。

　　（5）抗腐蚀疲劳：为了更好地分析海洋平台钢结构的腐蚀情况，将海洋平台钢结构的腐蚀区域和典型腐蚀划分如图 3-8 所示[23]。海上石油钻井平台长期处于海洋环境中，温度、海水流速、海洋生物污损活性、盐度、pH 值等都会影响钢铁材料的腐蚀行为，轻而易举就遭受腐蚀疲劳侵蚀，尤其是管节点区。腐蚀疲劳与一般疲劳不完全一样，它的特点是不仅有疲劳，而且还受到腐蚀。针对复杂的腐蚀环境，目前用防腐涂料涂层和用不锈钢或者钛合金包覆平台关键部位（如处于海水飞溅区的桩腿）的方法降低环境腐蚀对平台的影响，增加设计使海洋工程用钢具有一定的耐腐蚀性能。为了避免焊接接头的腐蚀疲劳破坏，除了从设计上采取降低应力，适当增强等措施以缓和应力集中。

　　为了改善管接头的腐蚀疲劳特性，国外近年来采用一种高强度、高韧性的铸钢接头，用在自升式平台升降腿和导管架的节点上。

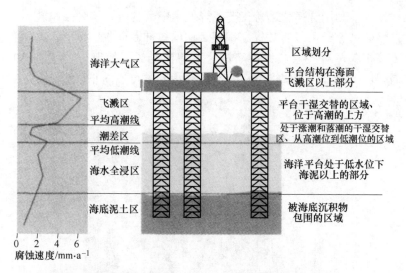

图 3-8　海洋平台钢结构的腐蚀区域和典型腐蚀划分示意图

3.4　海洋平台用钢设计基础

　　我国在海洋平台用钢生产应用方面还存在着比较大的差距，主要体现在厚规格、高强度、高韧性、焊接及耐腐蚀等生产技术方面，图 3-9 给出了海洋平台用钢主要指标国内外发展水平比较[24]。在开发海洋平台用钢过程中主要通过两方面手段以提高强度、优化焊接性能和提高耐腐蚀性能等综合性能，两方面分别是通过成分微合金化以优化成分，另一方面即通过先进的 TMCP 工艺以优化工艺。海洋平台用钢目前亟需解决的是生产出组织性能均匀的厚板问题，需要从优化合金成分和生产工艺两方面入手。

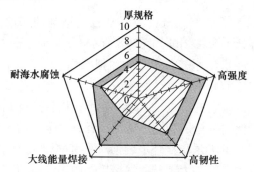

□我国研究基础与世界先进对比(根据一致性分10档评分)
☑我国应用与产品发展水平与世界先进对比(根据一致性分10档评分)

图 3-9　海洋工程用钢我国与世界先进水平的对比

3.4.1 海洋平台用钢冶金学原理

钢材的化学成分是影响钢材性能的主要因素。大量研究工作表明，通过微合金元素 Nb、V、Ti 的细晶强化和沉淀强化作用可明显提高钢板强度[19~22]，但每种元素的析出特点及强化机制不尽相同[25~28]。下面就海洋平台用钢中的常用元素展开讨论并研究其作用。

（1）Nb 的作用：钢中的 Nb 可以细化晶粒，尤其是 γ 晶粒与再结晶组织，增加相界面，提高强度，Nb 可以与 C 结合形成 NbC，通过 NbC 对晶界的钉扎作用以及固溶的 Nb 原子对晶界的拖曳作用来抑制高温变形过程的再结晶，扩大未再结晶区范围，最终细化铁素体晶粒；另外，低温区析出的含 Nb 相起沉淀强化作用[29]。

固溶态的 Nb 因在奥氏体界面处的偏聚使得其界面能降低，进一步导致形变诱变铁素体的形核率降低。而 Nb 的碳化物却能作为其形核核心，促进铁素体相变发生。可见，Nb 的存在形式对铁素相变的影响大。

研究发现，不含 Nb 的钢，在较低的冷速下生成晶界铁素体、珠光体和针状铁素体，较快的冷却速率下生成贝氏体。含 Nb 的钢，在很大的冷速范围内主要是生成贝氏体。含 Nb 钢中的奥氏体晶界处铁素体形核被抑制，粒状贝氏体转变区域的速度范围扩大[30]。在冷速较快时，含 Nb 钢中还会出现马氏体。可见 Nb 改变钢中组织的析出临界冷速，尤其是贝氏体的临界冷速被降低。

Nb 是最有效的细化晶粒的微合金化元素[31]，Nb 能够提高奥氏体的再结晶温度，使钢可以在较高和较宽的温度区间实现非再结晶奥氏体形变，减小轧机负荷，也有利于细化晶粒。Kaspar 等[32]指出，TMCP 过程中，Nb 可以明显的细化晶粒合并能达到中等的沉淀强化作用，同时抑制奥氏体晶粒的再结晶，细化铁素体晶粒，提高强度和韧性。Nb 的碳氮化合物在奥氏体中主要沿各种晶体缺陷，如晶界、亚晶界、位错线等形核长大，并且在这些部位聚集，阻止奥氏体的再结晶。Nb 对奥氏体再结晶晶粒长大速率 $G(\mu m/s)$ 的影响可用式（3-1）表述[33]，其中，A、B、C、D、E 为常数，F_v 为应变能（J），D 为变形前奥氏体晶粒尺寸（μm），Nb_{sol} 和 Nb_{pre} 分别为固溶的和析出的 Nb 的质量分数（%）。

$$G = A \times \frac{F_v}{T} \times D_I^B \times e^{C \times Nb_{sol} + D \times Nb_{pre} - \frac{E}{T}} \qquad (3-1)$$

Nb 在铁素体中析出可以分为位错析出、纤维状析出、均匀析出和相间析出等几种方式，介于这种高强质点的弥散分布。当运动着的晶粒遇到第二相质点时，质点会对晶界施加一个钉扎力，阻止铁素体晶粒长大。此外，Nb 还有利于形变诱导相变获得细晶铁素体组织[34]。图 3-10 呈现了 TMCP 各阶段 Nb 的析出物及其对铁素体晶粒细化和析出强化作用的影响，TMCP 的不同阶段，Nb 的碳氮化物析出粒子的尺寸不同；1000℃及以上的加热温度下，约为300nm；800℃的控制轧制温度下，约为50nm；冷却至600℃左右的相变温度时，约为10nm。可见，温度越低，Nb的第二相析出粒子细小，因此为了获得更好的强化效果，就需要抑制Nb的高温析出，增加相变过程中的析出。

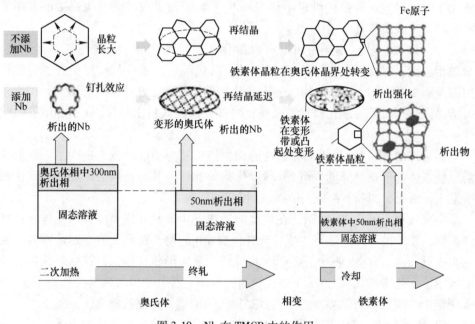

图3-10   Nb在TMCP中的作用

（2）Mn的作用：Mn元素可以扩大 γ 相的温度区间，同时使得 $\gamma \rightarrow \alpha$ 相转变温度减少，造成过冷奥氏体的分解速率降低，C曲线往右移动。当Mn含量上升时，使得钢中转变得到更多的珠光体，导致珠光体得到片层细化，进而提升了钢的硬度及强度。Mn可以显著提高钢的淬透性，并能将贝氏体转变的速度区间拓宽，进而达到细化贝氏体的结果。Mn的含量升高有利于钢的强度增强，当但Mn含量过高时，组织大部分为板条状马氏体，导致韧性恶化，故需要适当控制Mn的含量。

Mn能显著降低过冷奥氏体分解速率和珠光体的转变温度，且其扩散速率低于铁和碳。Mn在钢中的作用和Mo部分类似，但由于Mo金属价格昂贵，故可以用Mn代替。

（3）Ti的作用：钢中的Ti可以产生强烈的析出强化和中等的细晶强化效果。Ti能变质钢中的硫化物，改善材料的纵横向性能差异及冷成型性能[35]。Ti与钢中的N有很强的亲和力，可以结合在奥氏体晶界处生成细小而弥散的TiN，降低钢中的固溶N。钢坯在受高温加热时，钢中的TiN对奥氏体晶粒的生长有一定的遏制作用，但对延迟回复和再结晶没有很明显作用。当 Ti 含量超过 0.02%时，多余的 Ti 将会和 C 结合形成 TiC，TiC 的固溶和重新析出才会参与组织和强度的变化[36,37]。Ti 与 N 的优先析出可以提高 Nb 在奥氏体中的固溶度。此外，钢中形成的 Ti 的氮化物和氧化物具有很高的熔点，在焊接热循环过程中，能够有效阻止焊接热影响区 γ 晶粒的粗化，同时可以作为晶内铁素体的形核质点，可以有效地使晶粒及显微组织得到细化，使得焊接热影响区的韧性得到有效增强。研究表明，TiN 粒子的理想化学配比为 1：1，相应的质量比为 3.42，即 Ti/N=3.42。

此外，焊接时，高温区间内 Ti 的碳氮化物因其能够有效阻止焊接热影响区奥氏体晶粒的长大，故可以明显使钢的焊接性能得到提升。

（4）V 的作用[38]：V 在钢中主要起沉淀强化作用以及较弱的细晶强化作用。与其他微合金元素相比，V 有较高的溶解度，在奥氏体中处于固溶状态，对奥氏体晶粒长大及再结晶的抑制作用较弱。V（C，N）通常在 $\gamma \rightarrow \alpha$ 相变的最后阶段析出，起到析出强化作用。实际生产中高强钢多利用 Nb 的细晶强化作用和 V 的析出强化作用提高钢板强度。

3.4.2 新一代 TMCP 技术的发展与应用

控制轧制和控制冷却（TMCP）技术在海洋平台用钢的开发中具有举足轻重的作用，TMCP 钢板可以大幅降低碳当量，降低裂纹敏感系数，使得焊接的预热温度减少，进而使得工作效率提升。低碳的成分设计可以有效减小中心偏析，避免焊接和热矫正过程中沿偏析线的开裂；精确控制相变过程以及控制细小碳化物粒子的析出，获得优良的强韧性能。TMCP 产品不仅成本更低，同时性能好，其产品在精度、表面质量和焊接性等方面更具优势。我国中厚规格高强海洋平台用钢多以正火和调质态交货，TMCP 钢板的比例仅为 20%左右，而日本和韩国，这一比例为 600%。因此，提高 TMCP 钢板的比例是改善我国海工用钢质量的关键，也是降低成本、提升海工装备国际竞争力的主要方向[39]。

3.4.2.1 传统 TMCP 技术

TMCP 技术作为 20 世纪钢铁业伟大的成就之一，是一种控制轧制和控制冷却的技术。传统 TMCP 技术的控制轧制手段是"低温大变形"和"添加微合金元素"，"低温"是在低于邻近相变点的温度轧制，阻止奥氏体的再结晶以及防止奥氏体晶粒的粗化，"大变形"是为了提高奥氏体内部的储存能，增加各种变形带、位错等缺陷，从而为铁素体形核添加更多的形核点，为后续相变过程提供动力学基础。添加微合金元素，如 Nb，可以提高奥氏体的再结晶温度，使奥氏体在较高的温度区间仍处于未再结晶区，便于对轧制过程的更精确控制。传统TMCP 有如下缺点：（1）较低的轧制温度，增加了轧机负荷（包括轧制力和电机功率）；（2）较低温度的轧制，容易导致微合金元素在奥氏体区的非平衡应变诱导析出，降低最终组织的析出强化效果；（3）冷却能力不足，难以实现对多种相组成组织的精确控制。

3.4.2.2　新一代 TMCP 技术

为了提高再结晶温度，利于保持奥氏体的硬化状态，同时也为了对硬化奥氏体的相变过程进行控制，控制轧制与控制冷却始终与微合金元素紧密联系在一起。

基于超快速冷却的 TMCP 技术在钢中添加 Nb、Ti 等合金元素，调控奥氏体的再结晶温度。配以合理的控制轧制工艺，即可实现对硬化奥氏体的精确控制。由于在较高温度轧制，如果不加以控制奥氏体会迅速粗化长大，失去硬化状态，因此，在终轧温度和相变开始温度之间的冷却过程中，应设法将奥氏体的硬化状态保持到动态相变点。21 世纪以来，世界各工业强国研发出的超快速冷却技术（Ultra Fast Cooling，UFC），可以将轧制结束后的钢板立即以极快的速度冷却，确保将硬化奥氏体维持至临近动态相变点的温度，实现对相变过程的精确控制。图 3-11 呈现了超快速冷却技术的 TMCP 组织的控制原理。除了可控制再结晶奥氏体的粗化或硬化奥氏体的软化、细化铁素体晶粒外，轧后超快速冷却还有两个主要作用：（1）可以抑制奥氏体中的第二相析出，使其不析出或少析出，而在控制相变过程中大量析出，在较低的相变温度下，微合金碳氮化物在奥氏体中的平衡固溶度积大于其在铁素体中的平衡固溶度积，这就提高了析出的驱动力，从而获得大量纳米析出粒子，显著提高了析出强化效果；（2）可以阻止高温的先共析铁素体相变，促进中温及低温相变，实现相变强化。因此，基于超快速冷却

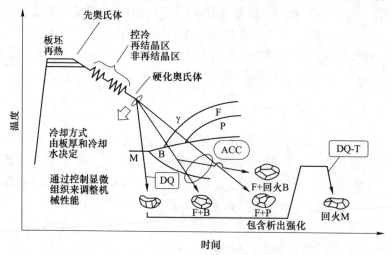

图 3-11　新一代 TMCP 技术的组织控制原理

DQ—直接水冷；ACC—快速冷却；T—回火；γ—奥氏体；F—铁素体；T—贝氏体；P—珠光体；M—马氏体

的新一代 TMCP 技术可以实现对钢铁材料显微组织的多样化、高精度控制，进一步提高了材料的性能。此外，新一代 TMCP 技术对析出强化和相变强化的充分利用，使得钢中添加更加少量的合金元素就可以达到预期的性能，这也降低了钢板的碳当量（Carbon Equivalent，C_{eq}），生产相同强度的产品，C_{eq} 可以降低 0.04～0.08，这有利于改善焊接热影响区的组织和性能。

3.5 海洋平台用钢绿色化生产

以 E40-Z35 海洋平台用钢绿色化生产技术为例。设计热模拟和实验室热轧实验，确定 Nb-Ti 微合金化成分路线，并结合现场的实际条件进行了工业试制，实现了由实验室工艺向工业生产现场的转移。本节在海洋平台用钢 E36-Z35 的 Nb-Ti 微合金化基础上，进一步添加微合金元素 V，并在实验室优化控轧控冷工艺参数，最终确定 E40-Z35 的工业试制方案。在工业生产过程中严格控制开轧温度、终轧温度及终冷温度等参数，最终的试制结果满足了海洋平台用钢 E40 对塑性、韧性、焊接性能和抗层状撕裂性能的要求。

3.5.1 海洋平台用钢设计思路

（1）与 E36-Z35 钢相同，为保证海洋平台用钢的焊接性能和低温韧性，海洋平台用钢 E40-Z35 仍采用低碳微合金化设计思想。

（2）为提高强度和保证性能均匀性，在 E36-Z35 的 Nb-Ti 微合金化基础上，进一步添加微合金元素 V，利用其析出强化作用提高强度。

（3）严格控制钢中的 P、S 含量及气体含量，保证钢板具有优良的抗层状撕裂性能和低温韧性。

（4）不添加高附加合金元素 Cu、Cr、Ni、Mo 等，尽量降低成本。

3.5.2 海洋平台用钢 E40-Z35 实验室热轧实验

3.5.2.1 实验材料

基于上述思想，设计了低碳 Nb-V-Ti 微合金化钢，化学成分见表 3-5。实验用钢在 200kg 真空感应炉冶炼并浇铸成钢锭，然后锻造成断面尺寸为 160mm×100mm 的热轧试样。

表 3-5 实验钢 E40-Z35 的化学成分　　　　（质量分数，%）

元素	C	Si	Mn	S	P	Nb	V	Ti	Al
含量	0.085	0.218	1.35	0.0042	0.0038	0.032	0.06	0.013	0.02

3.5.2.2 热轧实验规程的制定

热轧实验规程的制定包括以下几个方面。

（1）加热制度：在制定加热温度时，应确保钢中微合金元素 Nb、V 碳氮化物充分溶解的前提下，尽可能采用低的加热温度，以获得较小的初始奥氏体晶粒。为保证奥氏体晶粒细小以及碳氮化物溶解，确定加热温度为 1200℃。

（2）轧制制度：为了保证再结晶区轧制阶段奥氏体能够发生完全再结晶，采取高温大变形的原则，轧制温度高于 950℃，充分细化奥氏体晶粒。结合双道次压缩实验测定的静态再结晶结果以及实际生产中 20~30s 的道次间隔，确定未再结晶区开轧温度为 900℃，避免轧制过程发生不完全再结晶而出现混晶组织；同时，保证累积压下量为总变形量的 50% 以上，增加相变形核位置，有效细化最终组织。

（3）冷却制度：由热模拟实验测定的 Nb-V-Ti 钢动态 CCT 曲线可知，当冷却速度低于 5℃/s 时，显微组织为铁素体和珠光体。当冷却速度增至 5℃/s 时，开始出现针状铁素体。当冷却速度为 10℃/s 时，最终组织完全为针状铁素体。热模拟实验得到铁素体和珠光体的临界冷速为 5℃/s。但考虑到厚板在厚度方向存在冷却速度差异，为保证晶粒细化及组织均匀性，故轧后冷却速度确定为 10℃/s。

3.5.2.3　实验方法

热轧实验在 ϕ450mm 二辊可逆轧机上进行，实验中具体控轧控冷工艺参数为：加热温度 1200℃，保温 1.5h，出炉后采用粗轧和精轧两阶段轧制，再结晶区开轧温度控制在 1050~1150℃，未再结晶区轧制开轧温度控制为 900℃，终轧温度控制在 830℃ 左右，轧后立即进行层流冷却，冷却速度为 10℃/s，终冷温度为 590~670℃，具体参数见表 3-6。控轧道次压下量分配（单位：mm）为 160→128→102→80→65→54→45→37→30。

表 3-6　各轧制实验的工艺参数

编号	终轧温度/℃	终冷温度/℃	冷却速度/℃·s^{-1}
1	830	590	12
2	830	630	10
3	830	670	12

按照国标 GB 228—2002 沿板材纵向取拉伸试样，在 5105-SANS 电子万能实验机上进行拉伸实验，拉伸速度为 5mm/min，测量屈服强度和抗拉强度。实验钢的冲击实验是在摆锤式机械冲击实验机上进行，根据国标沿垂直于轧制方向（横向）和平行于轧制方向（纵向）取冲击试样 10mm×10mm×55mm，冲击温度为 -40℃ 和 -60℃，用干冰+酒精溶液对试样进行控温冷却。由于试样从介质中取出到放在冲击实验机上有时间间隔，为了保证冲击时试样温度，采取了缩短间隔时

间和温度补偿的方法。沿厚度方向取样拉伸并测定 Z 向断面收缩率。试样经粗磨抛光后用 4%硝酸酒精腐蚀，组织观察在 LEICA DMIRM 多功能金相显微镜上进行，并用截线法测量晶粒尺寸。在 FEI Quanta 600 扫描电镜上进行试样断口观察及夹杂物能谱分析。

3.5.2.4 实验结果及分析

A 实验钢力学性能

采用上述 TMCP 工艺进行热轧实验后，对实验钢力学性能进行检测，实验结果及标准要求见表 3-7。可以看出，三种工艺所得实验钢的屈服强度、抗拉强度和伸长率均满足 E40-Z35 的性能要求。其中，屈服强度为 458~483MPa，抗拉强度为 555~563MPa，伸长率为 30%~33%。

由表 3-7 可以看出，三种工艺所得钢板纵向冲击功明显高于横向冲击功。-40℃纵向冲击功平均值高于 170J，远大于标准规定的大于 41J 的要求；而横向冲击功平均值大于 89J，高于标准要求的 27J；而且-60℃纵向和横向冲击功也都高于标准要求。因此，实验钢的低温韧性完全满足 E 级标准要求，甚至满足 F 级标准要求。而 Z 向断面收缩率分别为 55%、53%和 49%，满足了 Z35 的标准要求，具有良好的抗层状撕裂性能。

表 3-7　实验钢的力学性能

工艺	屈服强度 /MPa	抗拉强度 /MPa	伸长率 /%	δ_z/%	-40℃纵向 冲击功/J	-40℃横向 冲击功/J	-60℃纵向 冲击功/J	-60℃横向 冲击功/J
1	483	563	31.9	55	192, 169, 211 (191)	67, 100, 102 (90)	172, 234, 179 (195)	86, 95, 75 (85)
2	458	561	30.3	53	103, 221, 187 (170)	109, 101, 109 (90)	80, 112, 45 (79)	50, 48, 55 (51)
3	466	555	33.0	49	190, 235, 197 (207)	95, 97, 74 (89)	178, 162, 202 (181)	75, 90, 87 (84)
标准	≥390	510~660	≥20	≥35	≥41	≥27	≥41	≥27

图 3-12 为终冷温度对实验钢力学性能的影响。可以看出，当终冷温度由 590℃升至 670℃时，屈服强度和抗拉强度呈降低趋势，而伸长率变化不明显。

图 3-13 为终冷温度 630℃所得实验钢-60℃横向和纵向冲击断口形貌。可以看出，试样断裂方式均为准解理断裂，但纵向冲击断口的相邻解理面撕裂棱明显大于横向断口，这说明断裂前发生的塑性变形较大，裂纹扩展所吸收的能量较高，从而纵向冲击功高于横向。

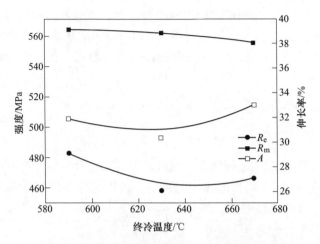

图 3-12　终冷温度对实验钢力学性能的影响

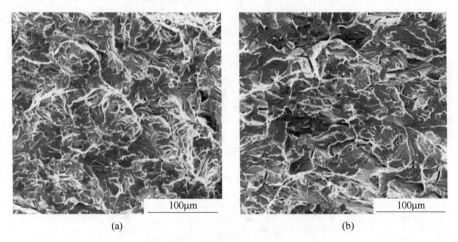

图 3-13　冲击断口形貌

（a）-60℃纵向冲击功 112J；（b）-60℃横向冲击功 48J

B　Z 向拉伸断口

图 3-14 和图 3-15 为 Z 向断面收缩率为 38% 和 60% 的拉伸试样断口扫描及夹杂物能谱分析。可以看出，Z 向断面收缩率为 38% 的断口夹杂物为长条状 MnS，如图 3-14 所示；而 Z 向断面收缩率为 60% 的断口夹杂物为近球状 MnS，如图 3-15 所示。

C　实验钢的显微组织

三种工艺所得钢板在光学显微镜下进行显微组织观察，结果如图 3-16 所示。当终冷温度为 590℃时，实验钢表面及心部显微组织均为先共析铁素体和贝氏

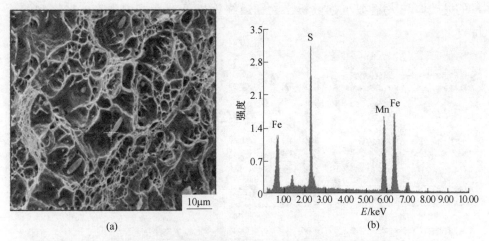

图 3-14 断面收缩为 38% 的 Z 向断口形貌及能谱分析

(a) 断口形貌；(b) 能谱分析

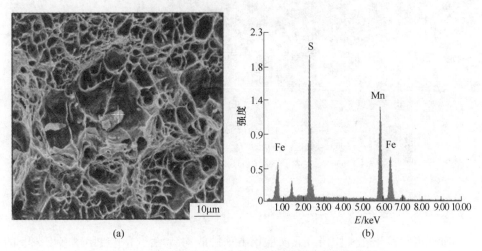

图 3-15 断面收缩为 60% 的 Z 向断口形貌及能谱分析

(a) 断口形貌；(b) 能谱分析

体，铁素体晶粒尺寸分别为 5.18μm 和 6μm。当终冷温度为 630℃时，表面显微组织为铁素体、珠光体和少量贝氏体，而心部显微组织为铁素体和珠光体，没有贝氏体。当终冷温度提高至 670℃时，表面和心部显微组织均为铁素体和珠光体，铁素体晶粒尺寸明显增大，分别为 6.13μm 和 7.52μm。

通过对比分析可以看出，随着终冷温度的提高，晶粒粗化，相变组织由贝氏体向珠光体转变，屈服强度和抗拉强度降低。因此，控轧控冷过程中应严格控制终冷温度，只有适当的终冷温度才能既抑制先共析铁素体晶粒粗化，又得到一定量的贝氏体和大量细小弥散析出物，最终钢板具有良好的强度、韧性和塑性配合。

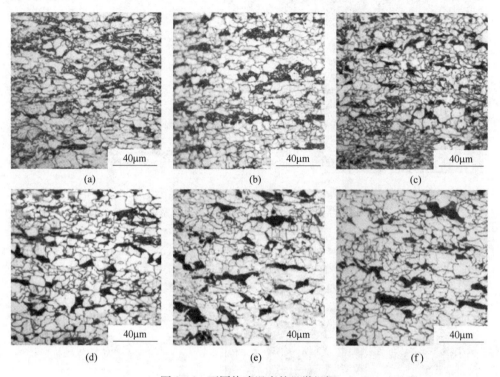

图 3-16　不同终冷温度的显微组织

(a) 590℃，表面；(b) 590℃，心部；(c) 630℃，表面；
(d) 630℃，心部；(e) 670℃，表面；(f) 670℃，心部

3.5.2.5　工业试轧成分及工艺

通过实验室热轧实验研究，实验钢各项性能均满足海洋平台用钢 E40-Z35 的要求，最终确定了现场试轧的化学成分及工艺方案，表 3-8 给出了实验钢的化学成分。

表 3-8　实验钢 E40-Z35 的化学成分　　　　　　（质量分数，%）

元素	C	Si	Mn	S	P	Nb	V	Ti	Al
含量	0.085	0.218	1.35	0.0042	0.0038	0.032	0.06	0.013	0.02

工艺参数为：加热温度控制在 1200℃，I 阶段终轧温度高于 950℃，II 阶段开轧温度控制在 890~910℃，终轧温度控制为 820~840℃，控制终冷温度为 600~650℃，冷速控制在 10~15℃/s。

3.6　海洋平台用钢典型产品及应用

海洋平台使用钢种类别多样，大致分为普通强度钢、高强度钢、超高强度钢，以及能够抵抗海水侵蚀的低合金钢、齿条钢、Z向钢、适合高热输出焊接钢、高强度系泊链钢、高强度铸钢等各种特殊应用钢[45]。

（1）耐海水腐蚀低合金钢：海洋腐蚀环境，尤其是沿海的腐蚀环境，特别严苛。在选择该平台所需的材料时，应考虑其耐海水腐蚀性能。从第二次世界大战后至今，英国率先研发了Cr-Cu系和Cr-Cu系Cr-Mo耐海水腐蚀钢，随后美国在此基础上研发了Ni-Cu-P系钢，随后研发了Cr-Mo系、Cu-Cr-Al系，英国研发了Cr-Al-Si系，日本研发了Cr-Al-Mo系、Cr-Mo-Al-Mo系等。我国在20世纪60年代开始研究耐海水腐蚀低合金钢，并于1978年制定了统一的耐蚀性标准。经过多年发展，我国的主要耐腐蚀钢产品有Cr-Mo-Al系的10Cr2MoAlRE，Cu系、P-Nb-Re系和Cr-Al系等类型，如08PVRe、10CrMoCuSi、10CrCuSiV等。国内外典型耐海水腐蚀钢及应用见表3-9。

表3-9　国内外典型耐海水腐蚀钢及应用

牌号	生产公司	用途	主要合金元素
Mariner	美国钢铁公司	钢铁柱	Ni、Cu、P
CR4 A50	日本住友金属	钢管柱	Cr、Cu
10MnPNbRe	包钢	钢板桩和船舶制造	P、Mn、Re、Nb
08PVRe	鞍钢	海水管线大型工程	Cr、P、V、Re

（2）齿条钢：海洋平台用钢中最具代表性的就是自升式钻井平台桩腿用特厚齿条钢板，要求其必须使用厚度不小于120mm专用齿条钢。该钢板长期在复杂的载荷和多重的腐蚀海洋环境下服役，因此要求特厚齿条钢具备高强韧性、抗疲劳、耐腐蚀、抗层状撕裂及良好的可焊性等特点。由俄罗斯研发的用于极寒之地北极的Arkticheskaya自升式钻井平台，其钻深度可深达6.5km，Arkticheskaya平台使用厚度为130~145mm和强度为690MPa齿条钢制造了三个桩腿支撑的升降系统，钢材所用总计1094t[40]。国内的舞钢在海洋平台特厚板用钢投入较多研发精力，目前处于国内海洋平台特厚齿条钢的领先地位。舞钢已成功研发215mm厚海洋平台用调质高强钢A514GrQ；宝钢于2009年成功开发的平台用调质齿条钢A517GrQ，屈服强度可达690MPa，厚度达到178mm。目前，国内外研发的齿条钢已经达到259mm的厚度。

（3）Z向钢：具有抗层状撕裂性能的Z向钢是海上平台关键钢种，中厚板作为承重结构中应用于海洋采油平台、高层建筑、大型起重设备、桥梁等，其在海洋石油平台、高层建筑中的应用代表了要求 Z 向性能的中厚板质量水平。海洋平台用钢中有许多在厚度方向上容易受到载荷因此造成层状撕裂的接头，如十字接头、K 型接头和 T 型接头。为了保证海洋平台的长期安全，提高冲击韧性和抗层状撕裂性能，可以用具有优异的抗层状撕裂性能的 Z 向钢制备上述重要的接头，提高使用寿命和安全性能。Z 向钢根据 Z 向断面收缩率 Ψ_z 作为其分级依据，而舞钢是国内认证钢种最多、认证规格最大、认证级别最高的高强船板和采油平台用钢生产企业，大批量生产 AP12HGr50 及 DH36、EH36 等平台用钢。东北大学的轧制技术及连轧自动化国家重点实验室通过优化成分[41]，降低 C 含量减少了间隙 C 原子，同时形成稳定碳化物、氮化物或碳氮化物，进一步提高时效冲击功，冶炼中尽量降低 S、P 含量，减少诱发脆性裂纹的非金属夹杂物，并改善钢板的各向异性。图 3-17 为 Z 向试样断口形貌及夹杂物，从图 3-17（a）可以看出断口断裂方式为典型韧性断裂，韧窝较深，韧窝处粒子细小，呈球状，对 Z 向不利影响较小；经 EDS 分析夹杂物为 CaS，如图 3-17（b）所示。

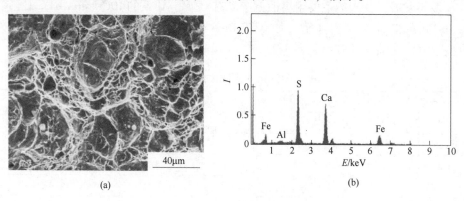

（a）　　　　　　　　　　　　　　　（b）

图 3-17　Z 向试样拉伸断口分析
（a）断口形貌；（b）夹杂物分析

（4）适应高热输入焊接钢：海洋平台是典型的超大焊接钢结构，因而其焊接性能的好坏直接决定着海洋平台的使用寿命。对于高强度海洋平台用钢来讲，采用热输入量超过 50kJ/mm 的焊接方法进行焊接而不至于引起热影响区韧性及强度显著降低，也不会产生焊接裂纹的钢，即可称为适应高热输入焊接钢。对于适应高热输入焊接钢，既需要提高焊接线能量的输入，同时还需要保障焊接热影响区（HAZ）的高强度和优良韧性，因此研发适应高热输入的焊接钢，需要解决这一关键技术。早期日本研发的 YP360MPa 钢板，其能接受的焊接热输入高达 130kJ/cm，该钢板主要用于日本的冰冷地带，钢板厚度可达 70mm[42]。目前日本 JFE 研制的 YP460MPa 级钢板[43]能承担的焊接热输入高达 360kJ/cm，日本的新日铁研制的 YP390MPa 级钢板[44]能承担的焊接热输入高达 390kJ/cm。但这两种适应高热输入焊接钢的高昂价格是影响其推广的劣势。

参 考 文 献

[1] 宗云，刘春明．低碳高强度海洋平台用钢的研究应用进展［J］．齐鲁工业大学学报（自然科学版），2017，31（02）：31~34.

[2] 刘振宇，周砚磊，王国栋．屈服强度500MPa级海洋平台结构用厚钢板及制造方法，CN102127719 B［P］．

[3] 石春华，肖时平，魏凡杰．海洋平台用钢调研［J］．重钢技术，2010，53（3）：21~33.

[4] 张翔，徐秀清，马飞．国内外海洋工程用高强钢研究进展［J］．石油仪器，2015，1（01）：9~11.

[5] 刘振宇，周砚磊，狄国标，等．高强度厚规格海洋平台用钢研究进展及应用［J］．中国工程科学，2014，16（2）：31~38.

[6] 刘振宇，唐帅，陈俊，等．海洋平台用钢的研发生产现状与发展趋势［J］．鞍钢技术，2015（01）：1~7.

[7] 胡锋，张晓雪，车马俊，等．心部组织对特厚超高强海工钢力学性能的影响［J］．金属热处理，2018，43（01）：100~105.

[8] 上田修三．结构钢的焊接-低合金钢的性能及冶金学［M］．北京：冶金工业出版社，2004：73~74.

[9] 狄国标，王彦锋，麻庆申，等．一种690MPa级厚规格海洋工程用钢及其制造方法，CN103014541 A［P］．

[10] 郑庆，胡会军．一种在钢的铸态组织中控制夹杂物形态的方法：中国，CN201010114602.1［P］．2010-02-26.

[11] 袁中立，李春．中外海工水工重大事故分析［J］．石油科技论坛，2006（4）：42~47.

[12] 兰亮云，邱春林，赵德文，等．低碳贝氏体钢焊接热影响区中不同亚区的组织特征与韧性［J］．金属学报，2011，47（08）：1043~1054.

[13] Shome M, Gupta O P, Mohanty O N. Effect of simulated thermal cycles on the microstructure of the heat-affected zone in HSLA-80 and HSLA-100 steel plates［J］. Springer-Verlag, 2004, 35（13）：985~996.

[14] Chen J H, Kikuta Y, Araki T, et al. Micro-fracture behaviour induced by M-A constituent (Island Martensite) in simulated welding heat affected zone of HT80 high strength low alloyed steel［J］. Pergamon, 1984, 32（10）：1779~1788.

[15] Li C W, Wang Y, Han T, et al. Microstructure and toughness of coarse grain heat-affected zone of domestic X70 pipeline steel during in-service welding［J］. Springer US, 2011, 46（3）：727~733.

[16] Li Y, Crowther D N, Green M J W, et al. The effect of vanadium and niobium on the properties and microstructure of the intercritically reheated coarse grained heat affected zone in low carbon microalloyed steels［J］. The Iron and Steel Institute of Japan, 2001, 41（1）：46~55.

[17] Sawai T, Wakoh M, Ueshima Y, et al. Analysis of oxide dispersion during solidification in Ti, Zr-deoxidized steels［J］. ISIJ International, 1992, 32：169~173.

[18] 王元清，周晖，石永久，等．钢结构厚板层状撕裂及其防止措施的研究现状［J］．建筑

钢结构进展，2010，12（05）：26~34.

[19] 邹家生，严铿，马涛，等. 海洋钻井平台升降腿焊接工艺及抗层状撕裂性能的研究 [J]. 电焊机，2007（06）：81~85.

[20] 李毅，施青. 提高 Q345 系列钢板抗层状撕裂性能的生产工艺 [J]. 宝钢技术，2012（02）：50~52.

[21] 顾晔，胡聆. 420MPa 级高强度海洋平台用钢板的开发 [J]. 宝钢技术，2016（03）：46~50，62.

[22] 唐帅. 低屈强比 590MPa 级建筑结构用钢开发 [D]. 沈阳：东北大学，2010.

[23] 胡锋，张晓雪，车马俊，等. 心部组织对特厚超高强海工钢力学性能的影响 [J]. 金属热处理，2018，43（01）：100~105.

[24] 周砚磊. 高强韧海洋平台结构用厚钢板的强韧化机理及耐蚀性能研究 [D]. 沈阳：东北大学，2015.

[25] Manohra P A, Chandra T, Killmore C R. Continuous cooling transformation behaviour of microalloyedsteels containing Ti, Nb, Mn and Mo [J]. ISI International, 1996, 36（12）：1483~1493.

[26] Elwazri, Varano, Siciliano, et al. Characterisation of precipitation of niobium carbide using carbon extraction replicas and thin foils by FESEM [J]. Taylor & Francis, 2006, 22（5）：537~541.

[27] Park J S, Lee Y K. Determination of N（C, N）dissolution temperature by electrical resistivity measurement in a low-carbon microalloyed steel [J]. Scripta Materialia, 2007, 56（3）：225~228.

[28] Medina S F, Chapa M, Valles P, et al. Influence of Ti and N Contents on Austenite Grain Control and Precipitate Size in Structural Steels [J]. The Iron and Steel Institute of Japan, 1999, 39（9）：930~936.

[29] 陈永利，朱伏先，陈炳张，等. 新型细晶强化中厚板 Q460 的控轧控冷工艺研究 [J]. 宽厚板，2009，15（01）：17~20.

[30] 王春芳，路岩，赵晓丽. 热膨胀法在钢铁材料固态相变研究中的应用 [J]. 钢铁研究学报，2015，27（11）：1~7.

[31] 付使岩. 汽车零部件用高品质特殊钢技术的最新发展汽车工程 [J]. 汽车工程 2009，31（5）：407~413.

[32] Kaspar R, Dist J S, Joachim K. Changes in austenite grain structure of microalloyed plate steels due to multiple hot deformation [J]. Steel Research, 1998, 57（6）：271~448.

[33] Yoshie A, Fujita T, Fujioka M, et al. Effect of dislocation density in an recrystallized part of austenite on growth-ate of recrystallizing grain [J]. ISIJ International, 1996, 36（4）：444~450.

[34] Killmore C R. Continuous cooling transformation behavior of microalloyed steels containing Ti, Nb, Mn and MoU [J]. ISU International, 1996, 36（12）：1483~1493.

[35] 许峰云，白秉哲，方鸿生. 低合金高强度钢钛微合金化进展 [J]. 金属热处理，2007（12）：29~34.

［36］Medina S F, Chapa M, Valles P, et al. Influence of Ti and N contents on austenite grain control and precipitate size in structural steels ［J］. The Iron and Steel Institute of Japan, 1999, 39 (9): 930~936.

［37］张莉芹, 袁泽喜, 陈晓, 等. 大线能量低焊接裂纹敏感性钢的焊接 (一) ——热影响区强韧性机理研究 ［J］. 压力容器, 2002 (07): 29~34.

［38］李远远. Nb-Ti 低碳微合金钢的组织及析出控制研究 ［D］. 沈阳: 东北大学, 2013.

［39］夏杰生. 发展海洋工程"材料先行"刻不容缓 ［N］. 中国冶金报, 2014-01-18 (004).

［40］黄维, 张志勤. 欧洲海洋平台用厚板晶种及工艺的发展 ［J］. 建筑钢结构进展, 2012, 14 (06): 8~13.

［41］狄国标, 刘振宇, 刘相华, 等. 低碳海洋平台用钢 E40-Z35 的研制 ［J］. 东北大学学报 (自然科学版), 2009, 30 (11): 1582~1585.

［42］周廉. 中国海洋工程材料发展战略咨询报告 ［M］. 北京: 化学工业出版社, 2014.

［43］Katsuyuki C M Y, Hiroyuki S M, Tatsushi H R. 460MPa-Yield-Strength-Class steel plate with JFE EWEL Technology for Large-Heat-Input Welding ［J］. JFE Technical Report, 2008, 5 (11): 7~12.

［44］Masanori M G, Koji S D, Yuji F A, et al. 390MPa yield strength steel for large heat-input welding for large container ships ［J］. NIPPON Steel Technical Report, 2004, 1 (90): 7~10.

［45］杜伟, 李鹤林. 海洋石油平台用钢的现状与发展趋势 (三) ［J］. 石油管材与仪器, 2016, 002 (005): 1~9.

4 高性能管线用钢

4.1 概述

进入 21 世纪以来，飞快发展的国民经济导致人们对能源的需求日益增加。能源是保障国民经济长久发展的重要因素，与社会的进步息息相关[1]。在国际上，能源问题被世界各个国家所重视，各国家之间的竞争归根结底就是资源与能源的竞争，只有拥有丰富的能源，才能保证在未来的发展中处于领先的地位。"工业血液"石油和天然气作为工业发展的动力来源，充足与否严重影响国民经济的发展。为在国际竞争中始终处于领先地位，各个国家对能源结构不断优化，推动了石油天然气产业的快速全方面的发展[2]。

国际能源组织（IEA）作为能源消费的国际经济联合组织对全球能源需求进行了回顾，并展望在未来几十年，石油与天然气的需求量将会不断增加。自 1980 年以来，石油与天然气的需求量保持持续稳定的增长，如图 4-1 所示，且在未来很长一段时间内，仍是全球主要的燃料，为工业发展提供源源不断的动力。

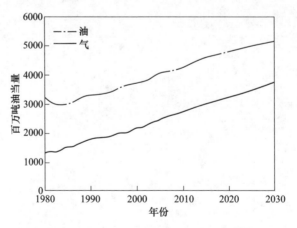

图 4-1　世界能源需求的回顾及展望[3]

为满足日益增长的能源需求，我国油气开发地域不断扩大，与此同时，提高运输效率成为当务之急。石油与天然气资源多储存在比较偏远的地区，开采地与终端用户市场距离较远，中间不可避免会穿过一些环境恶劣的地区。与其他输送方式相比，采用管线运输可省去中间环节，缩短运输周期，节省运输资金成本，实现了在较短的时间内为多个终端市场提供能源的目标。为顺应能源需求的变化，管线钢由早期的普通碳素钢及低合金钢[4]，渐渐向 Mn-Mo-Nb 系微合金高强度钢发展，并被广泛应用在各大管道建设项目中[5]。我国西北地区储存着丰富的油气资源，开采困难，且这些地区离用户市场较远，因此为实现资源的有效利用，铺设输送管道是十分必要的。

最近几年，我国管道网络建设发展飞快，主要体现在我国西北、东北、西南和海上输送管道的顺利铺设和成功运作，优化了我国油气主干管网[1]。截至 2018 年 11 月，我国天然气管道项目总数达到了 4240 个，其中陆上管道 4132 个，海底管道 108 个，形成了密集的输送管网，保证了地区能量平稳的供给。从我国油气分布和长远发展来看，我国油气管道势必朝着长距离、高压力的方向发展。为节省投资建设费用，增大输送压力，钢的级别向高钢级别发展，目前低级别的 X52、X60、X65 很大程度上被 X70、X80 取代，采用高级别管线钢可很大程度节约运输成本。进入 20 世纪 50 年代后期，高强度管线钢逐渐被世界各国采纳，在油气输送中发挥不可替代的作用[6]。目前，具有高强韧性和良好延伸性的 X80 管线钢，已经实现了批量生产，是目前在管道项目中正式应用的最高钢级，中俄东线就是 X80 管线钢在管道项目中应用的典型[7,8]。

在油气管道铺设过程中，由于油气管网的覆盖面积广泛，势必会经过一些运作困难的地区，对管线钢的使用性能提出了更高的要求。我国的在建油田多处于偏远的极寒地区，如正在建设的中俄东线天然气管道工程，在我国境内的铺设要经过 9 个省区市，其中就包括处于极寒地带的黑龙江和内蒙古地区，并且在俄罗斯境内的管道也均处于极寒的环境下。随着环境温度的降低，除高强度外，高的低温韧性成为能否在低温环境使用的决定性因素。

4.2 管线钢发展概况

4.2.1 国内管线钢的发展概况

管线钢在国内的发展开始于 20 世纪，到目前为止，管线钢的发展可以总结为三个阶段。20 世纪 60 年代以前被认为是第一阶段，其取材多来源于强度级别低于 X52 的 C、Mn、Si 型普通碳素钢；经历了 10 年左右的时间，管线钢的发展步入第二阶段，在原来炼钢的成分基础上添加了微量的 Nb、V、Ti 等元素，在轧制过程中能够提高钢的强韧性，配合轧后热处理工艺，生产出 X60、X65 强度级别的管线钢；第三阶段则是 20 世纪 70 年代后期至今，在 C-Mn-Si-Nb-V 合金成分体系中，添加微量的 Mo、B、Ti 元素，这些元素互相配合，并采用 TMCP 技术，X80、X100、X120 等更高强度级别的管线钢被开发出来[5]。钢中添加的合金元素，主要是通过影响室温组织，从而达到改善强韧性的效果，管线钢的组织结构是影响其使用性能的关键因素，目前，根据显微组织形貌可粗略将管线钢进行分类，见表 4-1。

表 4-1　管线钢的组织类型

组织类型	出现时期	生产工艺	级　别
铁素体-珠光体	20 世纪 60 年代前	热轧或正火热处理	X42、X52、X60、X70
针状铁素体	20 世纪 70 年代	微合金化+控轧	X70、X80
贝氏体-马氏体	20 世纪后期	TMCP	X100、X120
回火索氏体	21 世纪初期	淬火+回火	X120

在 20 世纪中期，管线钢在我国仍处于研发阶段，不能实现批量生产，铺设管道采用的 X52 管线钢主要依赖从日本进口。X52 管线钢组织主要是铁素体-珠光体，成分以 C 和 Mn 为主，C 控制在 0.10%～0.20%（质量分数），Mn 的含量控制为 1.30%～1.70%（质量分数），以保证管线钢的冲击韧性和焊接性能，其生产方式多采用正火或热轧，由于技术水平限制，很难控制钢组织中多边形铁素体的量，且组织中氧化铁部位容易成为裂纹源，造成卷板开裂等现象[9]。中国油气资源丰富，是全球石油主要产出国之一，但是当时国内铺设输送石油天然气的管道长还不到世界管线总长的 1%[5]，由于油气输送效率低下，成本较高，抑制了我国经济发展。在 20 世纪后期，我国管线钢企业与石油公司合作，大力开发研究管线钢，发展速度很快，开发出了 X60、X65 等高强度管线钢。X60 管线钢在陕京一线的管道铺设中被采用，宣告我国油气输送用管进入管线钢钢管时代。X70 管线钢于 2000 年在西气东输中的成功应用，大大缩小了我国与先进国家的差距[10]。我国开发的大壁厚 X70 螺纹管，管径 1016mm，铺设距离长达 4200km，每年通过西气东输一线输送的天然气达到了 120 亿立方米。随着西气东输一线工程竣工，我国油气资源进一步开发，油气管道输送管线项目的建设迫切需求高钢级的管线钢，天然气长距离输送管道作为全国重点基础建设项目之一，大大推动了我国高级别管线钢的发展。

目前高钢级管线钢主要指 X80 及其以上的管线钢，采用高钢级别管线钢可以带来更好的经济效益，逐渐成为油气管道特别是天然气管道建设的未来趋势[12~14]。X80 管线钢在国内研究开始比较晚，在研究初期，国内钢铁企业的技术水平及设备能力还不够成熟，生产较为困难。随着西气东输二线工程的推进，我国逐步成为 X80 管道建设里程最长的国家，表明我国高钢级管线钢开发应用已步入国际先进行列[10,11]。现在，国内的宝钢、武钢、鞍钢等企业已经成功研发出制备 X80 高钢级管线钢的技术，并具备了批量生产热轧卷板和宽厚板的能力，其中宝钢每月 X80 管线钢的产量达到了上万吨。

表 4-2 是国内一些厂家生产的 X80 管线钢的化学成分。国内钢铁企业生产的

X80 管线钢以低 C-Mn-Nb 系为基础，添加适量的 Si 和微量的 V、Ti 来影响组织转变，最大限度地降低 P、S 等有害元素的含量，通过控轧控冷，起到固溶、偏聚和沉淀的作用，达到提高材料综合力学性能的效果。

表 4-2 国内一些厂家生产的 X80 管线钢化学成分[15]

厂家	规格/mm	化学成分/%					其他	C_{eq}	P_{cm}
		C	Si	Mn	P	S			
宝钢	14.6	0.043	0.21	1.87	0.002	0.0012	Nb、V、Ti、Ni、Cu、Mo	0.46	0.19
武钢	17.5	0.039	0.27	1.82	0.013	0.0005	Nb、V、Ti、Ni、Cu、Mo	0.43	0.18

进入 21 世纪，我国在高强度管线钢领域取得了显著的进步[16]。随着油气输送管道压力不断增大，在世界范围内管线钢向高钢级别发展已经成为一种趋势，为了紧跟时代发展的潮流，我国各大钢铁企业对更高级别管线钢的开发从来没有停止过，并取得了阶段性的成果。鞍山钢铁集团在 2006 年成功开发出了 X100 管线钢，成为国内第一家掌握 X100 管线钢生产技术的集团。宝钢于 2005 年开始研制 X120 管线钢，经过反复实验，最终在一年后试制成功，开发出了合格的 X120 管线钢。油气管道输送，特别是远距离输送，采用高强度管线钢运输，相对于其他运输方式，可以大幅度地降低用材成本、施工成本和运输成本，减少能量消耗。世界上很多专家预计，在不久的将来，X80、X100、X120 管线钢必将成为管线用钢的主流之选[16]。在 21 世纪中期，我国很多钢铁制造企业普遍采用控制轧制和控制冷却工艺，这符合钢铁材料发展的趋势，通过控制轧制调控形变组织，达到形变强化的作用，利用控制冷却得到理想的室温组织，改善相变强化的效果。两者相结合，可以很好地提高材料的综合力学性能[5]。

随着油气需求量不断增加，尤其是天然气工业处于史无前例的发展黄金时期，未来很长一段时间我国运输领域必将大力建设油气输送管线工程[17]，对管线钢的需求量将会是十分庞大的，基于经济利益的驱动，其中需求量最大的将是 X70 钢级以上的管线钢，如 X80 管线钢在西气东输和中俄东线中的应用。近几年，高纯净、高韧性、高强度、可焊性强及高抗腐蚀性成为管线钢的发展目标[5]，这一严苛要求的管线钢在我国很多企业还不能批量生产。目前，我国高强度管线钢的研制及开发正在紧锣密鼓地进行中，相信在不久的将来，我国管线钢的强度、韧性、耐腐蚀性势必得到大力提高，开发出高级别管线钢并实现批量生产，为我国日后油气输送项目提供优质的钢材。

4.2.2 国外管线钢的发展概况

管线运输的思想起源于防洪排涝系统，通过管道排水来预防洪涝灾害，后来这种思想被用于输送石油天然气。相对于传统的运输方法，采用管道输送比较清洁、高效、成本低，这么多年以来，欧洲地区大力研发这种油气输送管线，取得了显著的成就。美国石油学会在 1919 年成立，为确保石油天然气工业用设备的安全性，制定了严格的标准，并在 API SPEC 5L 焊管标准中规范了管线钢的命名，基本是用大写字母 X 加材料的最小屈服强度命名，以 X52 为例：X 为 API 标准中管线钢的符号，52 表示强度级别，单位为 kpsi（英制单位），转换成公制单位为 360MPa[18~20]。

国外管线钢发展早期同样采用的是 C、Mn、Si 型普通碳素钢，高的含碳量严重恶化了钢的韧性和焊接性能。这样生产出来的管线钢，虽然已经能够成功输送油气，但是使用寿命短，造成了严重的资源浪费。自 20 世纪 60 年代开始，欧洲国家在冶金技术上取得了突破，开始对炼钢的化学成分进行严格的规定，降低了 C 含量的同时添加了 Nb、V、Ti 等微合金元素，生产出了与普通碳素钢相比具有优良的力学性能的低碳微合金高强钢[21]，应用在管线钢的制造行业推动了管线钢的发展。这一阶段的管线钢，C 的含量小于 0.2%，优化了管线钢的焊接性能和韧性，并且添加的合金元素提高了管线钢的强度[22]。在这一阶段生产出来的管线钢的级别大多在 X52、X56、X65，并被成功应用在多个管道建设项目中。

20 世纪后期，人们对石油天然气的需求量不断增大，大口径、高压力更高级别的管线钢成为很多国家的追求，如 X70、X80，并被广泛的应用在管道建设项目中，促进了国家管道运输行业的发展。早在 20 世纪后期，德国的公司已经成功研制出 X80 级的管线钢，抗拉强度最大可达到 825MPa，屈服强度大于 525MPa，并在 1994 年第一次将 X80 管线钢用于天然气管道的建设，铺设距离长达 3.2km。20 世纪末，欧洲其他国家也成功研制出 X80 管线钢，从此欧洲的管道建设步入了一个新的阶段。在 1985 年 X80 管线钢被正式纳入 API 标准，X80 管线钢的性能制定了严格的规范[2]，见表 4-3。

表 4-3　API-Special-5L 标准规定 X80 管线钢的管体性能要求[2]

屈服强度 $R_{p0.2}$/MPa		抗拉强度 R_m/MPa		屈强比 $R_{p0.2}/R_m$
最小 555	最大 705	最小 625	最大 825	≤0.93

随着热轧卷板生产工艺的改进，TMCP 技术的发展，生产 X80 管线钢的技术越发成熟，截止到 2002 年底，成功生产并投入到管道建设项目中的管线钢多达 18.9 万吨，并应用在世界上很多知名的管道建设项目中，见表 4-4。

表 4-4　国外知名的 X80 管道项目[26]

序号	年份	国家	管道名称	长度/km	管道规格/mm	厚度/mm	生产厂家
1	1992	德国	Ruhr Gas Project	250	1219	18.4	欧洲钢管
2	1997	加拿大	Cental Alberta	91	1219	12	IPSCO

序号	年份	国家	管道名称	长度/km	管道规格/mm	厚度/mm	生产厂家
3	2005	美国	Cheyenne Plains	611	914	11.9/17.2	IPSCO/NAPA
4	2009	美国	Rocky Express	676	1067		
5	2007	英国	National Grid	690	1219	14.3/22.9	
6	2001	英国	Cambridge M. G	47.1	1219	15.1/21.8	欧洲钢管
7	2003	澳大利亚	Roma Looping	13	406		Blue Scope Steel
8	2004	英国	Aberdeen lochside	80.47	1219	15.1	
9	2004	意大利	Snare Rete Gas	10	1219	16.1	
10	2005	美国	Cheyenne Plains	611	914	11.9/17.2	IPSCQ/NAPA

为了进一步降低铺设油气管道的成本，提高输送效率，避免资源浪费，开发大口径、高级别的管线钢成为一个重要的趋势，逐渐出现了更高钢级别的 X100 和 X120 管线钢。早在 1988 年，国外期刊就发表了有关 X100 管线钢的研究结果。20 世纪 90 年代末期，加拿大的 Transcanada 公司和石油企业合作，进行 X100 管线钢的研发、试制[23]。同时，世界各国也开始 X120 超高强度管线钢的研发工作，1996 年，埃克森美孚公司与日本新日铁和住友金属签署了 X120 管线钢的联合开发协议[24,25]。21 世纪早期，在加拿大阿尔波特北部铺设了世界上第一条 X120 管线钢实验段，铺设距离长达 1.6km，促进了管线钢高强化的进程。

由此可见，在全世界范围内，随着输送压力的增大，钢的级别逐渐向高级别发展。目前，虽然对 X100、X120 管线钢的研究开始得很早，但是高级别管线钢要求具有高强度高韧性，良好的环境适应性，所以这就要严格的控制钢质的洁净度，并设计出合理的化学成分、合理的控轧控冷工艺和热处理工艺等，很多国家的钢铁企业对 X100、X120 管线钢仍处于实验室研究阶段，无法批量生产。管线钢是运输石油天然气非常经济合理的运输方式，拥有广阔前景，因此管线钢的研究开发势在必行，组织性能必定会得到进一步的提升。

4.3　管线钢国内外研究趋势

4.3.1　向高强钢方向发展

油气输送管道，尤其是长距离天然气输送管道将向着高强钢方向发展，是为了尽可能地降低管道建设和输送的成本。采用高强钢的优势主要体现在以下几个方面[27]：

（1）输送量一定时，管道用钢强度越高，可采用的输送压力越大。若输送压力一定时，为了降低管道的用材成本，可以减小管径、减薄管壁。

（2）管径的减小、管壁的减薄，能够使施工时的挖沟量减小，焊接时的工作量降低，环焊缝的施工费减小，内外涂层用量及施工费用减小，钢管的运输费用降低等。总而言之，采用高强钢可大幅降低施工成本。

（3）如果提高输送压力，压缩机站之间的站间距会变大，同时输送压力增大、天然气密度大而使压缩效率提高，有效地降低了能耗。

基于以上经济利益的驱动，世界各国已经积极地开展 X100 甚至是 X120 钢级管线钢的开发和应用研究，行业内众多专家相信在不久的将来，高强钢必将成为管线用钢的主流之选。

4.3.2　抗大变形管线钢

随着人类对石油和天然气等能源需求的日益增加，油气开采地域向着环境更加恶劣的地方扩展，管线运行环境趋于复杂化，输送管线钢经过地震、滑坡、不连续冻土等地带时，由于地层应变的变化速度很快，一旦发生地质灾害，管线将承受较大变形，易出现断裂、局部屈曲和梁式屈曲等现象[28]，这对油气输送管线的设计、施工、运营维护提出了新的挑战。为保证油气输送安全，要求管线钢具有良好的抗大变形能力。

为预防地质灾害引起管线钢发生过量塑性变形导致失效，主要的措施有两个方面：一方面，在铺设方式上尽量避开易发生地质不稳定区域；另一方面，则需要提高管线钢本身的抗变形能力，这也是最实际和最根本的措施[29]。因此开发抗大变形管线钢是高性能管线钢发展的一个重要方向，尤其是对于在地震、深海等特殊地带的输送管线具有重要意义。

由于日本位于地震敏感地带，经常遭受到地震，所以日本在研发和应用抗大变形管线钢方面开展了大量的研究工作[30,31]。日本开发的抗大变形管线钢的典型组织主要有两种：铁素体+贝氏体和贝氏体+M/A 岛。通过合理控制各相的比例及形态，可以很好地满足抗大变形管线钢的性能要求。

近年来随着海洋资源开采步伐的加快，在世界范围内，已经有多条海底管道建设完成[32,33]。由于海底管线的应用环境恶劣，因此其力学性能要求相对于陆地管线钢更为严苛，这些性能包括低的屈强比、良好的低温冲击韧性和止裂性能，而开发抗大变形管线钢的难点也就在于高强度管线钢难以保证低屈强比。

4.3.3　抗 SSC 和抗 HIC 管线钢的研发

随着优质油气田的逐渐减少，石油天然气中的 H_2S 含量也在逐渐增加，与此同时，随着输送石油天然气主管压力的不断提高，分管的分压也在增加。含 H_2S 油气对管线的腐蚀破坏主要表现为两大类：一类为电化学反应过程，阳极铁发生溶解导致的均匀和局部腐蚀，这种腐蚀表现为钢构件与日俱增的壁厚减薄和点蚀穿孔等；另一类为电化学反应过程，阴极析出的氢原子，在 H_2S 的催化下，进入钢中导致硫化物应力开裂（SSC）和氢诱发裂纹（HIC）两种不同类型的开裂。

有研究表明[34]，当 H_2S 分压大于 300Pa 时必须对管材提出抗 SSC 和抗 HIC 的要求，而在高分压下，要使 H_2S 分压小于 300Pa 必须将 H_2S 含量降得非常低。另外，由于以前的技术局限，我国的输送管线中还有很多采用 20Mn 和 16Mn 钢材制造的钢管，这些钢管在越来越高的 H_2S 分压下难以保证安全性。因此，无论从技术进步的角度还是从安全方面考虑，抗 SSC 和 HIC 管线钢都将拥有巨大的市场潜力和开拓空间。

SSC 常常出现在高强度、高内应力钢构件及硬焊缝中，在管线钢受到内外应力或应变条件下，SSC 沿着垂直于拉伸应力的方向进行扩展。SSC 通常是由氢脆引发的，即阴极产生的氢原子容易在钢内部具有较高三向拉伸应力状态的区域富集，从而引起微裂纹。而 HIC 是一组平行于板面并沿着轧制方向的裂纹，裂纹的形成无需外加应力；主要原因是腐蚀生成的氢原子进入钢中，容易在 MnS 和 α-Fe 的相界面上富集，并沿 C、Mn 和 P 元素异常偏析带扩展，也可在带状珠光体和铁素体两相界面间扩展。

影响管线钢抗 HIC 性能的因素主要有环境因素和材料因素，一般情况下管线服役环境不好改善，所以提高管线钢的抗 HIC 性能，应从材料自身因素着手。控制杂质元素的含量，并合理控制生产工艺能有效地提高管线钢的抗 HIC 性能。

4.4 管线钢绿色化生产技术

4.4.1 X80 管线钢绿色化生产技术

本节热轧工艺采取高温奥氏体再结晶区轧制和未再结晶区轧制的规范[35]，设定不同热轧方案，研究控制轧制参数和控制冷却参数对实验钢性能的影响，为X80 管线钢后期生产提供理论指导。

4.4.1.1 实验材料和方法

实验室热轧中所用的材料是截面为 75mm×100mm 的某钢厂的连铸坯，并机械切割成适宜尺寸，其化学成分详见表 4-5。对不同热轧方案下实验钢板进行力学性能测试，标准拉伸试样尺寸如图 4-2 所示，冲击试样如图 4-3 所示。在 -20℃、-40℃、-60℃下进行冲击实验，每个温度下放置三个冲击试样，当试样置于低温箱中 5min 以上时，默认达到环境温度，方可进行冲击实验。在实验过程中，尽最大可能缩短低温冲击试样在室温下的逗留时间，以确保在进行冲击时，试样温度为低温箱中的温度，并记录实验过程中的冲击吸收功。

表 4-5 实验用钢化学成分 （质量分数，%）

C	Si	Mn	Nb, V, Ti	Mo, Ni, Cu, Cr	P	S
0.042	0.26	1.86	<0.14	≤1	0.0049	0.0020

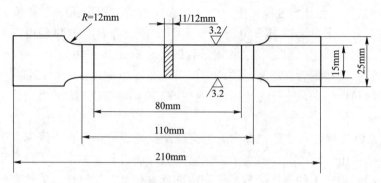

图 4-2　拉伸试样尺寸

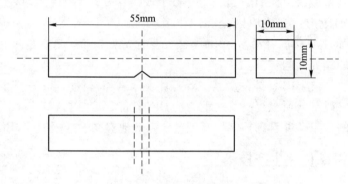

图 4-3　冲击试样尺寸

A　控制轧制压下规程

本实验室热轧分两阶段（粗轧与精轧）进行，其中精轧阶段的变形温度区间介于 950℃ ~A_{r3} 之间[36]。具体压下规程见表 4-6。经两阶段轧制后，实验钢被加工成 11~12mm 厚的钢板。轧制过程有 7 道次和 4 道次两种轧制规范，不同工艺下粗轧阶段与精轧阶段的累积压下率有所不同。1 号与 2 号两个试样对比，研究减小中间坯待温厚度对组织与性能的影响。在研究增加粗轧末道次压下量对组织与性能影响时，从两个角度出发：与 1 号试样相比，3 号增加粗轧末道次压下量，通过减小精轧第一道次的压下量实现，导致粗轧阶段总压下量增加；与 4 号

表 4-6　轧制压下规程

编号	压下规程/mm	待温厚度/mm	道次	粗轧压下率/%	精轧压下率/%
1	75→54→39/39→28→20→16→12	39	2（粗）+4（精）	48	69.2
2	75→54→39→28/28→20→16→12	28	3（粗）+3（精）	62.3	57.1
3	75→54→30/30→25→20→16→12	30	2（粗）+4（精）	60	60
4	45→28→22/22→15→11	22	2（粗）+2（精）	51.1	50
5	45→40→22/22→15→11	22	2（粗）+2（精）	51.1	50

相比，5 号增加粗轧末道次压下量，通过减小粗轧第一道次压下量实现，保证了精轧阶段的压下量。

B　控制轧制工艺参数

将实验坯料置于加热炉内，随炉加热至 1200℃，耗时 4h，接着保温 1h 后进行热轧，后期水冷速度尽量保持一致。但因为实际热轧时调控有难度，允许水冷速度在 10~20℃/s 之间变化，同样水冷终冷温度控制在 400~600℃，水冷结束后用保温石棉覆盖放入槽中。研究表明，实验钢在保温棉中的冷却速率大致为 0.5℃/s，缓冷至室温。基本轧制示意图如图 4-4 所示。

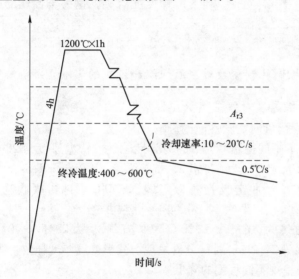

图 4-4　基本轧制示意图

在实验过程中对实际数据进行如实记录，这里选取和预设方案相接近的进行分析，结果见表 4-7。

表 4-7　实验室热轧工艺参数

编号	二阶段开轧温度/℃	终轧温度/℃	开始冷却温度/℃	终冷温度/℃	冷却速度/℃·s⁻¹
1	930	810	810	570	13.8
2	930	810	810	540	16.9
3	930	810	810	500	20.5
4	950	900	854	450	16.8
5	950	900	830	459	17.7

C　控制冷却参数的研究

冷却速度与终冷温度是决定最终室温组织的关键因素，设计热轧实验、研究控制冷却参数对实验钢室温组织及性能的影响。为了保证热轧过程的道次压下量，轧制工艺总共进行 6 道次轧制，包括两道次粗轧+四道次精轧，热轧压下量为（单位：mm）：75→54→39/39→28→20→16→12，具体工艺参数见表 4-8。

表 4-8 实验钢控制冷却数据记录

编号	二阶段开轧温度/℃	终轧温度/℃	终冷温度/℃	冷却速度/℃·s⁻¹
6	920	810	560	16.8
7	920	810	565	40.8
8	920	810	310	33.3

将 6 号与 7 号试样对比，研究冷却速度对实验钢力学性能的影响；7 号与 8 号试样对比，研究终冷温度对实验钢力学性能的影响。不同工艺下的二阶段开轧温度与终轧温度均保持一致，分别为 920℃、810℃。

4.4.1.2 控制轧制参数对室温组织和性能的影响

A 减小待温厚度对室温组织和力学性能的影响

a 减小待温厚度对力学性能的影响

图 4-5 给出了不同待温厚度下的力学性能值。待温厚度为 28mm 时，屈服强度（Yield Strength，YS）为 575MPa，抗拉强度（Ultimate Tensile Strength，UTS）为 725MPa，−20℃下冲击吸收功为 320J，−40℃下冲击吸收功为 295J，伸长率（Total Elongation，TE）为 30.6%；待温厚度为 28mm 时，屈服强度为 542MPa，抗拉强度为 707MPa，−20℃下冲击吸收功为 284J，−40℃下冲击吸收功为 280J，伸长率为 27.2%。对比分析发现，减小待温厚度导致管线钢强度，伸长率和低温韧性都呈现不同程度的降低。

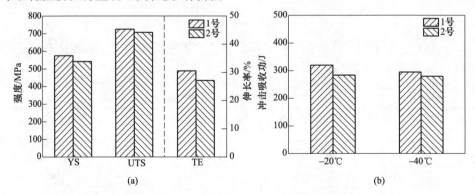

图 4-5 不同待温厚度下管线钢的力学性能

（a）强度；（b）冲击吸收功

b 减小待温厚度对显微组织的影响

图 4-6 中（a）和（b）为 1 号钢板的显微组织，（c）和（d）为 2 号钢板的

显微组织。从光镜照片图4-6（a）、（c）可以看出，减小待温厚度不改变组织类别，两种工艺下均得到粒状贝氏体组织；但是减小待温厚度所得粒状贝氏体组织尺寸较大，且基体上富碳小岛减少。

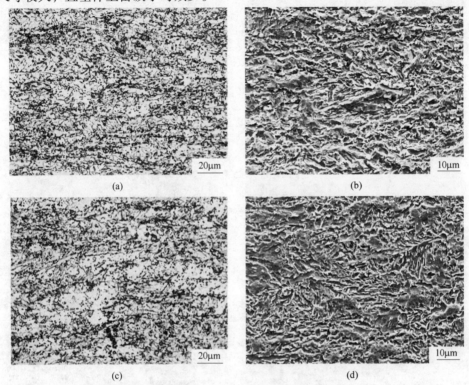

图4-6 部分再结晶区不同厚度下显微组织

（a），（b）待温厚度39mm；（c），（d）待温厚度28mm

B 增加粗轧末道次压下量对室温组织和性能的影响

a 1号与3号试样对比分析

图4-7给出的是两个工艺下实验钢板的力学性能。1号钢板的屈服强度为575MPa，抗拉强度为725MPa，伸长率为30.6%，−20℃冲击吸收功为320J，−40℃冲击吸收功为295J。3号钢板的屈服强度为532MPa，抗拉强度为720MPa，伸长率为30.2%，−20℃冲击吸收功为291J，−40℃冲击吸收功为277J。对比发现，通过减小精轧第一道次压下量来增加粗轧末道次压下量，实验钢屈服强度与低温韧性均呈现不同程度的降低，抗拉强度变化不大，伸长率略有降低。

材料的显微组织在很大程度上决定材料的性能[37]，通过观察组织来分析上述性能存在差别的原因，图4-8是不同粗轧末道次压下量下所得实验钢板的显微组织，两个工艺下组织都是粒状贝氏体，但增加粗轧末道次压下量，所得粒状贝氏体组织有所粗化，如图4-8（c）所示。

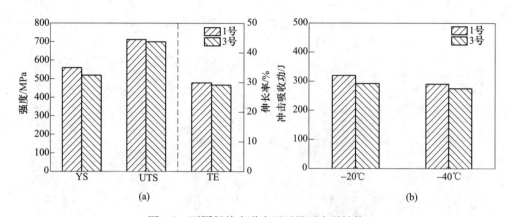

图 4-7   不同粗轧末道次压下量下力学性能

（a）强度；（b）冲击吸收功

粗轧末道次压下量：1 号试样 54mm→39mm；3 号试样 54mm→30mm

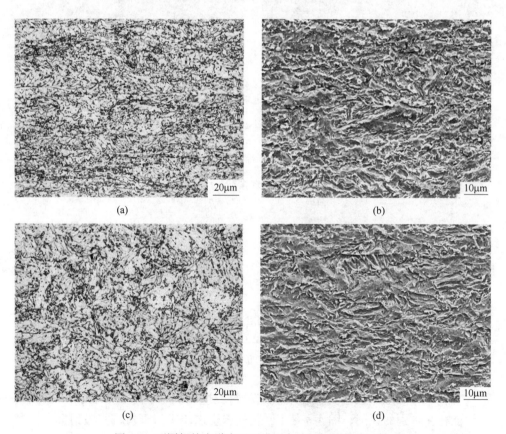

图 4-8   不同粗轧末道次压下量下实验钢板的显微组织

（a），（b）粗轧末道次压下量 54mm→39mm；（c），（d）粗轧末道次压下量 54mm→30mm

利用 SEM（1000X）进一步分析减小精轧阶段压下量以增加粗轧末道次压下量对显微组织的影响，图 4-8（b）组织中 M/A 岛尺寸小，近似于颗粒状，弥散分布于基体上，对提高材料低温冲击韧性有利；图 4-8（d）组织中 M/A 岛数量少，对提高强韧性不利。

b 4 号与 5 号试样对比分析

图 4-9 给出了两个不同工艺下得到实验钢板的力学性能。4 号钢板的屈服强度为 627MPa，抗拉强度为 719MPa，-20℃冲击吸收功为 273J；5 号钢板的屈服强度为 626MPa，抗拉强度为 716MPa，-20℃冲击吸收功为 323J。结果显示，不改变精轧阶段的变形量，通过减小粗轧第一道次压下量来增加粗轧末道次压下量，最后热轧实验钢板的屈服强度与抗拉强度都有所增加，而且-20℃下冲击吸收功提高了 50J。

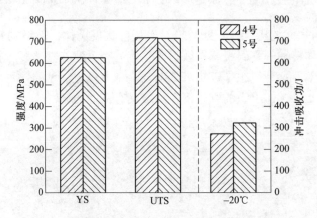

图 4-9 不同粗轧末道次压下量下实验钢板的力学性能

粗轧末道次压下量：4 号试样 28mm→22mm；5 号试样 40mm→22mm

由此可见，在保证粗轧与精轧阶段具有合适压下量的前提下，增加粗轧末道次的压下量，可在满足强度使用要求的同时，显著提高管线钢的低温韧性。在实际生产中，采用这种工艺有利于开发出高强度高韧性的管线钢。从另一个角度也反映出，在适宜的控制冷却工艺下，通过优化控制轧制方案，可达到提高实验钢板强韧性的效果。

两块实验钢板在经过冲击实验后，所得到的冲击韧性都超过了 X80 管线钢的使用要求，断口 SEM 照片如图 4-10 所示，根据扫描断口特点，可以明显看出两者断裂均为韧窝断裂。韧窝断裂是一种延性断裂，宏观形态多为纤维状、微观形态呈蜂窝状。当蜂窝的尺寸较大且深时，金属材料通常具有较高的冲击韧性。对比扫描断口发现，增加粗轧末道次压下量，断口处有很多尺寸较大且比较深的韧窝出现，因而具有较好的低温冲击韧性。

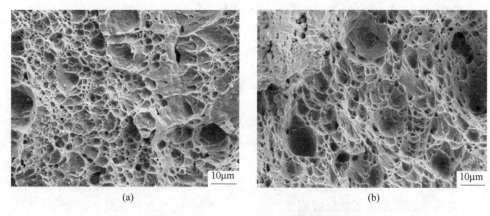

(a)　　　　　　　　　　　　　　　　　(b)

图 4-10　-20℃冲击断口形貌（SEM）

（a）粗轧末道次压下量 28mm→22mm；（b）粗轧末道次压下量 40mm→22mm

　　观察图 4-11 的室温组织，两工艺下均是粒状贝氏体，但增加粗轧末道次压下量可得到更加精细的室温组织，铁素体基体上有更多的富碳岛状物，弥散均匀地分布于基体上。这种组织是近年来低碳合金钢中较为常见的一种组织，并且具有这种致密粒状贝氏体组织的管线钢，一般具有良好的韧性。

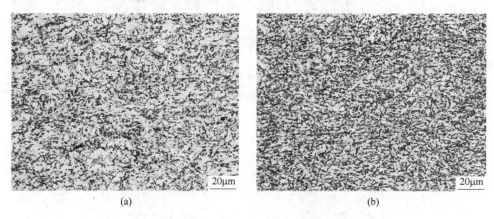

(a)　　　　　　　　　　　　　　　　　(b)

图 4-11　不同粗轧末道次压下量下实验钢板的显微组织

（a）粗轧末道次压下量 28mm→22mm；（b）粗轧末道次压下量 40mm→22mm

4.4.1.3　轧后冷却参数对室温组织和性能的影响

A　冷却速度对室温组织与性能的影响

a　冷却速度对力学性能的影响

　　力学性能实验结果如图 4-12 所示。两者终冷温度基本相同，但轧后冷却速度相差较大。

　　6 号试样的冷却速度为 16.8℃/s，屈服强度为 646MPa，抗拉强度为

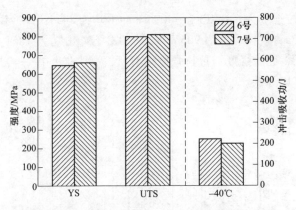

图 4-12　不同冷却速度下实验钢板的力学性能

6 号冷却速度 16.8℃/s；7 号冷却速度 40.8℃/s

799MPa，-40℃下冲击吸收功为 222J；7 号试样的冷却速度为 40.8℃/s，屈服强度为 660MPa，抗拉强度为 810MPa，-40℃下冲击吸收功为 201J。结果表明，在轧制温度与终冷温度基本相同情况下，当冷却速度由 16.8℃/s 增加至 40.8℃/s 时，屈服强度与抗拉强度增大，冲击韧性降低。

b　冷却速度对显微组织的影响

图 4-13 给出了不同冷速下所得室温组织。两个工艺下所得室温组织均为粒状贝氏体，但是大冷速下粒状贝氏体更加精细，基体上弥散分布着很多尺寸细小的富碳岛状物。

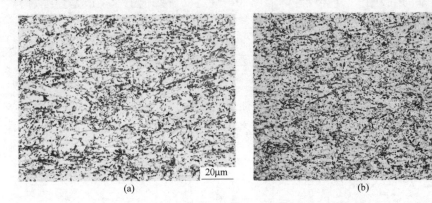

图 4-13　不同冷却速度下实验钢板的显微组织

（a）冷却速度 16.8℃/s；（b）冷却速度 40.8℃/s

B　终冷温度对室温组织和性能的影响

a　终冷温度对力学性能的影响

力学性能测试结果如图 4-14 所示，终冷温度为 565℃时，实验钢的屈服强度为 660MPa，抗拉强度为 810MPa，-40℃下冲击功为 201J；终冷温度为 310℃时，屈服强度 812MPa，抗拉强度为 905MPa，-40℃下冲击功为 185J。结果表明，随着终冷温度降低，屈服强度与抗拉强度均有所提高，但是在 -40℃下的低温冲击韧性以及伸长率均降低。

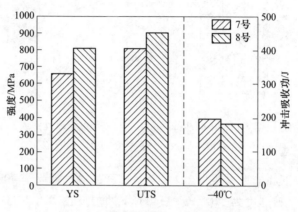

图 4-14　不同终冷温度下的力学性能值
7 号终冷温度 565℃；8 号终冷温度 310℃

b　终冷温度对显微组织的影响

图 4-15 是不同终冷温度下试样的金相照片。从图中可以看出，终冷温度为 565℃时，组织全部为粒状贝氏体，M/A 岛呈细小的颗粒状弥散分布于基体中，对位错运动的阻力小，具有较好的低温冲击韧性。管线钢工业生产是连续过程，不存在等温阶段，因此生产出的管线钢室温组织多以粒状贝氏体为主。

随着终冷温度的降低，整体组织明显细化，晶界更加明显。当终冷温度降低至 310℃时，且由于终冷温度较低，出现了大量细小的板条贝氏体[38]。

板条贝氏体作为组织中的"硬相"，可以显著提高实验钢板的强度，但是对低温韧性不利。为了提高管线钢的低温韧性，应避免在室温组织中出现大量板条贝氏体组织。在实际生产过程中要综合考虑，把终冷温度控制在合理的范围内，以保证管线钢的低温韧性。

4.4.2　X100 管线钢绿色化生产技术

为了降低管道建设成本，提高管道输送效率，管线钢朝着高强度高韧性的方向发展，X100 管线钢已于 2007 年正式被列入 API-Special-5L 2007 标准中。X100 管线钢不仅力学性能要求具备高强度高韧性的良好匹配，较低的屈强比，同时还应该具备良好的抗腐蚀性能和焊接性能。低碳微合金钢通过合理的化学成分设计，并且配合优化的控轧控冷工艺就能得到满足性能要求的 X100 管线钢。

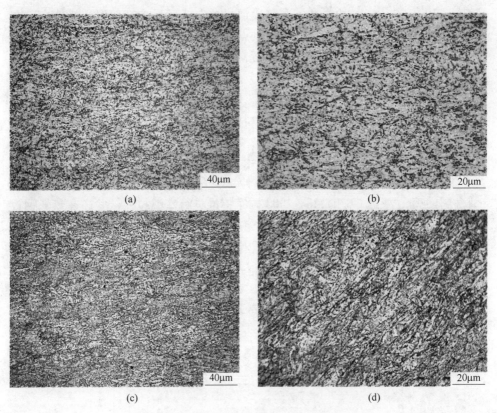

图 4-15 不同终冷温度下实验钢板的显微组织

(a), (b) 终冷温度 565℃；(c), (d) 终冷温度 310℃

本节研究采用控轧控冷工艺（TMCP）在实验室试轧 X100 管线钢。本实验根据前面几章的研究结果制定了一系列的试轧工艺方案，并参照国内外主要钢厂生产的 X100 管线钢性能[39]，制定了实验室试轧力学性能目标，见表 4-9。

表 4-9 实验室试轧 X100 管线钢的力学性能目标

屈服强度 $R_{p0.2}$/MPa	抗拉强度 R_m/MPa	屈强比 $R_{p0.2}/R_m$	CVN(−20℃)/J	总断后伸长率 A/%
≥690	≥760	≤0.90	≥180	≥18

4.4.2.1 实验材料及方法

目前，X100 管线钢主流的成分设计是低碳+微合金化，低碳保证良好的焊接性能以及抗腐蚀性能，通过微合金元素的析出强化、固溶强化、细晶强化保证材料拥有高强韧性。实验钢具体成分见表 4-10。将铸锭锻造后，锯成 115mm(H)×

115mm(W)×100mm(L)的方坯，在箱式加热炉中对坯料进行保温，热轧实验在东北大学轧制技术及连轧自动化国家重点实验室 ϕ450mm 可逆式二辊轧机上进行，冷却方式采用层流冷却+水幕冷却提高轧后冷却速度，轧制过程中使用 ICON 手提式红外测温仪测量温度。

表 4-10　实验钢化学成分　　　　　　　　（质量分数，%）

C	Si	Mn	P	S	Nb+Ti	Cu+Cr+Ni	Mo	Al	O	N
0.053	0.28	1.86	0.005	0.003	≤0.11	≤0.1	0.34	0.028	0.004	0.004

热轧钢板的力学性能检测：室温拉伸试验在 5105-SANA 微机控制电子万能试验机上进行，根据 GB/T 228—2002 国家标准进行室温拉伸试验，在热轧钢板纵向取拉伸试样，试样为矩形截面，试验机横梁的移动速度设为 5mm/min，拉伸试样尺寸如图 4-16 所示。根据 GB/T 229—2007《金属夏比缺口冲击试验方法》国家标准进行低温冲击试验，试验机为 9250HV 仪器化落锤冲击试验机，在热轧钢板横向取样，每块钢板取 6 个试样，求平均值，试样尺寸为 10mm×10mm×55mm 标准夏普冲击试样，冲击温度主要选择为-20℃，温度补偿为 5℃，目标冲击能量设定为 300J。

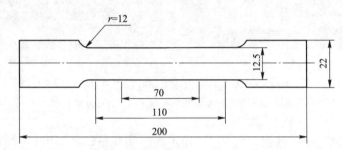

图 4-16　拉伸试样尺寸（单位：mm）

实验室热轧试验采用两阶段控轧控冷工艺（TMCP），控轧控冷工艺是细化晶粒最有效的方法，而细晶强化是目前钢铁材料里唯一既能提高强度又不过分损害韧性的强化机制。设定坯料再加热温度为 1200℃，保温 1~1.5h。轧制成品厚度设定为 12mm，设定中间坯厚度为成品厚度的 3.9 倍，保证在奥氏体未再结晶区具有大的变形量。轧制规程如下（单位：mm）：

115→98→78→61→47(59%,待温)→36→27→21→16→12(74%)

实验室试轧试验的控轧控冷工艺如图 4-17 所示。为避免在部分再结晶区轧制，将第二阶段开轧温度控制在 950℃以下，根据实验钢连续冷却相变以及控轧控冷工艺模拟实验的研究结果，为研究冷却速度对其组织和力学性能的影响，将冷却速度控制在 20~55℃/s 之间；为研究终冷温度对其组织与力学性能的影响，在较大的温度范围内控制终冷温度，到达终冷温度后放入石棉里进行保温，模拟卷取过程。

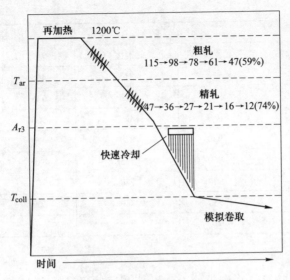

图 4-17 控轧控冷试轧工艺示意图

4.4.2.2 实验结果与分析

A 控轧控冷实测工艺参数

实验室热轧试验分四批进行，将每种工艺下得到的热轧钢板按批次和每批的轧制顺序编号，每种工艺分别记为 A1、A2、…、B1、B2、C1、C2、D1、D2 等。根据每批热轧板的力学性能结果来制定下一批的控轧控冷工艺，通过调整精轧开轧温度、精轧终轧温度、终冷温度和冷却速度等轧制参数来优化钢板的力学性能，具体的控轧控冷实测工艺参数见表 4-11。四批热轧试验第一阶段开轧温度都控制在 1050℃左右，第二阶段开轧温度控制在 950℃左右。第一、二批热轧试验第二阶段终轧温度控制在 825℃左右，第三、四批热轧试验第二阶段终了温度略有降低，控制在 780℃左右。第一批热轧试验（A 系列）采用较大的轧后冷却速度，终冷温度控制在 180~535℃较大的范围内。第二、三、四批热轧试验将轧后冷却速度控制在 20~30℃/s 范围内，终冷温度控制在 420~680℃范围内。

表 4-11 控轧控冷实测工艺参数

编号	第一阶段	第二阶段		轧后冷却阶段	
	终了温度/℃	开始温度/℃	终轧温度/℃	终冷温度/℃	冷却速度/℃·s^{-1}
A1	1040	950	810	250	55
A2	1040	950	815	180	41
A3	1060	946	815	390	45

续表 4-11

编号	第一阶段	第二阶段		轧后冷却阶段	
	终了温度/℃	开始温度/℃	终轧温度/℃	终冷温度/℃	冷却速度/℃·s⁻¹
A4	1040	946	814	465	36
A5	1023	950	815	535	33
B1	1050	950	820	560	27
B2	1050	950	820	420	28
C1	1050	950	785	680	20
C2	1050	950	780	550	21
D1	1050	930	780	600	20
D2	1050	910	780	480	22

B　力学性能结果

表 4-12 为实验室热轧钢板的力学性能测试结果。从表中可以看出，第一批热轧钢板（A 系列）具有较高的屈服强度和抗拉强度，同时屈强比较低，小于 0.9，主要是由于较高的冷却速度以及较低的终冷温度，但伸长率较低，并且在 -20℃时的冲击吸收功偏低，只有 A5 工艺钢的冲击韧性达到了目标值。对于第二批热轧钢板（B 系列），由于冷却速度降低，屈服强度和抗拉强度略有降低，但都超过了目标值，屈强比偏高，接近目标值 0.9，伸长率都刚好达到目标值，B1、B2 工艺钢板在 -20℃时的冲击吸收功依然偏低。第三、四批热轧钢板的冲击韧性显著提高，原因可能是降低了冷却速度，但 C1、C2、D1 工艺钢板的屈服强度和抗拉强度未能达到目标值，D2 工艺钢板屈服强度和抗拉强度刚刚满足目标值，但其屈强比偏高。

从表 4-12 可以看出，当精轧终了温度控制在 780~810℃ 范围内，冷却速度控制在 25~35℃ 范围内，终冷温度控制在 520~570℃ 范围内时，能获得良好的综合力学性能，如 A5 工艺钢（冷却速度 33℃/s，终冷温度 535℃）、B1 工艺钢（冷却速度 27℃/s，终冷温度 560℃）。

表 4-12　实验室热轧钢板力学性能

编号	屈服强度 $R_{p0.2}$/MPa	抗拉强度 R_m/MPa	屈强比 $R_{p0.2}/R_m$	断后总伸长率 A/%	CVN(-20℃)/J
A1	775	918	0.84	14	140
A2	758	902	0.84	14	142
A3	757	890	0.85	16	153
A4	744	885	0.84	17	164
A5	723	845	0.86	18	186

续表4-12

编号	屈服强度 $R_{p0.2}$/MPa	抗拉强度 R_m/MPa	屈强比 $R_{p0.2}/R_m$	断后总伸长率 A/%	CVN(−20℃)/J
B1	704	788	0.89	18	193
B2	714	814	0.88	18	162
C1	605	746	0.81	23	230
C2	647	777	0.88	21	213
D1	632	763	0.83	20	221
D2	658	768	0.86	19	206

C 显微组织结果

图4-18为第一批热轧钢板显微组织。第一批热轧试验控冷工艺采用轧后超快冷+层流冷却，冷却速度较大（>30℃/s）。A1工艺钢冷却速度高达55℃/s，终冷温度也较低，组织为大量板条贝氏体组织+少量粒状贝氏体，大量长条状的M/A岛分布于贝氏体铁素体基体上，形成纵横交错的板条组织。A2工艺钢以41℃/s的冷却速度冷却到180℃，此时组织中得到全部板条贝氏体+少量马氏体，从图4-18（d）中可以看到，压扁的奥氏体晶粒内部分布着许多板条贝氏体束，并且M/A岛分布紧密。A3工艺钢组织为板条贝氏体+粒状贝氏体，由于终冷温

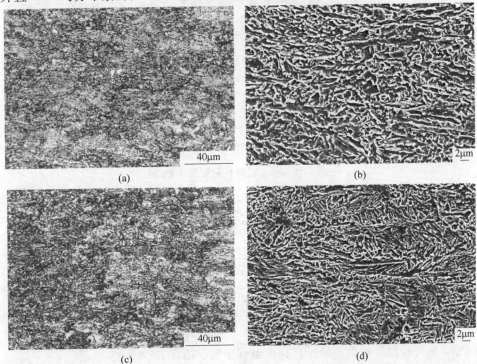

(a)　　　　　　　　　　　(b)

(c)　　　　　　　　　　　(d)

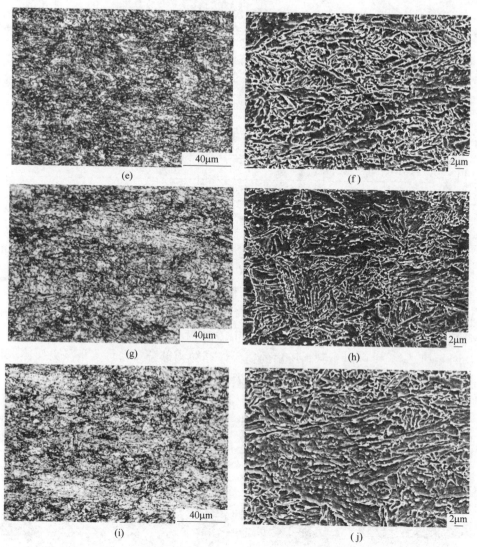

图 4-18　第一批试轧钢板显微组织

(a)，(b) A1；(c)，(d) A2；(e)，(f) A3；(g)，(h) A4；(i)，(j) A5

度略有提高，所以粒状贝氏体组织略有增多。A4、A5 工艺钢的组织主要为粒状贝氏体+针状铁素体+少量板条贝氏体，有研究表明[40,41]，只要控制好复相组织中各相的比例，就能得到良好的综合力学性能。

　　图 4-19 为第二批热轧钢板的显微组织，由于冷却速度降低，B1、B2 工艺钢获得了粒状贝氏体+针状铁素体+准多边形铁素体的复相组织，组织中部分 M/A 岛尺寸较大（约 1.7μm）。但相比较而言，B2 工艺钢中的 M/A 岛数量较多，原因可能是终冷温度较低，原子在保温过程中的扩散能力较低。

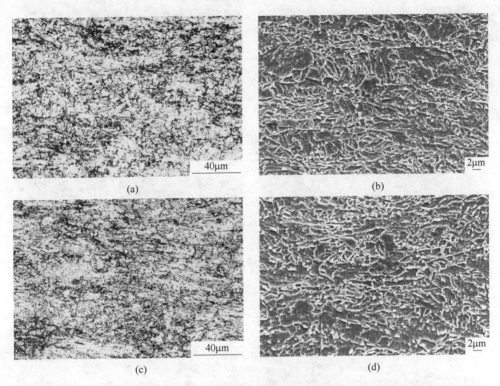

图 4-19 第二批试轧钢板显微组织
(a), (b) B1; (c), (d) B2

图 4-20 为第三批热轧钢板显微组织。C1 工艺钢组织为全部的粒状贝氏体，由于冷却速度较低（<25℃/s），并且终冷温度较高，组织中的 M/A 岛呈大块状，并且少量不规则 M/A 岛带有尖角，最大尺寸达到 6μm；C2 工艺钢终冷温度降低，组织全部为粒状贝氏体，但相对 C1 工艺钢，M/A 岛尺寸显著减小，并且分布更加弥散。

图 4-21 为第四批热轧钢板的显微组织。D1 工艺钢组织为粒状贝氏体+针状铁素体，从图 4-21（a）、（b）中可以看出，D1 工艺钢中粒状贝氏体数量相对较少，并且 M/A 岛分布稀疏，所以 D1 工艺钢强度偏低；D1 工艺钢中针状铁素体数量较多，有研究表明[42]，细小的针状铁素体组织具有大量大角度晶界，能有效地阻碍裂纹的扩展，因此 D1 工艺钢具有良好的低温韧性。D2 工艺钢组织为粒状贝氏体+针状铁素体+少量板条贝氏体的复相组织；相对 D1 工艺钢，D2 工艺钢终冷温度降低，粒状贝氏体数量增多，M/A 数量也增多，分布更加弥散，并且组织中出现了板条贝氏体，因此 D2 工艺钢的强度较高，达到了目标值。

图 4-20 第三批试轧钢板显微组织
（a），（b）C1；（c），（d）C2

图 4-21 第四批试轧钢板显微组织
（a），（b）D1；（c），（d）D2

4.4.2.3 轧后冷却工艺对性能的影响

A 终冷温度对性能的影响

图 4-22 为大冷速条件下（冷却速度大于 30℃/s）终冷温度对实验钢力学性能的影响。图 4-22（a）为实验钢强度随终冷温度的变化规律，A 系列所有热轧钢板的强度都满足要求，而且抗拉强度远远大于设定的目标值。从图中可以看出，实验钢的屈服强度和抗拉强度都随终冷温度升高而减小。根据有关文献的研究结果可知[43]，由多种组织组成的钢，其屈服强度是由这些组织中的"软相"组织所决定，而抗拉强度是由"硬相"组织决定。随终冷温度升高，组织中板条贝氏体减少，并且在较高的终冷温度下出现了针状铁素体，所以实验钢的屈服强度逐渐降低。图 4-23 为不同终冷温度下板条贝氏体中的贝氏体铁素体的形貌，随终冷温度的升高，贝氏体铁素体板条逐渐变宽，晶粒有效尺寸增大，所以随着终冷温度的升高，实验钢的抗拉强度逐渐降低。

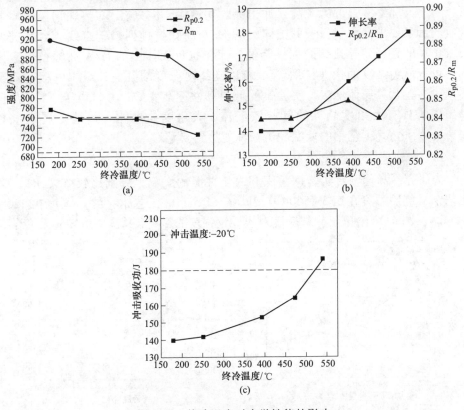

图 4-22 终冷温度对力学性能的影响

（冷却速度范围：30~55℃/s）

（a）强度；（b）伸长率和屈强比；（c）-20℃冲击吸收功

图 4-22（b）为大冷速条件下伸长率和屈强比随终冷温度变化的关系曲线。随终冷温度的升高，伸长率逐渐升高，屈强比变化不大。从图 4-18 中可知，随终冷温度升高，组织中板条贝氏体数量减少，"软相"组织粒状贝氏体和针状铁素体数量增加；同时，虽然板条贝氏体具有较高的强度，但由于内部位错密度较高，M/A 岛平行排列，会阻碍位错的滑移，导致材料的塑性降低。因此，实验钢的伸长率随终冷温度升高而升高。根据金属学原理可知，钢在拉伸过程中的塑性变形包括均匀延伸和颈缩后的局部集中延伸，如果钢的屈强比低，那么钢在屈服后就有较大的均匀延伸，这似乎表明钢的屈服强度越低，则钢的塑性越好。但这个结论并不完全绝对，因为均匀延伸仅仅是塑性变形的总量的一部分，颈缩后的局部集中变形也会影响钢的塑性[44]。当终冷温度为 535℃ 时（A5），由于"硬组织"形成温度高，强度相对较低，当裂纹在基体结合薄弱处（即软硬相组织结合处）集中时，应力容易松弛，使得颈缩后能产生较大的局部延伸，所以实验钢在 535℃ 时的屈强比和伸长率都较高。

图 4-22（c）为大冷速条件下终冷温度对实验钢冲击韧性的影响。从图中可以看出，随终冷温度的升高，冲击吸收功增大，但只有 A5 热轧钢板的冲击吸收功满足要求。由于板条贝氏体中的 M/A 岛颗粒排列趋于直线，容易成为裂纹扩展的路径而导致钢的韧性降低，而粒状贝氏体中的 M/A 岛颗粒无序排列，可以避免裂纹的快速扩展[44]。所以随终冷温度的升高，组织中板条贝氏体减少，粒状贝氏体增多，实验钢的低温韧性逐渐变好；并且由于 A5 工艺钢中出现了具有大角度晶界的针状铁素体，大角度晶界能有效地阻碍裂纹扩展[45]，因此 A5 工艺钢的低温冲击韧性能达到要求。

B　冷却速度对性能的影响

为研究冷却速度对实验钢组织和力学性能的影响，分别比较 A5、B1、C2 工艺钢（终冷温度在 535~560℃）和 A4、B2、D2 工艺钢（终冷温度在 420~480℃）。图 4-23 给出了冷却速度对实验钢强度的影响。从图中可知，无论终冷

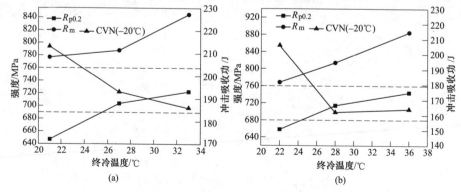

图 4-23　冷却速度对实验钢强度的影响
（a）终冷温度为 535~560℃（A5、B1、C2）；（b）终冷温度为 420~480℃（A4、B2、D2）

温度范围高低，随冷却速度增加，实验钢的屈服强度和抗拉强度逐渐增加，冲击吸收功略有降低。从以上结果可以看出，冷却速度与终冷温度的合理选择与准确控制是实现 X100 管线钢组织优化的重要环节。

4.5　管线用钢典型产品及应用

推动管线钢发展的因素主要有两个：一是世界石油工业的发展。由于海上油气田、极地油气田和腐蚀环境油气田的开发环境非常恶劣，因此要求在不恶化钢的焊接性能和加工性能的前提下，管线钢要有高的强度、高的韧性、抗断裂性能、疲劳性能和耐腐蚀性能；二是冶金技术的进步。从微合金钢在油气管道工程中应用以来，至今已有 60 多年的研究经验与生产经验。随着冶金技术的进步，管道用钢材已经可以达到超纯净度、超均匀性和超细晶粒的要求。目前，管线钢已经成为低合金和微合金钢领域内的一个重要分支[46]。

根据管线钢的发展历程，将管线钢典型钢种的成分及应用范围列于表 4-13。

表 4-13　管线钢典型的钢种成分（质量分数）及应用范围

API 钢级	C/%	Si/%	Mn/%	Nb/%	S/%	其他/%	P_{cm}	类别	应用范围
5LB	≤0.2	<0.40	≤1.00	—	—	—	≤0.16		油气开采及储运用于制作石油、天然气输送管道
X42	≤0.10	<0.40	≤1.00	≤0.050			≤0.16		油气开采及储运用于制作石油、天然气输送管道
X52（酸性气体）	≤0.05	<0.30	≤1.10	≤0.050	≤0.003	≤0.60(Cu+Ni+Cr)	≤0.13	铁素体-珠光体管线钢	长距离耐酸蚀高压管线输送
X52	≤0.10	<0.40	≤1.20	≤0.050			≤0.17		长距离高压管线输送
X60（酸性气体）	≤0.05	<0.30	≤1.20	≤0.065	≤0.003	≤0.70(Cu+Ni+Cr)	≤0.15		高等级耐酸蚀输油管线钢
X60	≤0.10	<0.40	≤1.50	≤0.06			≤0.23		高等级海底输油管线钢
X65（酸性气体）	≤0.05	<0.30	≤1.35	≤0.065	≤0.003	≤0.70(Cu+Ni+Cr)	≤0.15		海底管线输送天然气、石油
X65	≤0.10	<0.40	≤1.65	≤0.065			≤0.23		海底管线输送天然气、石油
X70	≤0.10	<0.40	≤1.65	≤0.065	—	—	≤0.20		海水环境下石油天然气输送管道

续表 4-13

API 钢级	C/%	Si/%	Mn/%	Nb/%	S/%	其他/%	P_{cm}	类别	应用范围
X70	≤0.06	<0.40	≤1.65	≤0.10	—	—	≤0.18	针状铁素体管线钢	海水环境下石油天然气输送管道
X80	≤0.06	<0.40	<1.70	≤0.10	—	≤0.10 (Cu,Ni,Mo)	≤0.21		高强度高韧性油气管线输送
X100	<0.06	<0.40	<2.0	<0.06	—	<0.06 (Cu, Ni, Cr, Mo, V)	≤0.23	贝氏体-马氏体管线钢	高强度高韧性油气管线输送
X120	<0.10	<0.40	<2.0	<0.06	—	<0.06 (Cu, Ni, Cr, Mo, V, B)	≤0.25		

注：$P_{cm} = w(C) + \dfrac{w(Si)}{30} + \dfrac{w(Mn + Cu + Cr)}{20} + \dfrac{w(Ni)}{60} + \dfrac{w(Mo)}{15} + \dfrac{w(V)}{10} + 5 \times w(B)$。

参 考 文 献

[1] 黄维和. 中国石油油气战略通道建设与管理创新实践 [J]. 中国工程科学, 2012, 14 (12)：19~24.

[2] 张斌, 钱成文, 王玉梅, 等. 国内外高钢级管线钢的发展及应用 [J]. 石油工程建设, 2012, 38 (01)：1~4.

[3] 郑磊. 宝钢管线钢的发展与中国油气管道建设的回顾 [J]. 宝钢技术, 2009 (S1)：41~45.

[4] 陈建华. Q420 中板轧制工艺及有限元模拟研究 [D]. 沈阳：东北大学, 2009.

[5] 姜敏, 支玉明, 刘卫东. 我国管线钢的研发现状和发展趋势 [J]. 上海金属, 2009, 31 (06)：42~46.

[6] 宋锴星, 陈蒙, 王阳. X80 管线钢合金化设计及制管工艺研究 [J]. 山东工业技术, 2017 (21)：46~54.

[7] 仝珂, 庄传晶, 朱丽霞, 等. 高钢级管线钢微观组织特征与强韧性能关系的研究及展望 [J]. 材料导报, 2010, 24 (03)：98~101.

[8] 张伟卫, 熊庆人, 吉玲康, 等. 国内管线钢生产应用现状及发展前景 [J]. 焊管, 2011, 34 (01)：5~8.

[9] 王海涛, 高兴健. X52 管线钢热轧板卷表面裂纹成因分析 [J]. 理化检验（物理分册）, 2018, 54 (03)：226~228.

[10] 王茂堂, 何莹, 王丽, 等. 西气东输二线 X80 级管线钢的开发和应用 [J]. 电焊机, 2009, 39 (05)：6~14.

[11] 孙婷婷. 终冷温度对 X100 管线钢组织和性能的影响 [D]. 包头：内蒙古科技大学, 2015.

[12] 冯耀荣, 李鹤林. 管道钢及管道钢管的研究进展与发展方向（上）[J]. 石油规划设计, 2005, 16 (05)：1~5.

[13] Jang Y Y, Seong S A, Dong H S, et al. New Development of High Grade X80 to X120 Pipeline Steels [J]. Materials and Manufacturing Processes, 2011, 26 (1)：154~160.

[14] 刘雯, 邹晓波. 国外天然气管道输送技术发展现状 [J]. 石油工程建设, 2005, 31 (03)：20~23.

[15] 高惠临. 管线钢与管线钢管 [M]. 北京：中国石化出版社, 2012：264~270.

[16] 沈春光. 高温卷取 X80 管线钢的组织调控与强韧性研究 [D]. 沈阳：东北大学, 2017.

[17] 吴娅梅. 超高强度管线钢的发展现状及未来趋势预测 [J]. 科技视界, 2014 (05)：293.

[18] 张顺. X80 石油管道多丝直缝埋弧焊的模拟研究与实验验证 [D]. 广州：华南理工大学, 2012.

[19] 黄开文. 国外高钢级管线钢的研究与使用情况 [J]. 焊管, 2003 (03)：1~10.

[20] 洪良. 厚规格 X80 管线钢微观组织控制及力学性能研究 [D]. 郑州：郑州大学, 2017.

[21] 傅杰, 吴华杰, 刘阳春, 等. HSLC 和 HSLA 钢中的纳米铁碳析出物 [J]. 中国科学（E辑：技术科学）, 2007 (01)：43~52.

[22] 霍松波, 潘中德, 姜金星, 等. X80 抗大变形管线钢的研制与开发 [C]// 中国钢铁年会, 2013.

[23] 曾才有. X100 高钢级管线钢组织演变与力学性能研究 [D]. 沈阳：东北大学, 2014.

[24] 周民. 高钢级管线钢强韧性控制理论与工艺研究 [D]. 沈阳：东北大学, 2010.

[25] 高建忠. X120 管线钢形变奥氏体再结晶和连续冷却转变特性的研究 [D]. 秦皇岛：燕山大学, 2012.

[26] Meng F G, Chen Y H, Wang Y. Development and present status of X80 steel pipeline and its welding technique [J]. Petro-Chemical Equipment, 2008, 37 (03)：44~48.

[27] 黄伟丽, 杨志刚, 邓艳通. 管线钢现状及工艺技术浅谈 [A]. 2013 年低成本炼钢技术交流论坛论文集 [C]. 2013 (8)：53~60.

[28] 李鹤林. 油气管道基于应变的设计及抗大变形管线钢的开发与应用 [J]. 石油科技论坛, 2008 (02)：19~25.

[29] 王伟, 严伟, 胡平, 等. 抗大变形管线钢的研究进展 [J]. 钢铁研究学报, 2011, 23 (02)：1~6.

[30] Okatsu M, Ishikawa N, Endo S. Development of high strength linepipe with excellent deformability [A]. 24th International Conference on Offshore Mechanics and Arctic Engineering [C]. 2005：687~695.

[31] Ishikawa N, Shikanal N, Kondo J. Development of ultra-high strength linepipes with dual phase microstructure for high strain application [J]. JFE, 2008, (12)：15~19.

[32] Yasuhiro S. Development of a high strength steel line pipe for strain-based design application [A]. 17th international offshore and polar engineering conference [C]. 2007：3949~3954.

[33] Suzuki N, Toyoda M. Seismic loading on buried pipelines and deformability of high strength linepipes [A]. Proceeding of international conference on the application and evaluation of high-grade linepipes in hostile environments [C]. 2002：601~628.

[34] 尹成先，兰新哲，霍春勇，等. 影响油气输送管线抗 HIC 因素探讨 [J]. 焊管，2002，25 (05)：20~24.

[35] 高红，任毅，王爽，等. 控轧控冷工艺对 X80 管线钢组织和性能的影响 [J]. 上海金属，2018，40 (04)：47~51.

[36] 齐鹏远，刘家奇，张子谦，等. 钢材控轧控冷技术在中厚板轧制中的应用 [J]. 科技创新导报，2018，15 (35)：75~76.

[37] 兰亮云. 高钢级 X100 管线钢的研究与开发 [D]. 沈阳：东北大学，2009.

[38] 马晶，贾智敏，程时遐，等. 终冷温度对 (B+M/A) X80 管线钢组织-性能的影响 [J]. 材料科学与工程学报，2015，33 (03)：448~454.

[39] 齐殿威，周舒野. 国外 X100 及以上钢级管线钢专利技术简述 [J]. 焊管，2009，32 (05)：65~69.

[40] 于爱民，孙斌，李静宇，等. 轧制工艺对 700MPa 级低碳贝氏体钢组织性能的影响 [J]. 河南冶金，2008，16 (02)：17~20.

[41] 王克鲁，鲁世强，李鑫，等. 冷却制度对 700MPa 级低碳贝氏体钢组织与性能的影响 [J]. 材料热处理学报，2008，29 (05)：76~80.

[42] Lan L Y, Qiu C L, Zhao D W, et al. Microstructure evolution and mechanical properties of Nb-Ti microalloyed pipeline steel [J]. Journal of Iron and Steel Research, International, 2011, 18 (2)：57~63.

[43] 于庆波，赵贤平，王斌. 高层建筑用钢的屈强比 [J]. 钢铁，2007，26 (11)：74~76.

[44] 于庆波，刘相华，赵贤平. 控轧控冷钢的显微组织形貌及分析 [M]. 北京：科学出版社，2010：90~91.

[45] Kim Y M, Shin S Y, Lee H, et al. Effects of molybdenum and vanadium addition on tensile and charpy impact properties of API X70 linepipe steels [J]. Metall Mater Trans, 2007, 38A：1731.

[46] 薛小怀，钱百年，国旭明，等. 我国高性能管线钢埋弧焊焊丝的研究进展 [J]. 钢铁研究学报，2003 (04)：73~76.

5　高性能桥梁用钢

5.1　概述

随着海洋经济在世界各国经济体中占的比重越来越大，世界各国加大海洋开发的力度成为各国海洋发展的重要目标。其中修建跨海大桥是增加开发便利的主要途径之一。而复杂的海洋环境对桥梁钢提出了更高的挑战。

日本在 20 世纪 50 ～ 90 年代桥梁用钢大量采用 500MPa、600MPa、600 ～ 800MPa 高强钢，并开发了 530 ～ 710MPa 的 HPS 桥梁钢和 300 ～ 530MPa 高耐候性桥梁钢。美国于 1992 年开始开发 HPS 钢，并成功开发了 HPS50W、HPS70W 和 HPS100W 桥梁钢。欧洲普遍采用的桥梁钢的屈服强度为 460 ～ 690MPa，其 S960QL 钢板的屈服强度高达 690MPa，还开发使用了 235 ～ 355MPa 的耐候钢，且欧洲的 HPS 钢不仅限于桥梁，而且还用于建筑结构、起重机、海洋工程、船舶和国防等行业。除了日本和美国，法国、挪威、丹麦、巴西、巴拉圭、澳大利亚等国的桥梁钢开发和使用水平都很高。

我国的桥梁钢发展大致经历了七代：（1）1957 年建设的武汉长江大桥采用苏联的 A3 钢（屈服强度≥240MPa）；（2）1969 年建设的南京长江大桥采用鞍钢生产的 16Mnq 钢（屈服强度≥320MPa）；（3）1995 年建设的九江长江大桥采用鞍钢生产的 15MnVNq 钢（屈服强度≥412MPa）；（4）20 世纪末建设的芜湖长江大桥采用武钢生产的 14MnNiq 钢（屈服强度≥370MPa）；（5）2009 年开始建设的南京大胜关长江大桥采用武钢生产的 WNQ570 钢（抗拉强度≥570MPa）；（6）2015 年武钢研制的 Q500qE 应用于世界最大跨度公铁两用桥——沪通长江大桥；（7）2019 年屈服强度 690MPa 高性能桥梁钢首次应用于江汉七桥。目前，兼具高强度、轻型和可焊性、防断性、疲劳性、寿命长、耐候性良好的高性能桥梁钢是桥用钢发展的主要方向。国内桥梁钢的快速发展，使得国内桥梁钢生产应用技术水平逐步迈向世界领先水平。

5.2　国内外研究、应用现状及发展方向

我国作为海洋大国，拥有丰富的岛屿资源，岛屿资源作为海洋资源的重要组成部分，是海洋资源开发的基地，而岛屿资源开发的关键是陆岛通道建设，其中修建跨海大桥是改善陆岛交通障碍的主要途径。而现代桥梁向大跨度发展的趋势，复杂的海洋环境等，对跨海大桥用钢提出了越来越高的要求。

日本在 20 世纪 50 年代采用屈服强度为 500~600MPa 高强桥梁钢，60 年代提高到 600~800MPa，70~90 年代大量采用 600~800MPa 高强钢。但当时钢板的性能尚不完善，从 1996 年开始将高性能钢用于桥梁建设，高性能钢的产量逐渐增加，并于 1999 年达到桥梁钢总量的 22%，其中抗腐蚀钢在高性能钢中比例将近 70%，占同年全部钢产量的 15%。现在 NKK 公司采用 TMCP 技术成功开发了韧性和焊接性能优良的 980MPa 级桥梁钢板。欧洲大量采用 S460ML、S460QL、S690QL 等高性能桥梁钢。1992 年，美国联邦公路管理局、美国钢铁学会和美国海军开展了一个合作性的研究项目，以拓展高性能钢在桥梁中的应用，经过多年努力已经开发出 HPS50W、HPS70W 和 HPS100W 系列高性能钢。

为了提高跨海大桥的使用寿命，JFE 公司通过添加 Ni 和 Mo 开发了高耐腐性的 JFE-ACL 系列钢板，神户公司开发了适用于沿海地区高腐蚀性环境的两种桥梁用新型钢板"超级耐腐蚀钢板 W"和"超级耐腐蚀钢板 P"。美国于 1996 年批量生产 HPS485W，同年 HPS485W 被纳入美国材料与试验学会的 ASTM A709 规范，1999 年被纳入 AASHTO 桥梁设计规范，随后几年又开发了 HPS690W。

随着桥梁建设向大跨度方向发展，对大厚度钢板的需求量巨大。如日本 NKK 开发了 100mm 厚的 SM570Q-H-EX 和 SMA570WQ-H-EX 和 60mm 厚的 NK-HITEN780B-EX 钢板。

另外，NKK 公司采用 TMCP 工艺开发的 SM570Q-H-EX（100mm 厚）和 SMA570WQ-H-EX（60mm 厚）采用 0.07%~0.09%C 成分设计。JFE 公司开发了低焊接预热温度 SMA490W-H-EX 和 SMA570W-H-EX 钢板。为了解决桥梁钢的焊接问题，开发了一系列超低碳贝氏体钢。同时，为了加快施工进度，降低生产成本，大线能量焊接用钢的研究开发逐渐发展起来。

纵观国外桥梁用钢的发展历程及研究现状，高性能钢是桥梁钢未来的主要发展方向，高性能桥梁钢具有强度高、韧性、焊接性、塑性和耐候性优良等特点，同时兼具防断性、疲劳性和寿命长等优点。化学成分上，碳含量不断降低；生产工艺上，由淬火+回火向 TMCP 发展；在组织上，由马氏体向贝氏体、针状铁素体发展；在尺寸上向大厚度、大宽度方向发展。

随着我国经济实力的不断提高及沿海地区经济快速发展的需求，作为经济发展基础设施的跨海大桥建设如火如荼，如港珠澳大桥，仅钢材需求就预计超过 120 万吨。我国桥梁数量庞大，但钢桥不足 1%，而美国 60 万座桥梁中，钢结构桥梁占 33%，日本 13 万座桥梁中钢结构桥梁占 41%，可见我国钢结构桥梁比例远低于发达国家。2011 年我国桥梁钢产量约为 333 万吨，2015 年达到 644 万吨，2019 年达到 1077 万吨。可见，未来随着我国跨海湾、跨江的大跨度钢结构桥梁的建设，桥梁钢结构需求量将呈快速发展，市场空间巨大。

正如引言所述，我国桥梁钢大致经历七代，虽起步较早，但与国外相比前期发展相对较为缓慢。进入 21 世纪以来，我国桥梁建设水平已经走在世界前列，尤其是在跨海大桥建设方面取得了世界瞩目的成就，如港珠澳跨海大桥。同时桥梁用钢水平也得到了世界认可，如舞钢生产的 A709M-HPS485W 为美国旧金山新海湾大桥供货 4.5 万吨，鞍钢中标美国塔纳纳西河桥 6000 多吨耐候钢订单等。尤其是近年来，开发并应用了 Q500qE 和 Q690qENH，使得我国高性能桥梁钢开发和应用水平大幅度提高。

5.3 Mo 含量对桥梁钢相变的影响

5.3.1 实验材料及方法

实验钢化学成分见表 5-1。实验钢采用真空感应炉熔炼并铸锭，然后采用 450mm 二辊可逆热轧实验轧机轧制为 12mm 板材，从热轧板上切取试样并加工为阶梯型热模拟试样，热模拟试样中部为 $\phi 6mm \times 15mm$，两端为 $\phi 10mm \times 30mm$。

表 5-1 实验钢化学成分 （质量分数，%）

实验钢	C	Si	Mn	P	S	Als	Ni	Cr	Cu	Ti	Mo	Nb
无 Mo	0.052	0.43	1.56	0.0079	0.0012	0.012	0.34	0.46	0.45	0.024		0.041
Mo-0.17%	0.051	0.44	1.60	0.0067	0.0011	0.011	0.33	0.46	0.44	0.026	0.17	0.044
Mo-0.38%	0.056	0.49	1.57	0.0017	0.0085	0.025	0.54	0.45	0.47	0.029	0.38	0.042

采用 Gleeble 3800 热力模拟实验机测定无 Mo、Mo-0.17% 和 Mo-0.38%（质量分数）实验钢的相变温度。将阶梯型试样重新加热至 1200℃ 并保温 300s 进行奥氏体化，然后以 10℃/s 冷却速度冷至变形温度 870℃ 并保温 15s 消除温度梯度，之后进行压缩变形，应变和应变速率分别为 0.7 和 $5s^{-1}$，变形之后立即以不同的冷却速度（0.5℃/s、2℃/s、5℃/s、10℃/s、15℃/s、20℃/s、25℃/s 和 30℃/s）冷至室温，并记录冷却过程中的温度-膨胀量数据。

将热模拟试样于热电偶下方约 1mm 处切开，其表面经抛光后于 4% 硝酸酒精溶液中腐蚀约 15s，然后采用 OM（LEICA DMIRM）对显微组织进行观察，根据温度-膨胀量数据，结合金相观察和杠杆定则[1]，绘制了无 Mo、Mo-0.17% 和 Mo-0.38%（质量分数）实验钢的动态 CCT 曲线。采用 HV-50 维氏硬度计测定了不同冷却速度下实验钢的维氏硬度值，测试标准符合 ISO 6507-1：2005（E）[2]，加载力为 10kg。

5.3.2 连续冷却相变行为

根据连续冷却过程中的温度-膨胀量数据，结合金相观察和杠杆定则，绘制了无 Mo、Mo-0.17% 和 Mo-0.38%（质量分数，下同）实验钢的动态 CCT 曲线，同时根据铁素体形态学[3]，将相变区间细化为多边形铁素体（Polygonal Ferrite，PF）、粒状贝氏体铁素体（Granular Bainite Ferrite，GF）和板条贝氏体铁素体（Lath Bainite Ferrite，BF）相变区，同时采用式（5-1）[4] 估算了无 Mo、Mo-

0.17%和Mo-0.38%实验钢的马氏体相变开始温度（M_s）分别为407℃、406℃和402℃，如图5-1所示。

$$M_s = 764.2 - 302.6C - 30.6Mn - 16.6Ni - 8.9Cr + \tag{5-1}$$
$$2.4Mo - 11.3Cu + 8.58Co + 7.4W - 14.5Si$$

图5-1（a）和（b）显示，无Mo实验钢和Mo-0.17%实验钢的CCT曲线类似，但是图5-1（c）显示，添加0.38%的Mo显著改变CCT曲线的特征，呈无PF相变区和随着冷却速度增加GF和BF相变开始温度变化不大的特征，且Kong等[5]也指出添加Mo可以使铁素体相变区右移，本研究的研究结果与Kong等的研究结果具有很好的一致性；而且随着Mo含量的增加，PF和GF相变区缩小，而BF和马氏体相变区扩大。另外，在所研究的冷却速度范围内，无Mo、Mo-0.17%和Mo-0.38%实验钢的GF相变开始温度区间分别为664~567℃、630~543℃和585~545℃，表明添加Mo可以显著降低GF相变开始温度。

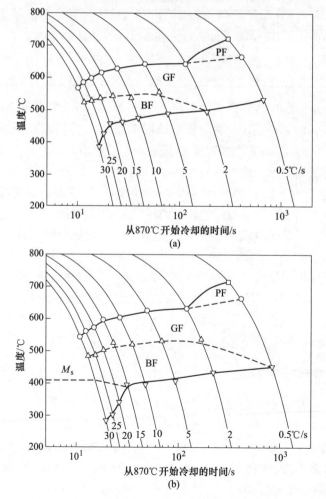

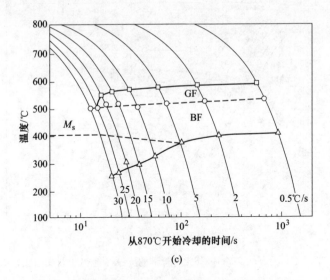

图 5-1 不同 Mo 含量实验钢的连续冷却相变曲线
（a）无 Mo 实验钢；（b）Mo-0.17%实验钢；（c）Mo-0.38%实验钢

研究表明，Mo 倾向偏聚于原奥氏体晶界而导致晶界能的降低[6,7]，这将降低铁素体在原奥氏体晶界处的非均匀形核率[7]，增强溶质拖曳效应（Solute Drag-Like Effect，SDLE)[8]，进而降低铁素体长大速率[9]；而且 Mo 可以提高碳在奥氏体中的扩散激活能，使得碳在奥氏体中的扩散系数降低[10]，这也将降低铁素体的长大速率，所以添加 Mo 抑制了受碳扩散控制的铁素体相变。添加0.17%的 Mo 仅降低 PF 相变开始温度，但在所研究的冷却速度范围内，添加0.38%的 Mo 将抑制 PF 相变，说明添加 0.38%的 Mo 将有效降低铁素体形核速率和长大速率。

贝氏体相变同马氏体相变一样具有切变相变特征，但相变过程中伴随碳的扩散[11]，所以由于添加 Mo 降低碳在奥氏体中的扩散系数，而导致 GF 相变开始温度的下降，而且当 Mo 含量增加到 0.38%时，才会显著降低 GF 相变开始温度。另外，随着 Mo 含量的增加，其 GF 相变区也向右移，说明添加 Mo 也可抑制 GF 相变。

无 Mo 和 Mo-0.38%钢的 CCT 曲线比较如图 5-2 所示。图 5-2 显示，添加0.38%的 Mo 显著使 GF 相变区域向右下方移，利于在相对较低的冷却速度下获得 BF 组织，获得较高的相变强化效果。但对于无 Mo 实验钢来说，如果冷却速度足够大，仍然可以将奥氏体过冷至低温 BF 相变区域，在不加 Mo 的条件下获得较好的相变强化效果，实现减量化成分设计。

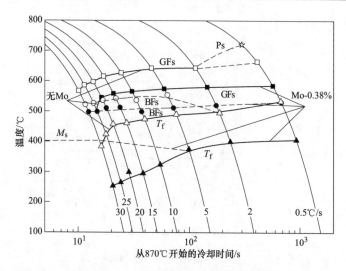

图 5-2　无 Mo 和 Mo-0.38%实验钢的连续冷却相变曲线的比较

5.3.3　连续冷却相变组织

无 Mo、Mo-0.17%和 Mo-0.38%实验钢不同冷却速度下的典型光学显微组织如图 5-3 所示。在 0.5℃/s 较低的冷却速度下，无 Mo 和 Mo-0.17%实验钢的组织由 PF 和 GF 组成，但是 Mo-0.38% 实验钢的组织中不存在 PF。对比图 5-3 （a）、（e）和（i）可以看出，增加 Mo 含量显著细化 M/A 岛。另外，对比图 5-3 （a）、（e）和（i）和图 5-3（b）、（f）和（j）可以看出，增加冷却速度也可细化 M/A 岛，这与 Mazancová 和 Mazanec 的研究结果[12] 具有很好的一致性。但是，当冷却速度大于 10℃/s 时，增加 Mo 含量不能显著细化 M/A 岛。当冷却速度增加到 20℃/s 时，BF 或马氏体的体积分数随着 Mo 含量的增加显著增加，继续增加冷却速度至 30℃/s 时，无 Mo 和 Mo-0.17%实验钢中仍然存在大量的 GF 组织，而在 Mo-0.38%实验钢中几乎不存在 GF 组织。

对于所研究的实验钢来说，碳含量远高于碳在 PF 和 GF 中的固溶极限，所以 PF 和 GF 相变过程中碳会向奥氏体中配分，这些富碳奥氏体在 M_s 点以下转变为马氏体或稳定至室温，而形成 M/A 岛。研究表明，Mo 显著降低碳在奥氏体中的扩散系数，所以大块富碳奥氏体很难形成于 Mo-0.38%实验钢中，而呈增加 Mo 含量显著细化 M/A 岛现象（冷却速度 0.5℃/s 条件下），且 Kong 等[10] 也指出降低碳扩散可以细化 M/A 岛。但是，在较大的冷却速度条件下，由于 GF 相变温度的显著降低（无 Mo 和 Mo-0.17%钢），碳的扩散在很大程度上受温度的影响，所以增加 Mo 含量细化 M/A 岛的细化效应不显著。另外，对于无 Mo 和 Mo-0.17%实验钢来说，增加冷却速度显著降低 GF 相变温度，同样将降低碳在奥氏体中的扩散系数，所以增加冷却速度可显著细化 M/A 岛。

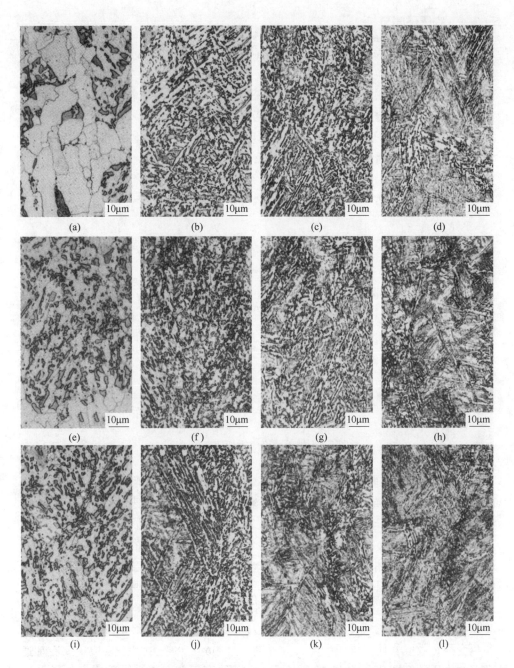

图 5-3　不同冷却速度下不同 Mo 含量实验钢的典型光学显微组织

（a），（b），（c），（d）无 Mo 钢；（e），（f），（g），（h）Mo-0. 17% 钢；

（i），（j），（k），（l）Mo-0. 38% 钢；（a），（e），（i）0. 5℃/s；

（b），（f），（j）10℃/s；（c），（g），（k）20℃/s；（d），（h），（l）30℃/s

5.3.4　维氏硬度分析

冷却速度对无 Mo、Mo-0.17%和 Mo-0.38%实验钢维氏硬度的影响如图 5-4 所示，可以看出，随着冷却速度的增加，维氏硬度显著增加，增加 Mo 含量也可以提高实验钢的维氏硬度。对于 Mo-0.38%实验钢来说，随着冷却速度的增加，其维氏硬度先略微增加后急剧增加，最后基本保持不变，呈"S"形。但是对于无 Mo 和 Mo-0.17%实验钢来说，维氏硬度随冷却速度的变化规律基本一致，呈先略微增加后急剧增加变化规律，未观察到平台。

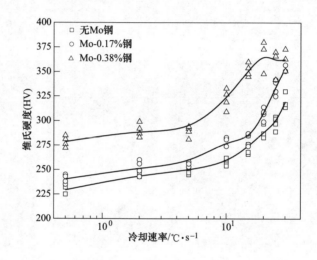

图 5-4　维氏硬度与冷却速度的关系

同 Mo-0.17%实验钢相比，在 0.5~25℃/s 的冷却速度范围内，添加 0.38%的 Mo 可以显著提高实验钢的维氏硬度，但在 30℃/s 的冷却速度条件下，维氏硬度增量急剧下降。Cizek 等[3]指出添加 0.309%的 Mo 对强度影响很小，但我们发现添加 0.38%的 Mo 可以显著提高实验钢的强度。在较低的冷却速度条件下，Mo-0.38%实验钢的相变温度远低于 Mo-0.17%实验钢的相变温度，所以具有较高的组织细化、位错强化和相变强化效应，使得实验钢的维氏硬度较高。但是当冷却速度增加到 30℃/s 时，Mo-0.17%实验钢的相变温度同 Mo-0.38%实验钢在 20℃/s 冷却速度下的相变温度类似，所以同样可以达到较高组织细化、位错强化和相变强化效应，使得维氏硬度大大提高，且 Mo-0.38%实验钢在 30℃/s 冷却速度下的维氏硬度同 20℃/s 冷却速度下的维氏硬度近似，使得维氏硬度增量（对比 Mo-0.38%和 Mo-0.17%实验钢在 30℃/s 冷却速度下的维氏硬度值）急剧下降。这也说明，在相同强度要求条件下，增加冷却速度可以适当降低 Mo 的添加量，有利于减量化成分设计的实现。

5.4 桥梁钢高温轧制研究

5.4.1 实验材料及方法

实验用钢的化学成分见表 5-2。实验钢采用真空感应炉熔炼并浇注，切去缩孔，锻为断面 90mm×90mm 钢坯。钢坯重新加热至 1200℃并保温 2h，进行充分的奥氏体化，然后在东北大学轧制技术及连轧自动化国家重点实验室 450mm 二辊可逆热轧实验轧机上进行热轧。

表 5-2 实验钢化学成分 （质量分数,%）

C	Si	Mn	P	S	Als	Ni	Cr	Cu	Ti	Mo	Nb
0.051	0.44	1.60	0.007	0.001	0.011	0.33	0.46	0.44	0.027	0.169	0.044

根据实验轧机设定线速度约为 1.68m/s，采用式（5-2）~式（5-5）[13]计算轧制过程中道次应变和应变速率，具体控制轧制工艺参数和工艺如表 5-3 和图 5-5 所示。

$$\varepsilon = \frac{2}{\sqrt{3}} \ln\left(\frac{H}{h}\right) \tag{5-2}$$

$$t = \frac{\alpha}{2\pi} \frac{60}{U} \tag{5-3}$$

$$\alpha = \cos^{-1}\left(1 - \frac{H-h}{2R}\right) \tag{5-4}$$

$$\dot{\varepsilon} = \frac{0.1209 U \ln\left(\frac{H}{h}\right)}{\alpha} \tag{5-5}$$

式中 ε——应变；

      H——入口厚度，mm；

      h——出口厚度，mm；

      α——咬入角，rad；

      U——轧辊转速，r/min；

      R——轧辊半径，mm；

      $\dot{\varepsilon}$——应变速率，s^{-1}。

表 5-3 控制轧制参数

轧制道次	RCR+NRCR					RCR				
	h/mm	T_{in}/℃	R/%	S	SR/s^{-1}	h/mm	T_{in}/℃	R/%	S	SR/s^{-1}
0	90	—	—	—	—	90	—	—	—	—
1	60	1154	33.3	0.47	9.5	60	1157	33.3	0.47	9.5

轧制道次	RCR+NRCR					RCR				
	h/mm	T_{in}/℃	R/%	S	SR/s^{-1}	h/mm	T_{in}/℃	R/%	S	SR/s^{-1}
2	40	1107	33.3	0.47	11.7	40	1127	33.3	0.47	11.7
3	28	1054	30.0	0.41	13.3	27	1100	32.5	0.45	14.1
4	19	902	32.1	0.45	16.7	18	1073	33.3	0.47	17.5
5	14	—	26.3	0.35	17.6	12	1050	33.3	0.47	21.4
6	12	830	14.3	0.18	14.1			—		

注：h 为出口厚度；T_{in} 为入口温度；R 为压下率；S 为真应变；SR 为应变速率；RCR+NRCR 为在 1050~1150℃和830~900℃区间都进行热轧；RCR 代表仅在 1050~1150℃区间热轧。

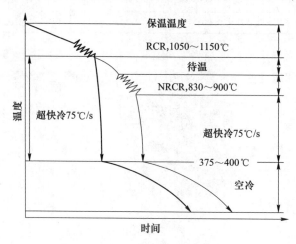

图 5-5　TMCP 工艺示意图

　　沿轧制方向切取金相试样，其纵断面经粗磨→精磨→抛光后，于 4%的硝酸酒精溶液腐蚀约 15s，然后采用 LEICA DMIRM 光学显微镜及 FEI Quanta 600 扫描电子显微镜（Scanning Electron Microscope，SEM）对其显微组织进行观察，同时采用 JEOL JXA-8530F 电子探针（Electron Probe Micro-Analyzer，EPMA）对实验钢的碳分布情况进行了分析。为了观察两种控制轧制工艺条件下的原奥氏体组织，采用化学腐蚀方法对抛光后的试样进行热腐蚀，以显现原奥氏体晶界。另外，从热轧板上切取薄片试样，先机械减薄至约 50μm，然后采用 Struers TenuPol-5 双喷减薄仪在 30V 和-30℃条件下进行双喷减薄，制成薄膜试样，电解液由 9%的高氯酸和 91%的无水乙醇组成。然后，采用场发射 FEI Tecnai G^2 F20 透射电子显微镜（Transmission Electron Microscopy，TEM）对薄膜试样进行观察。

　　为了进一步研究冲击断裂过程中裂纹的扩展情况，平行于板面中部将-60℃的夏比 V 形缺口（Charpy V-Notch，CVN）冲击试样剖开，剖开面经抛光后于

4%硝酸酒精溶液中腐蚀约 15s，然后采用 SEM 对裂纹扩展情况进行分析。

依据 GB/T 228—2002 将热轧板加工为圆断面拉伸试样，其中 $d=10\text{mm}$，$l_0=50\text{mm}$，并在 CMT-5105 微机控制电子万能试验机上以 5mm/min 的拉伸速度进行纵向拉伸实验。依据 GB/T 229—1994 将热轧板加工为 10mm×10mm×55mm 的 CVN 纵向冲击试样，并在 JBW-500 冲击试验机上进行低温冲击实验，实验温度为 25℃、0℃、-20℃、-40℃、-60℃和-80℃，保温时间为 10min，标准冲击能量为 250J。拉伸平行试样和冲击平行试样均为 3 个。

5.4.2 不同控制轧制条件下实验钢的显微组织特征

不同控制轧制条件下实验钢的原奥氏体晶粒形貌如图 5-6 所示。图 5-6 显示，采用 RCR+NRCR 两阶段控制轧制时，奥氏体晶粒呈明显的压扁状态，奥氏体晶粒沿轧制方向被拉长；而在 RCR 一阶段控制轧制条件下，奥氏体晶粒呈等轴状，为完全再结晶组织，通过对 10 张金相照片的晶粒尺寸进行统计，确定了原奥氏体晶粒平均尺寸约为 16.5μm。Zajac 等[14]指出硬化奥氏体并不是细化组织的唯一方式，如果将奥氏体晶粒细化至 20μm 或 20μm 以下，也可得到细小的铁素体晶粒。

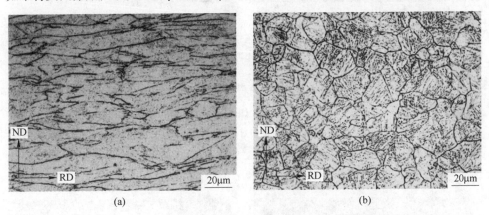

(a)　　　　　　　　　　　　　　　(b)

图 5-6　不同控制轧制条件下热轧板的原奥氏体晶粒

(a) RCR+NRCR；(b) RCR

根据文献［15］所列的铁素体形貌特征及贝氏体形貌特征，将不同控制轧制条件下所得的实验钢组织进行分类，如图 5-7 中箭头所指。在 RCR+NRCR 两阶段控制轧制条件下，一方面，二阶段 NRCR 的低温轧制大大提高奥氏体的形变储存能，使得相变总驱动力 $\Delta G=\Delta G_{\text{chem}}+\Delta G_{\text{def}}$[16]增加；另一方面，低温变形提高位错密度，增加高能非共格孪晶界、变形带和亚晶界面积，进而大大提高形核率，所以奥氏体的变形使得 CCT（Continuous Cooling Transformation，CCT）曲线向左上方移，即提高相变开始温度、降低奥氏体淬透性。所以图 5-7（a）中存在一定量的细小针状铁素体（Acicular Ferrite，AF）和准多边形铁素体（Quasi-Polygonal Ferrite，QF）组织，另外，还存在着一定量的粒状贝氏体（Granular Bain-ite，GB）、上贝氏体（Upper Bainite，UB）和板条贝氏体（Lath Bainite，LB），但 LB 含量较少。在 RCR 一阶段控制轧制条件下，由于奥氏体发生高温再结晶恢复，位错密度大大降低，使得相变驱动力降低，与形变奥氏体的 CCT 曲线相比，再结晶奥氏体的 CCT 曲线向右下方移，使得奥氏体的淬透性提高，基本得到了全贝氏体组织，原奥氏体晶界清晰可见，如图 5-7（b）所示。

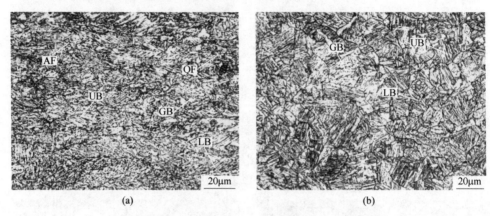

(a)　　　　　　　　　　　　　　(b)

图 5-7　不同控制轧制条件下热轧板的光学显微组织

(a) RCR+NRCR；(b) RCR

　　为了进一步清楚地观察不同轧制条件下实验钢的室温组织特征，采用 SEM 对其进行了进一步观察，如图 5-8 所示（图中虚线为原奥氏体晶界）。图 5-8（a）显示，除了贝氏体组织外，局部存在细小的铁素体组织；图 5-8（b）显示，某些奥氏体晶粒内存在大块贝氏体铁素体。但两种控制轧制条件下的实验钢经超快速冷却后，M/A 组织和碳化物细小。

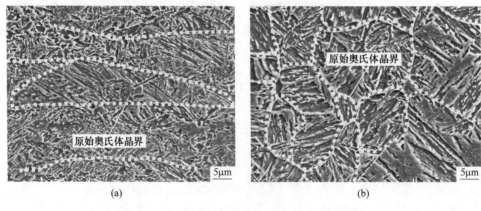

(a)　　　　　　　　　　　　　　(b)

图 5-8　不同控制轧制条件下热轧板的 SEM 形貌

(a) RCR+NRCR；(b) RCR

　　为了进一步研究超快速冷却对碳配分情况的影响，对不同控制轧制条件下热轧板的碳分布情况进行了观察，如图 5-9 所示。图 5-9 显示，两种控制轧制条件下的热轧板经超快速冷却至 375~400℃ 后空冷，碳未充分发生配分而形成碳的富集区，碳分布较为均匀，也充分说明超快速冷却在抑制碳配分中的显著作用。

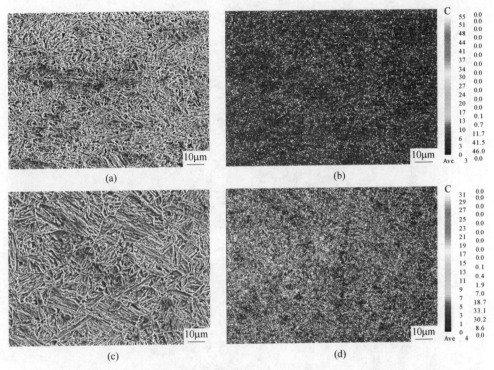

图 5-9　不同控制轧制条件下热轧板的二次电子形貌及与之对应的碳分布图
(a), (b) RCR+NRCR; (c), (d) RCR

　　实验钢经 RCR + NRCR 控制轧制后，采用超快速冷却将实验钢冷却至约 400℃，然后空冷至室温，这种 TMCP 工艺可使奥氏体在相变前处于硬化状态（见图 5-6(a)），图 5-10 给出了此种工艺条件下的 TEM 形貌。图 5-10 (a) 和 (b) 显示，组织中存在板条贝氏体，贝氏体板条较为平直，板条内部有大量位错缠结[17]。同时对 30 张金相照片的板条宽度进行统计，其统计结果如图 5-11 (a) 所示，可见板条宽度主要集中在 150~450nm 之间，板条宽度平均值约为 370nm。图 5-10 (c) 显示，组织中还存在上贝氏体，板条间分布着一定量的非连续分布的长条状 M/A 岛，长条状 M/A 岛长轴方向与板条方向一致。上贝氏体形成温度较高，碳可以充分地扩散至板条间而形成富碳奥氏体，这些富碳奥氏体在 M_s 点以下相变为马氏体或保留至室温，而形成 M/A 组织。图 5-10 (d) 显示，组织中除了贝氏体铁素体外，还存在一定量的细小准多边形铁素体。奥氏体的硬化提高切变型相变的临界冷却速度，使扩散型相变的 CCT 曲线向左上方移动，从而抑制贝氏体、马氏体相变，促进准多边形铁素体和针状铁素体的形成[18]。另外，图 5-7（a）和图 5-8（a）显示，这类铁素体具有一定的比例，可显著阻碍裂纹的扩展，有利于实验钢低温韧性的提高。

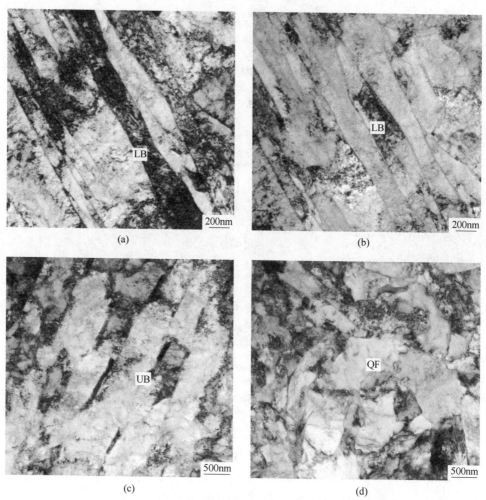

图 5-10　RCR+NRCR 控制轧制条件下薄膜试样的 TEM 显微照片

　　实验钢经 RCR 控制轧制后，采用超快速冷却将实验钢冷却至约 375℃，然后空冷至室温，这种 TMCP 工艺可使奥氏体在相变前处于完全再结晶状态（见图 5-6（b）），图 5-11 给出了此种工艺条件下的 TEM 形貌。图 5-12（a）、（b）和（d）显示，组织中存在大量板条贝氏体，但与 RCR+NRCR 控制轧制的相比，板条间具有厚度相对较大的薄膜状 M/A 组织。另外，对 30 张金相照片的板条宽度进行统计，其统计结果如图 5-11（b）所示，其板条宽度同样主要集中在

150~450nm 之间，但板条宽度平均值约为 342nm，略小于 RCR+NRCR 控制轧制条件下板条宽度的平均值，而且在 150~250nm 宽度范围内板条的比例也比较高。文献［18］给出的未变形和 0.6 应变量条件下的贝氏体形貌，也呈变形后板条宽度变大的现象（冷却速度 10℃/s）。图 5-11（c）给出了上贝氏体的 TEM 形貌，在板条间存在非连续分布的长条状 M/A 岛。此外，图 5-11（a）显示，在一些奥氏体晶粒内，未观察到明显的板条形貌特征，说明其板条间的取向差更小，阻碍裂纹扩展能力较弱。

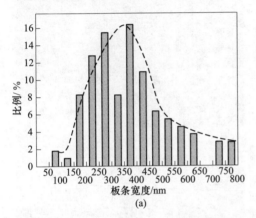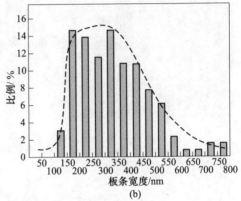

图 5-11   不同控制轧制条件下热轧板板条宽度分布
(a) RCR+NRCR；(b) RCR

相变前，奥氏体状态的主要区别为：RCR+NRCR 控制轧制条件下的奥氏体处于加工硬化状态，而 RCR 控制轧制条件下的奥氏体处于完全再结晶状态。对于点阵重构型相变，奥氏体的变形不仅提高形核位置的数量密度，新相在长大过程中还使位错等缺陷消失，进而促进 PF 和 QF 等扩散型相变；对于贝氏体或马氏体等切变型相变，新相在长大过程中将要继承位错等缺陷，奥氏体的变形阻碍切变型相变新相的长大[11]。所以，在 RCR+NRCR 控制轧制条件下得到了以铁素体和贝氏体为主的组织，而在 RCR 控制轧制条件下主要得到了贝氏体组织。奥氏体的变形虽然阻碍贝氏体板条的生长，但可以细化贝氏体铁素体[11]，本研究对板条宽度的统计结果显示，奥氏体处于硬化状态时，其板条宽度平均值约为 370nm，奥氏体处于完全再结晶状态时，其板条宽度平均值约为 342nm，奥氏体的变形并未使板条显著细化，且小宽度板条的比例也略低。在现有超快速冷却条件下，未能抑制 AF 和 QF 相变，这类扩散型相变占据一定量的形核位置，同时奥氏体的变形提高贝氏体相变的形核温度，因此奥氏体的变形未能大幅提高贝氏体相变的形核率。而对于再结晶奥氏体，组织中几乎不存在扩散型相变组织，且再结晶奥氏体具有较高的淬透性，在现有超快速冷却条件下，可将奥氏体过冷至更低的温度发生贝氏体相变，在一定程度上可提高形核率，细化贝氏体铁素体。

另外，RCR 控制轧制条件下的超快速冷却终冷温度相对较低，也有利于细化贝氏体铁素体。结果是，使得奥氏体的硬化未能充分细化贝氏体板条，见图 5-12。

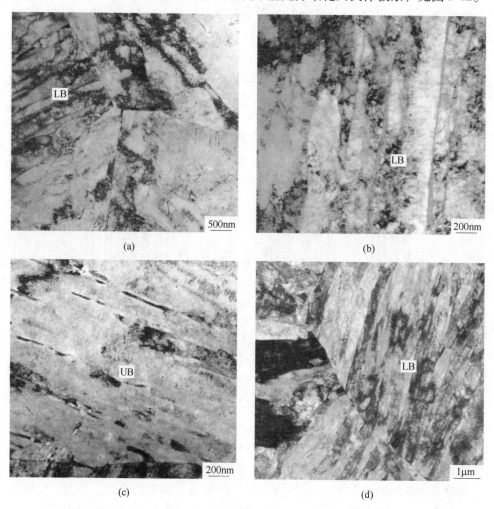

图 5-12 RCR 控制轧制条件下薄膜试样的 TEM 显微照片

不同控制轧制条件下，实验钢的典型取向图如图 5-13 所示。图 5-13（b）显示，组织中除了贝氏体铁素体外，还存在一定量的细小准多边形铁素体和针状铁素体；但局部存在一些大块状的贝氏体铁素体，且在这些大块状贝氏体内取向差较小，沿图 5-13（b）中箭头方向的取向差如图 5-14（a）所示。图 5-14（a）显示，除了两大角晶界处的取向差大于 50°外，其余位置的取向差基本位于 10°以下，大大降低基体阻碍裂纹扩展的能力。但整体上组织细小，可有效阻碍裂纹的扩展。

图 5-13（c）和（d）显示，在 RCR 控制轧制条件下，原奥氏体晶界清晰可

见，基本可得到全贝氏体组织，与前述 OM、SEM 和 TEM 观察结果一致；且绝大部分的原奥氏体晶粒被不同取向的板条束分割，取向差较大，如图 5-14（b）所示，使得组织进一步细化。采用完全再结晶控制轧制+超快速冷却工艺，一方面，通过控制轧制细化奥氏体，同时采用超快速冷却抑制细小再结晶奥氏体晶粒的粗化；另一方面，再结晶奥氏体具有较好的淬透性，易于将奥氏体过冷至更低的温度相变，不但可以提高相变强化量，还可以提高形核率，细化组织，也可实现较高的强韧性。

(a)　(b)　(c)　(d)

图 5-13　不同控制轧制条件下热轧板的典型取向图

（a），（b）RCR+NRCR；（c），（d）RCR；（a），（c）衍射质量图；（b），（d）晶粒取向图

5.4.3　不同控制轧制条件下实验钢的力学性能分析

不同控制轧制条件下热轧板的屈服强度（YS）、抗拉强度（TS）、断后伸长率（A）和屈强比（YR）列于表 5-4，而且表 5-4 中的数据为 3 个平行样的平均值。可见，RCR+NRCR 两阶段控制轧制条件下的热轧板和 RCR 一阶段控制轧制条件的热轧板经超快速冷却后，均可获得较高的强度，而且 RCR 控制轧制条件

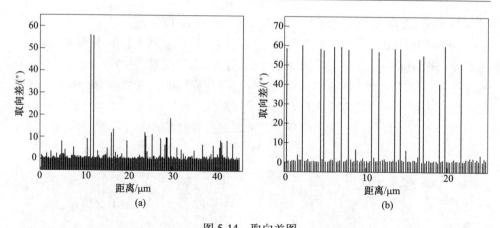

图 5-14　取向差图

（a）沿图 5-13（b）中箭头方向的取向差；（b）沿图 5-13（d）中箭头方向的取向差

下的热轧板的强度略高于 RCR+NRCR 控制轧制条件下热轧板的强度，主要原因是再结晶奥氏体具有较高的淬透性，在冷却速度相同的条件下，基本获得了全贝氏体组织，组织中几乎不存在 AF 和 QF 组织，使得其强度略有升高。

表 5-4　不同控制轧制条件下热轧板的力学性能

工艺	t/mm	YS/MPa	TS/MPa	A/%	YR
RCR+NRCR	12	772	920	17. 1	0. 84
RCR	12	811	982	14. 6	0. 83

不同控制轧制条件下热轧板的 CVN 系列冲击功曲线如图 5-15 所示。采用系列冲击功曲线上低阶能和高阶能的平均值所对应的温度为韧脆转变温度[19]，其中 RCR+NRCR 条件下的低阶能选用与 RCR 条件下一样的低阶能，进而确定了 RCR+NRCR 两阶段控制轧制条件下的韧脆转变温度（Ductile Brittle Transition Temperature，DBTT）约为 -65℃，RCR 一阶段控制轧制条件下的 DBTT 约为 -49℃。

控制轧制后，超快速冷却的采用可大幅细化 M/A 岛等硬相，两种控制轧制条件下均得到了细小的 M/A 组织。材料断裂的过程，其实质是裂纹的形核和裂纹的扩展，其中裂纹的形核可用 Griffith 理论来解释，其表达式如式（5-6）所示[20]：

$$\sigma_{\mathrm{f}} = \sqrt{\frac{4E\gamma_{\mathrm{p}}}{\pi(1-v^2)d}} \tag{5-6}$$

式中　E——杨氏模量；

　　　v——泊松比；

　　　γ_{p}——断裂的有效表面能；

　　　d——微裂纹尺寸。

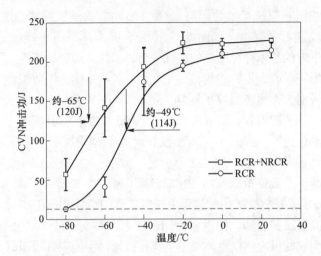

图 5-15 不同控制轧制条件下热轧板在不同测试温度下的 CVN 冲击功曲线

Tian 等[21]指出可将 M/A 组织的最大宽度近似为微裂纹尺寸 d。可见，两种控制轧制条件下的实验钢均具有较高的裂纹形核功。

5.4.4 裂纹扩展分析

CVN 冲击试样（测试温度−60℃）的断口形貌如图 5-16 所示。图 5-16（a）显示，CVN 冲击试样断口为典型的韧窝型断口形貌特征，其断裂过程主要是微孔的形核、长大和聚合过程，具有较高的裂纹扩展功。在韧窝底部观察到一些硫化钙和硫化锰夹杂物，对低温韧性具有一定程度的恶化。图 5-16（b）显示，断口呈准解理断口形貌特征，断口表面由大量准解理刻面组成，在解理刻面上存在明显的河流状花样，裂纹主要沿着原子结合键最弱的解理面 $\{100\}_\alpha$ 扩展，裂纹扩展功较低。

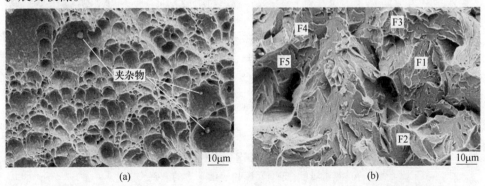

图 5-16 不同控制轧制条件下 CVN 冲击试样（测试温度−60℃）的断口形貌

（a）RCR+NRCR；（b）RCR

为了研究组织对裂纹扩展的影响，对 CVN 冲击试样（测试温度-60℃）断口表面下方的裂纹进行了观察，如图 5-17 和图 5-18 所示。图 5-17（a）和（b）显示，断口表面下方的基体存在明显的塑性变形，塑性变形区的存在，一方面，说明基体的塑性变形将吸收大量的能量；另一方面，说明基体组织对裂纹扩展具有很大的阻碍作用，进而大大提高裂纹扩展功。图 5-17（c）和（d）显示，基体上存在明显的微孔洞，且孔洞沿着载荷方向具有一定程度的拉长，其断裂主要通过微孔的形核、长大、聚合进行。如图 5-17 所示微裂纹 A 和微裂纹 B 在长大的过程中，一方面，周围基体要发生一定的塑性变形；另一方面，微裂纹 A 和微裂纹 B 之间的基体截面不断减小，最终微裂纹 A 和微裂纹 B 相连接（聚合）而形成大的裂纹。图 5-17（d）显示，在裂纹扩展的过程中，当遇到细小铁素体组织时会发生明显的转向，进而提高裂纹扩展功。同时，我们还注意到裂纹穿过 GB/UB 组织时，裂纹较为平直，说明粒状贝氏体铁素体或上贝氏体铁素体不能很好地阻碍裂纹扩展。

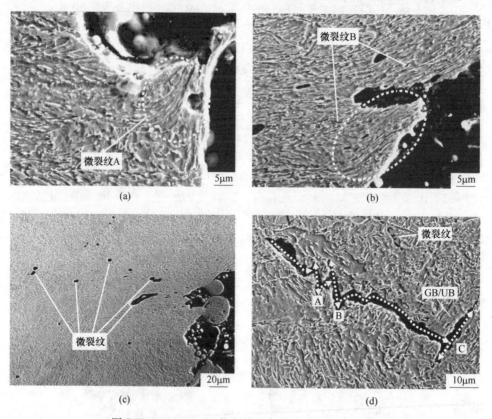

图 5-17　RCR+NRCR 控制轧制条件下 CVN 冲击试样
（测试温度-60℃）断口表面下方的微裂纹

图 5-18（a）显示，断口处的裂纹并未沿着原奥氏体晶界扩展，而是穿过奥

氏体晶粒扩展，说明原奥氏体晶界处的元素偏聚、第二相等的分布并未引起原奥氏体的晶界的弱化，断裂主要受基体组织影响。裂纹穿过原奥氏体晶界时发生了明显的转向，说明原奥氏体晶界可阻碍裂纹的扩展，细化奥氏体可以提高裂纹扩展功。另外，图5-18（b）、（c）和（d）显示，裂纹扩展时并未沿着铁素体板条，而是穿过板条扩展，所以原奥氏体晶粒内大取向差的板条束可有效阻碍裂纹的扩展。图5-18（c）显示，在一个原奥氏体晶粒内，当裂纹穿过不同取向的板条束时会发生明显的转向，对裂纹的扩展具有一定的阻碍作用，对提高裂纹扩展功具有一定的作用。图5-18（d）也显示，裂纹尖端遇到另一个取向的板条时，会受到明显的阻碍。但是从整体上来看，除了转向，裂纹扩展路径比较平直，而且在转向处未观察到明显的塑性变形，呈现相对较低的裂纹扩展阻力。

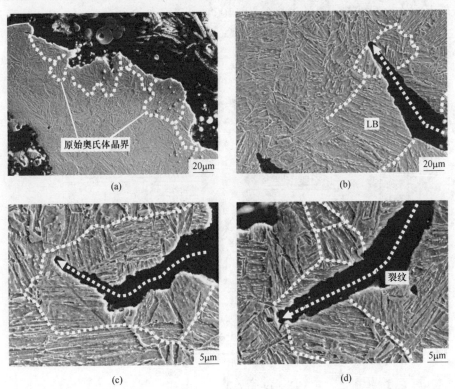

图5-18 RCR控制轧制条件下CVN冲击试样（测试温度−60℃）断口表面下方的微裂纹

5.5 高性能桥梁钢开发

5.5.1 实验材料及方法

实验钢化学成分见表5-5。实验钢采用Nb微合金化达到细晶强化和沉淀强化

的目的，同时加入微量的 Ti 提高奥氏体晶粒的粗化温度，采用 Ni、Cr、Cu 合金
化达到固溶强化和提高耐蚀性的目的，同时添加一定量的 Mo 提高实验钢的淬
透性。

表 5-5　实验钢化学成分　　　　　　　（质量分数,%）

C	Si	Mn	P	S	Ni	Cr	Cu	Mo	Nb	Ti	Al	N
0.06	0.33	1.62	0.01	0.004	0.73	0.49	0.89	0.43	0.039	0.012	0.03	0.0054

TMCP（Thermo Mechanical Control Process，TMCP）工艺如图 5-19 所示。将
90mm×90mm×180mm 坯料重新加热至 1200℃并保温 2h 进行充分的奥氏体化，之
后采用两阶段轧制工艺进行轧制，即再结晶区轧制和未再结晶区轧制。再结晶区
开轧温度约为 1150℃，终轧温度约为 1100℃，压下率约为 61%；未再结晶区开
轧温度约为 950℃，终轧温度约为 900℃，压下率约为 66%，压下规程（单位:
mm）为：90→65→48→35→待温→25→18→14→12。轧后采用冷却路径（1），
即 UFC→约 560℃（T_{CF}^1）→空冷至室温；冷却路径（2），即 UFC→约 400℃（T_{CF}^2）
→空冷至室温进行冷却。

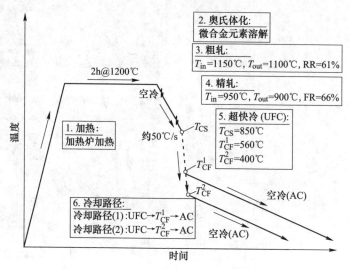

图 5-19　TMCP 工艺示意图

从热轧板上切取试样，其纵断面经抛光后于 4%硝酸酒精溶液中腐蚀约 15s，
然后采用 OM（LEICA DMIRM）和 EPMA（JEOL JXA-8530F）对热轧板显微组织
进行观察。平行于板面中部将-60℃的夏比 V 形缺口冲击试样切开，此面经抛光
后于 4%硝酸酒精溶液中腐蚀约 15s，然后采用 SEM 对裂纹进行观察。此外，金
相试样和冲击试样机械抛光面经电解抛光去应力后用于 EBSD 分析，电解液含
12.5%的高氯酸和 87.5%的无水乙醇，电解抛光电压、电流和时间分别为 30V、

1.8A 和 15s。另外，从金相试样上切取约 500μm 厚 12mm×8mm 薄试样，机械减薄至约 50μm 后冲为 φ3mm 圆盘，并采用电解双喷减薄仪（Struers TenuPol-5）将 φ3mm 圆盘进一步减薄，制成 TEM 薄膜试样，用于 TEM（FEI Tecnai G² F20）分析，电解液含 9%的高氯酸和 91%的无水乙醇，电解双喷减薄温度、电压、电流分别为-30℃、31V 和 50mA。

采用 CMT-5105 拉伸实验机对圆断面标准拉伸试样（符合 GB/T 228—2002 国家标准，此标准等效于 ISO 6892：1998 国际标准）沿 RD（Rolling Direction）方向拉伸，拉伸速度恒定为 5mm/min，测试实验钢的屈服强度、抗拉强度及伸长率等力学性能。采用 JBW-500 冲击实验机测定 10mm×10mm×55mm 标准 CVN 冲击试样（符合 GB/T 229—1994 国家标准，此标准等效于 ISO 148：1983 和 ISO 83：1976 国际标准）在不同实验温度下的冲击吸收功，冲击试样轴线平行于 RD 方向，实验温度为 25℃、0℃、-20℃、-40℃和-60℃，测试前冲击试样于不同温度的液体冷却介质中等温约 20min。

5.5.2　不同冷却路径下实验钢的显微组织特征

图 5-20~图 5-22 显示，在冷却路径（1）条件下，实验钢的组织主要为粒状贝氏体组织，且 M/A 岛粗大；而在冷却路径（2）条件下，实验钢的组织由板条贝氏体和粒状贝氏体组成，且 M/A 岛得到充分细化。根据式（5-1）和式（5-7）[4,22] 可以估算实验钢的贝氏体相变开始温度（B_s）和马氏体相变开始温度（M_s）分别为 562℃和 393℃。

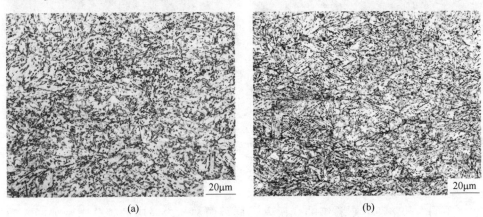

图 5-20　不同冷却路径下热轧板的光学显微组织

(a) 冷却路径（1）；(b) 冷却路径（2）

在较高 UFC 终冷温度 560℃条件下，贝氏体相变主要发生在空冷过程中；而在较低 UFC 终冷温度 400℃条件下，贝氏体相变主要发生在超快速冷却过程中。

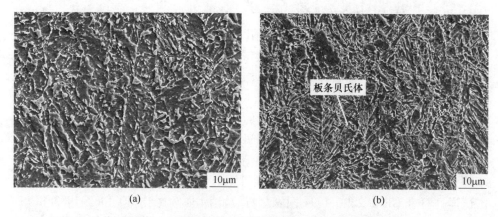

图 5-21　不同冷却路径下热轧板的二次电子形貌像
（a）冷却路径（1）；（b）冷却路径（2）

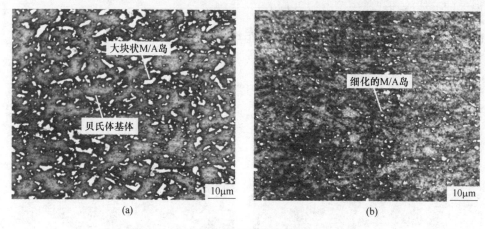

图 5-22　不同冷却路径下热轧板的 M/A 分布
（a）冷却路径（1）；（b）冷却路径（2）

可见，贝氏体相变过程中超快速冷却的应用，一方面，可以大大细化 M/A 岛，降低 M/A 岛体积分数；另一方面，可以促进板条贝氏体的形成。

$$B_s(\text{℃}) = 745 - 110C - 59Mn - 39Ni - 68Cr - 106Mo + 17MnNi + 6Cr^2 + 29Mo^2$$

$$(5-7)$$

　　不同冷却路径下实验钢的二次电子形貌像和与之对应的碳分布图如图 5-23 所示。采用电子探针测得图 5-23（b）中 M/A 岛的碳含量（质量分数，下同）约为 0.22%，远高于基体平均碳含量 0.06%。但是图 5-23（d）显示，碳分布相对均匀，且未观察到大块碳富集区。Zhang[23] 等指出粒状贝氏体相变特征同马氏体切变相变一样，但相变过程不会在瞬间完成[24]，而是发生在整个连续冷却过程中；另外，贝氏体相变温度较高，碳可以充分地配分到未转变奥氏体中而形成富碳奥氏体[11]，这些富碳奥氏体在 M_s 点以下转变为马氏体或稳定至室温而形成富碳 M/A 岛。

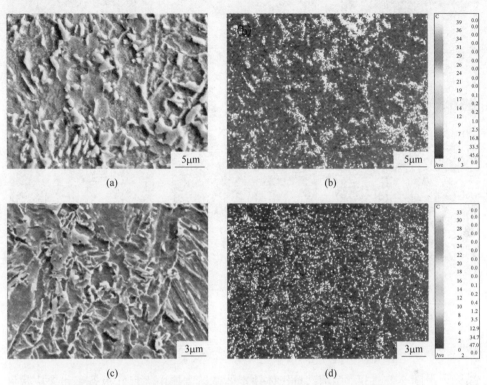

图 5-23　不同冷却路径下热轧板的二次电子形貌及与之对应的碳分布图
(a)，(b) 冷却路径 (1)；(c)，(d) 冷却路径 (2)

　　不同冷却路径下薄膜试样的 TEM 形貌如图 5-24 所示。图 5-24 显示，在冷却路径 (1) 条件下，可观察到贝氏体板条和块状 M/A 岛，且图 5-24 (c) 中箭头所指 A 区域的选区衍射（晶带轴 [113]，孪晶面 (21$\bar{1}$)）结果显示 M/A 岛主要为孪晶马氏体岛。EPMA 分析结果显示 M/A 岛的碳含量高达 0.22%，远高于基体平均碳含量 0.06%，但图 5-24 (c) 显示 M/A 岛主要为孪晶马氏体岛，说明碳含量高达 0.22% 的残余奥氏体不能稳定至室温，而在 M_s 点以下转变为高碳孪晶马氏体。但在冷却路径 (2) 条件下，贝氏体也呈板条状，较冷却路径 (1) 条件下的贝氏体板条明显细化，且在板条间观察到薄膜状 M/A 组织。所以贝氏体相变过程中，超快速冷却的应用可以细化贝氏体板条，抑制大块状孪晶马氏体岛的形成。

　　不同冷却路径下，实验钢的典型取向图如图 5-25 所示。衍射质量图反映了每一个测量点菊池线的质量，在界面处很难得到菊池线衍射，使得界面处的亮度

图 5-24   不同冷却路径下薄膜试样的 TEM 显微照片

(a)，(b)，(c) 冷却路径（1）；(d)，(e)，(f) 冷却路径（2）

变弱[25]。图 5-25（b）显示，贝氏体铁素体基体主要由大尺寸板条束和大块状贝氏体铁素体组成，且板条束内板条间的颜色相近，表明板条束内板条间的取向差较小；当板条束遇到另一板条束时，板条束的生长将会停止，因此相邻的属于不同板条束的板条间的取向差往往大于 15°[26]。图 5-25（d）显示，贝氏体铁素体基体主要由小尺寸板条束组成，即使衍射质量图上显示为一个方向的板条束，实际上却不是一个板条束，如图 5-25（c）和（d）中所标示区域。Wei 等[26]在测量板条束尺寸时发现，衍射质量图所显示的一个板条束，事实上却存在三个板条束。

实验钢的大、小角晶界分布如图 5-26 所示，不同取向差晶界的相对频数列于图 5-27。图 5-27 显示，同冷却路径（1）条件下的实验钢相比，冷却路径（2）条件下的实验钢的小角晶界较少，大角晶界较多。另外，图 5-26（a）中存在一些铁素体板条（见箭头 A），但板条间为小角晶界，结合 TEM 分析结果，可知冷却路径（1）条件下的粒状贝氏体铁素体基体为取向差较小的铁素体板条。但是图 5-26（b）中的铁素体板条间取向差较大（见箭头 B 和 C），且根据图 5-27 的结果，可知铁素体板条界主要是大于 50°大角晶界。因此可以推断出，贝氏体相变中超快速冷却的应用可以大大提高铁素体板条间的取向差，使得低温韧性大大提高。

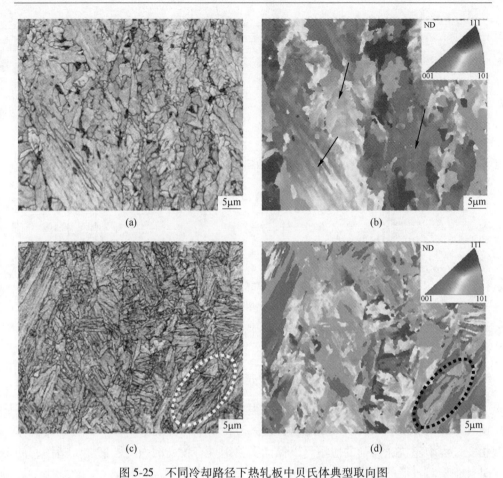

图 5-25 不同冷却路径下热轧板中贝氏体典型取向图

（a），（b）冷却路径（1）；（c），（d）冷却路径（2）；（a），（c）衍射质量图；（b），（d）晶粒取向图

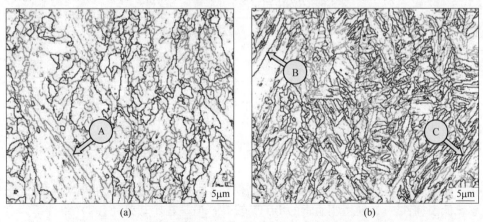

图 5-26 不同冷却路径下热轧板的大小角晶界分布

（a）冷却路径（1）；（b）冷却路径（2）

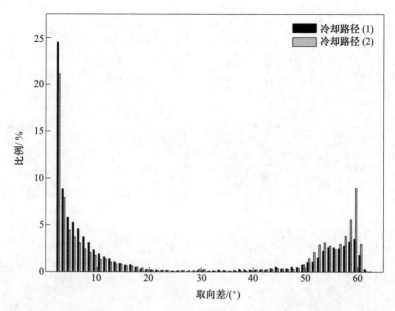

图 5-27 不同冷却路径下晶界取向差的相对频率

5.5.3 不同冷却路径下实验钢的力学性能分析

实验钢的屈服强度（YS）、抗拉强度（TS）、断后伸长率（A）和屈强比（YR）列于表 5-6，且表 5-6 中的数据为 3 个平行样的平均值。可见，贝氏体相变过程中超快速冷却的应用可以保证实验钢具有较高的强度、韧性、塑性，同时具有相对较低的屈强比。

表 5-6 不同冷却路径下热轧板的力学性能

工艺	t/mm	YS/MPa	TS/MPa	A/%	YR
冷却路径（1）	12	605	811	17.6	0.74
冷却路径（2）	12	876	1010	16.0	0.87

不同冷却路径下热轧板的 CVN 系列冲击吸收功如图 5-28 所示。采用系列冲击功曲线上、下平台间的中间点所对应的温度为韧脆转变温度[19]，进而确定了冷却路径（1）和（2）条件下的 DBTT（Ductile Brittle Transition Temperature，DBTT）约为-23℃（见图 5-28 箭头 A）和低于-60℃（见图 5-28 箭头 B）。

冷却路径（1）条件下，尽管其屈强比低至 0.74，但由于大块 M/A 岛严重恶化低温韧性[27]，使得实验钢的 DBTT 较高；但是在冷却路径（2）条件下，由于大取向差、细化板条贝氏体的形成和 M/A 岛的细化，大大改善了实验钢的低温韧性。这说明贝氏体相变过程中超快速冷却的应用不仅仅可以大幅提高实验钢

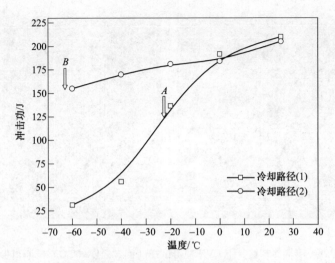

图 5-28 不同冷却路径下热轧板在不同测试温度下的 CVN 冲击功

的强度，还可以大大改善实验钢的低温韧性。其中，一方面，尽管 M/A 岛严重恶化钢铁材料的低温韧性，但是对于细化的 M/A 岛，微裂纹很难形核于 M/A 岛上或 M/A 岛-基体界面处，即裂纹形核功较高；另一方面，高比例大角晶界可以大大改善钢铁材料的低温韧性[28]，通常大角晶界可以有效地阻碍裂纹的扩展，因此裂纹穿过大角晶界时会发生转向[29]，且在转向处会发生较大的塑性变形，所以在冲击断裂过程中将吸收大量能量，呈现较高的冲击吸收功，使得冷却路径（2）下的 DBTT 较低。

5.5.4 韧脆机理分析

根据以上结果，可以看出板条贝氏体和细化 M/A 岛的形成可以大大改善实验钢的低温韧性，但是对于贝氏体铁素体基体上分布着大块 M/A 岛的粒状贝氏体，严重恶化低温韧性，所以有必要对韧化和脆化机理进行深入研究。

CVN 冲击试样（测试温度-60℃）的断口形貌如图 5-29 所示。图 5-29（a）显示，CVN 冲击试样断口呈准解理断口形貌特征，断口表面由大量准解理刻面组成，在解理刻面上存在明显的河流状花样；解理刻面（见图中所标）尺寸较大，且解理刻面间的角度较小，表明裂纹呈直线形穿过取向差较小的贝氏体板条束扩展。图 5-29（b）显示，断口为典型的韧窝型断口形貌特征，表明具有优异的低温韧性。

为了研究裂纹的形核和扩展情况，对 CVN 冲击试样（测试温度-60℃）断口表面下方的裂纹进行了观察，如图 5-30 所示。冷却路径（1）条件下，TEM 分析结果显示 M/A 岛主要为脆而硬的孪晶马氏体，由于孪晶马氏体和基体屈服强度的差异，在孪晶马氏体和基体界面处很容易产生应力集中[30]，因此当应力集

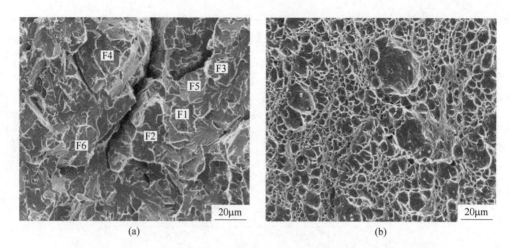

(a)　　　　　　　　　　　　　　　　(b)

图 5-29　不同冷却路径下 CVN 冲击试样（测试温度−60℃）的断口形貌

（a）冷却路径（1）；（b）冷却路径（2）

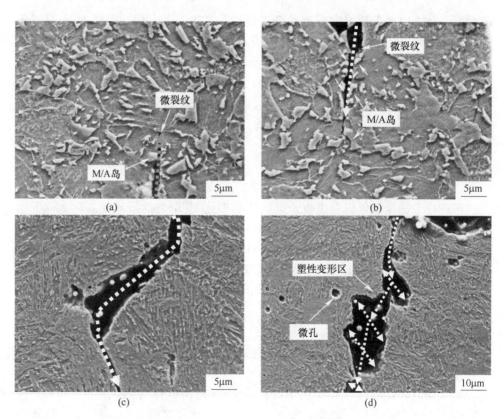

(a)　　　　　　　　　　　　　　　　(b)

(c)　　　　　　　　　　　　　　　　(d)

图 5-30　不同冷却路径下 CVN 冲击试样（测试温度−60℃）断口表面下方的微裂纹

（a），（b）冷却路径（1）；（c），（d）冷却路径（2）

中大于界面结合力或脆性马氏体自身的结合力时，微裂纹就会形核于孪晶马氏体和基体界面处或孪晶马氏体上（见图 5-30（a）和（b）箭头所指）。冷却路径（2）条件下，图 5-30（d）显示，实验钢基体上存在大量的微孔洞。当应力集中大于界面结合力或粒子断裂强度时[31]，这些微孔洞便形核于细小的 M/A 岛或碳化物等第二相粒子上，可见硬质颗粒在裂纹形核中起着重要的作用[32]。冷却路径（1）条件下得到的贝氏体铁素体基体上分布着大块 M/A 岛的粒状贝氏体组织，由于 M/A 岛尺寸较大，使得裂纹形核功大大降低；但是在冷却路径（2）条件下，由于 M/A 岛得到充分细化，使得裂纹形核功大大提高[21]。

图 5-30（b）和图 5-31（a）显示，裂纹主要沿着 M/A 岛和基体界面或穿过 M/A 岛扩展，且扩展路径基本呈直线形，表明小取向差贝氏体板条不能阻碍裂纹的扩展。图 5-31（a）显示，即使大角度晶界也未能阻碍裂纹扩展，这可能与大角度晶界处分布的大块 M/A 岛有关，致使局部应力集中而诱发微裂纹，两裂纹相互连接而形成大的解理裂纹，呈现大角度晶界不能有效阻碍裂纹扩展现象。图 5-32（a）也显示，由于大块 M/A 岛可能分布于原奥氏体晶界处，使得微裂纹 A 和微裂纹 B 分别形核并扩展，这样微裂纹 A 和微裂纹 B 仅需要扩展很短的距离便可以相互连接而形成大的裂纹，导致试样迅速断裂。所以在冷却路径（1）条件下，一方面，大量大块 M/A 岛的存在使微裂纹在 M/A 岛处相互连接而迅速扩展；另一方面，小取向差贝氏体板条不能有效阻碍裂纹扩展，使得裂纹扩展功大大降低。

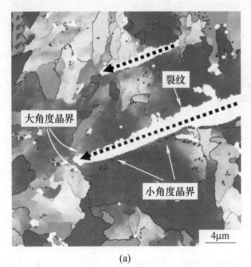 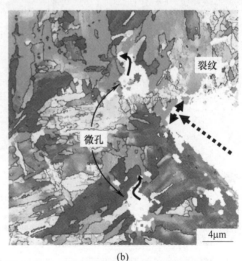

(a)　　　　　　　　　　(b)

图 5-31　不同冷却路径下 CVN 冲击试样（测试温度-60℃）断口表面下方的取向图
(a) 冷却路径（1）；(b) 冷却路径（2）

但是，对于冷却路径（2）条件下的实验钢来说，在冲击过程中发生韧窝型断裂，这种断裂分为三个阶段，即第一阶段微孔的形核、第二阶段和第三阶段微孔的长大[33]。图 5-31（b）显示，微孔周围存在大量的彼此间取向差较大的铁素体板条，微孔长大过程中并未沿着板条界而是穿过板条界长大，且通常发生转向，所以在微孔长大过程中伴随周围基体的塑性变形[33]。在微孔长大的最后阶段，通过不同尺寸的微孔相互连接而形成裂纹，如图 5-30（d）所示，且在微孔相互连接处存在明显的塑性变形，最终导致断裂。图 5-32（b）显示，基体上存在一些平直裂纹，但这些平直裂纹在遇到其他取向的板条或贝氏体铁素体基体上分布着细化 M/A 的粒状贝氏体时会发生转向（图 5-30（c）），且裂纹通常穿过铁素体板条扩展，同时在转向处发生明显的塑性变形。所以，在冷却路径（2）条件下，由于超快速冷却促进大取向差板条贝氏体的形成和细化 M/A 岛，使得裂纹扩展功大大提高。

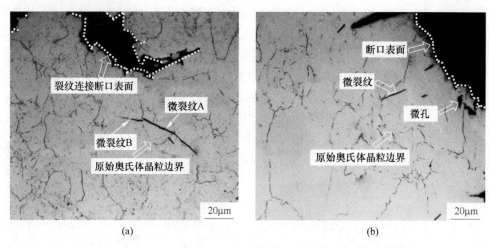

(a)　　　　　　　　　　　　　　　　　　(b)

图 5-32　不同冷却路径下 CVN 冲击试样（测试温度−60℃）断口表面金相图（二）
(a) 冷却路径（1）；(b) 冷却路径（2）

参 考 文 献

[1] Yuan X Q, Liu Z Y, Jiao S H, et al. Effects of nano precipitates in austenite on ferrite transformation start temperature during continuous cooling in Nb-Ti micro-alloyed steels [J]. ISIJ International, 2007, 47 (11): 1658~1665.

[2] ISO international standard. Standard test method for Vickers-hardness test of metallic materials [S]. ISO 6507-1: 2005 (E).

[3] Cizek P, Wynne B P, Davies C H J, et al. Effect of composition and austenite deformation on the transformation characteristics of low-carbon and ultralow-carbon microalloyed steels [J]. Metallurgical and Materials Transactions A, 2002, 33 (5): 1331~1349.

[4] Capdevila C, Caballero F G, García De Andrés C. Determination of Ms temperature in steels：A Bayesian neural network model [J]. ISIJ International, 2002, 42 (8)：894~902.

[5] Kong J H, Zhen L, Guo B, et al. Influence of Mo content on microstructure and mechanical properties of high strength pipeline steel [J]. Materials and Design, 2004, 25 (8)：723~728.

[6] Enomoto M, White C L, Aaronson H I. Evaluation of the effects of segregation on austenite grain boundary energy in Fe-C-X alloys [J]. Metallurgical Transactions A, 1988, 19 (7)：1807~1818.

[7] Essadiqi E, Jonas J J. Effect of deformation on the austenite-to-ferrite transformation in a plain carbon and two microalloyed steels [J]. Metallurgical Transactions A, 1988, 19 (3)：417~426.

[8] Chen J K, Vandermeer R A, Reynolds W T. Effects of alloying elements upon austenite decomposition in low-C steels [J]. Metallurgical and Materials Transactions A, 1994, 25 (7)：1367~1379.

[9] Essadiqi E, Jonas J J. Effect of deformation on ferrite nucleation and growth in a plain carbon and two microalloyed steels [J]. Metallurgical Transactions A, 1989, 20 (6)：987~998.

[10] Kong J H, Xie C S. Effect of molybdenum on continuous cooling bainite transformation of low-carbon microalloyed steel [J]. Materials and Design, 2006, 27 (10)：1169~1173.

[11] Bhadeshia H K D H. The bainite transformation：unresolved issues [J]. Materials Science and Engineering A, 1999, 273-275：58~66.

[12] Mazancová E, Mazanec K. Physical metallurgy characteristics of the M/A constituent formation in granular bainite [J]. Journal of Materials Processing Technology, 1997, 64 (1-3)：287~292.

[13] Maccagno T M, Jonas J J, Yue S, et al. Determination of recrystallization stop temperature from rolling mill logs and comparison with laboratory simulation results [J]. ISIJ International, 1994, 34 (11)：917~922.

[14] Zajac S, Siwecki T, Hutchinson B, et al. Recrystallization controlled rolling and accelerated cooling for high strength and toughness in V-Ti-N steels [J]. Metallurgical Transactions A, 1991, 22 (11)：2681~2694.

[15] Liu D S, Li Q L, Emi T. Microstructure and mechanical properties in hot-rolled extra high-yield-strength steel plates for offshore structure and shipbuilding [J]. Metallurgical and Materials Transactions A, 2011, 42 (5)：1349~1361.

[16] Hanlon D N, Sietsma J, Zwaag S V D. The effect of plastic deformation of austenite on the kinetics of subsequent ferrite formation [J]. ISIJ International, 2001, 41 (9)：1028~1036.

[17] 刘东升, 程丙贵, 陈圆圆. 低碳含 Cu NV-F690 特厚钢板的精细组织和强韧性 [J]. 金属学报, 2012, 48 (3)：334~342.

[18] 蓝慧芳. Cr-Mo 系低碳贝氏体钢的组织性能控制 [D]. 沈阳：东北大学, 2010.

[19] Klueh R L, Alexander D J. Effect of heat treatment and irradiation temperature o impact properties of Cr-W-V ferritic steels [J]. Journal of Nuclear Materials, 1999, 265 (3)：262~272.

[20] Yang W J, Lee B S, Oh Y J, et al. Microstructural parameters governing cleavage fracture be-

haviors in the ductile-brittle transition region in reactor pressure vessel steels [J]. Materials Science and Engineering A, 2004, 379 (1-2): 17~26.

[21] Tian D W, Karjalainen L P, Qian B N, et al. Cleavage fracture model for granular bainite in simulated coarse-grained heat-affected zones of high-strength low-alloyed steels [J]. JSME International Journal. Series A, Mechanics and Materials Engineering, 1997, 40 (2): 179~188.

[22] Lee Y K. Emprical formula of isothermal bainite start temperature of steels [J]. Journal of Materials Letters, 2002, 21 (16): 1253~1255.

[23] Zhang M X, Kelly P M. Accurate orientation relationship between ferrite and austenite in low carbon martensite and granular bainite [J]. Scripta Materialia, 2002, 47 (11): 749~755.

[24] Mazancová E, Mazanec K. Physical metallurgy characteristics of the M/A constituent formation in granular bainite [J]. Journal of Materials Processing Technology, 1997, 64 (1-3): 287~292.

[25] Kitahara H, Ueji R, Ueda M, et al. Crystallographic analysis of plate martensite in Fe-28.5 at.% Ni by FE-SEM/EBSD [J]. Materials Characterization, 2005, 54 (4-5): 378~386.

[26] Wei L Y, Nelson T W. Influence of heat input on post weld microstructure and mechanical properties of friction stir welded HSLA-65 steel [J]. Materials Science and Engineering A, 2012, 556: 51~59.

[27] Wang S C, Hsieh R I, Liou H Y, et al. The effects of rolling processes on the microstructure and mechanical properties of ultralow carbon bainitic steels [J]. Materials Science and Engineering A, 1992, 157 (1): 29~36.

[28] 缪成亮, 尚成嘉, 王学敏, 等. 高 Nb X80 管线钢焊接热影响区显微组织与韧性 [J]. 金属学报, 2010, 46 (5): 541~546.

[29] Kim S, Lee S, Lee B S. Effects of grain size on fracture toughness in transition temperature region of Mn-Mo-Ni low-alloy steels [J]. Materials Science and Engineering A, 2003, 359 (1-2): 198~209.

[30] Luo Y, Peng J M, Wang H B, et al. Effect of tempering on microstructure and mechanical properties of a non-quenched bainitic steel [J]. Materials Science and Engineering A, 2010, 527 (15): 3433~3437.

[31] Goods S H, Brown L M. Overview No.1: The nucleation of cavities by plastic deformation [J]. Acta Metallurgica, 1979, 27 (1): 1~15.

[32] Broek D. The role of inclusions in ductile fracture and fracture toughness [J]. Engineering Fracture Mechanics, 1973, 5 (1): 55~66.

[33] Rizal S, Homma H. Dimple fracture under short pulse loading [J]. International Journal of Impact Engineering, 2000, 24 (1): 69~83.

6 高性能工程机械用钢

6.1 概述

工程机械是装备产业的重要组成部分[1]，一般指大型路面施工、矿山及建筑等方面需要的大型工程装备。近年来，随着我国的国际地位和经济实力不断进步与发展，我国建设现代化城市化步伐不断加快，我国对大型工程机械设备的要求量不断增加，工程机械行业迎来了快速发展的契机。根据我国"十五"的发展规划，注重对交通运输、水利设施、水电、建筑等行业的发展，投资力度加大[2]，工程机械行业的发展有较大的空间。我国的大型项目"西气东输""西电东送""南水北调"等重点工程均对工程机械装备有大量的需求，这也必然促进工程机械设备的市场发展。

工程机械装备的主体部分所需的结构钢材称为工程机械用钢，通常为焊接结构钢。工程机械钢在矿山开采的设备、液压的支架、挖掘机械、工程用起重机械设备等领域被广泛应用。然而我国工程机械用钢的技术发展与国外有一定的差距，生产出的钢材水平达不到机械设备的性能要求，因而生产这些机械设备的钢材需要大量从国外引进。为了加快城市现代化建设，弥补与其他国家在高性能工程机械用钢生产技术的差距，我国大力扶持钢铁生产企业，通过近 20 年的技术引进，逐渐打破国外的技术垄断，生产出高强度级别的机械结构钢（见图 6-1）。

图 6-1　工程机械用钢板

随着我国炼钢水平不断提高，生产技术不断革新，已经能生产出满足大型机械设备所需的高强度级别用钢。近年来，我国的工程机械行业不断追求"三高一大"的前进方向，即在生产质量上追求高端、高技术含量、高附加值，在生产数量上追求大吨位。因此，我国的工程机械用钢也相应地在追求更高强度、更高级别、更优综合机械性能的前景方向不断发展，随着钢铁行业朝着"高产化、智能化、绿色化"的方向发展，在满足钢铁产品性能合格的同时，还要求提高生产工艺的效率与降低原材料及电力等的消耗，同时对环境无污染。随着科研人员与企业的不断努力，开发了连轧自动化生产技术，逐步实现了绿色化与智能化。通过设计合理的成分+控制轧制与控制冷却技术（TMCP）+再加热淬火（RQ）与直接淬火（DQ）与适宜的温度回火处理等一系列改进工艺生产的方式，提高工程机械用钢的强度级别。目前，工程机械常用的超高强度结构钢的屈服强度可达到960MPa、1100MPa 的强度级别。

6.2　工程机械用钢的发展历史

工程机械用钢的源头可以追溯到美国于 1916 年生产的世界第一台自行式起重机，自此之后的各工业大国便开始广泛应用并生产工程起重机械。尤其是 20 世纪 70 年代后，各国建设规模连年扩大，石油化工、冶金、核电站行业等数量持续增加，图 6-2 为高强度工程机械用钢的发展趋势。工程机械用钢的强度级别连年更新，发展迅猛，美国率先开发出具有 780MPa 屈服强度的 A514 钢，虽然是一种低碳低合金钢，但通过一些热处理手段，使其具有高强度的同时也兼具良好的韧性。日本的 JFE 公司也相继开发出 JFE-HYD960LE、JFE-HYD1100LE 等具有良好的焊接性、高屈服强度及塑韧性的高强钢。类似地，瑞典 SSAB 公司的WELDOX 系列的高强钢，同样兼具良好的强度及塑韧性，以及德国蒂森克虏伯公司的 XABO 系列等。

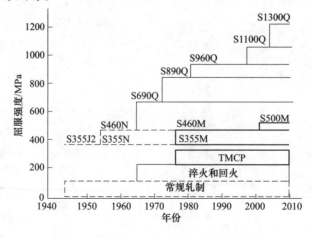

图 6-2　高强度工程机械用钢的发展趋势

近年来，我国加大与国外合作力度，通过国外高技术水平人才及专利引进，实现了 600~800MPa 级别高强钢的生产技术突破，并大力投入生产，解决了国内极度依赖国外钢种进口的难题。此外，我国在"六五"期间实现了 16Mn 钢冶金技术及焊接质量的高难题技术攻关，相继开发了 X65、X60、HQ70 等牌号的钢种，取得了很大的成就。

因此，随着高强工程机械用钢的不断发展，其发展方向需围绕以下几个方面：

（1）首先要保证工程机械用钢的焊接性能及其成型性能，使其在后续加工装配的过程中能有保证作业质量。为了保证焊接性，需要降低其碳当量，一般工程机械用钢中碳含量添加不超过 0.25%，除了碳含量，钢中其余合金元素的含量也需要降低以满足碳当量的要求。

（2）为了保证工程机械用钢的高强度级别，通常在冶炼时会额外添加少量 Nb、V、Ti 等微合金元素，保障奥氏体晶粒得到完全的细化，冷却后可以获得优异的强度及韧性。

（3）较高的屈强比。

6.3　工程机械用钢国内外研究现状

6.3.1　国外研究现状

国外学者对高强工程机械用钢的研究日趋成熟，从炼钢至热处理的每一个环节都进行了深入研究。在炼钢成分方面，研究了直接淬火-回火工艺（DQ-T）中合金元素对组织及力学性能的影响，通过控制合金元素含量为变量，采用相同的轧制工艺，之后通过低温或高温回火对比合金元素在钢中的作用[3]，如图 6-3 所示，其研究结果发现：Ti 和 B 元素对工程机械用钢组织中最粗奥氏体晶粒尺寸有较大影响，V 元素可以使工程机械用钢在回火时延缓强度下降，此外 B 元素对工程机械用钢的韧性也有较大影响。在轧制方面，Ari Saastamoinen 等人也做了大量研究，他们发现终轧温度对工程机械用钢的显微组织、力学性能及钢中的位错密度存在较大影响，通过控制不同终轧温度发现了低终轧温度下的奥氏体晶粒尺寸较小（见图 6-4），对韧性有利以及对钢中的位错密度无显著影响。

在生产中，国外的研究热点集中在直接淬火-回火（DQ-T）生产的工程机械结构用钢，这种生产方式与传统的离线淬火-回火方式不同，节省了再加热淬火保温的时间，在终轧后直接淬火冷却到终冷温度、缓冷至室温。此外，直接淬火生产方式还可以细化奥氏体晶粒，可以保持较高的强度，直接淬火钢经过回火后也可以获得较好的低温韧性。

目前，生产高强工程机械用钢的普遍方式是 TMCP+调质处理，也有较多企业采用直接淬火方式生产工程机械用钢。对于工程机械用钢的调质处理研究，主

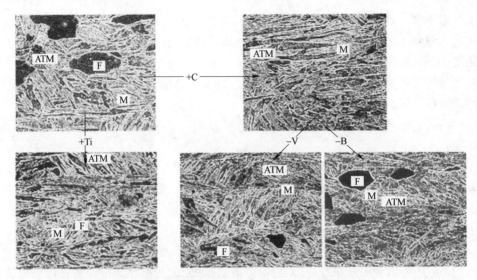

图 6-3　不同成分钢材经历 DQ 工艺后的 SEM 显微组织

F—铁素体；M—马氏体；ATM—自回火马氏体

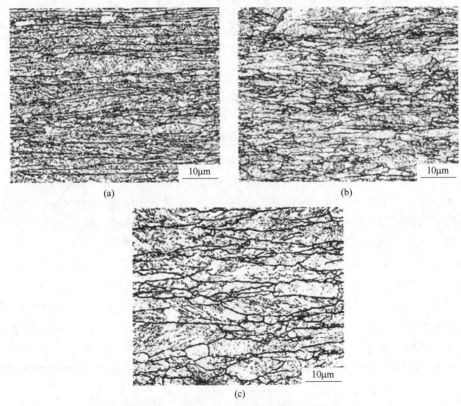

图 6-4　不同终轧温度（FRT）的奥氏体晶粒形态

（a）FRT 为 775℃；（b）FRT 为 865℃；（C）FRT 为 915℃

要针对再加热奥氏体化温度的控制及回火脆性区间的研究。

工程机械用钢的调质处理分为淬火与回火两个阶段。在淬火过程中，热轧后的工程机械用钢奥氏体晶粒呈扁平状，通过再加热使组织再奥氏体化，由于加热温度升高，及热轧钢板内部存储了大量的畸变能，奥氏体在晶界处形核并逐渐长大。二次奥氏体形核后生长的过程为二次再结晶过程，这个过程中的驱动力来源于原奥氏体间的表面能梯度，即具有较低表面能的晶粒尺寸较大的原奥氏体与表面能较高其晶粒尺寸反而较小的原奥氏体晶粒存在的表面能差异。在表面能梯度的驱动下，大晶粒逐渐吞并小晶粒，直至大的奥氏体晶粒边界相互接触后停止生长。此外，在较高的温度下，微合金元素会与碳氮等元素形成碳氮化物，这种析出相在晶界或晶内形核并阻碍奥氏体晶界迁移，阻碍晶粒长大。为了使工程机械用钢的屈服强度及韧性得到保障，工业生产上一般采用控制淬火温度与淬火时间提高其性能。

工程机械用钢为了获得较高的低温韧性，通常采用高温回火处理。工程机械用钢在回火时需要特别仔细控制回火温度，若回火温度选择不合适，回火时工程机械用钢的韧性不仅不能提高反而会降低，这种情况通常称为回火脆性。因此需要避开回火脆性发生的温度范围进行回火，工程机械用钢的回火脆性可以通过大量实验研究得到其大致的温度范围。根据回火脆性出现的温度范围高低，可将其分为第一类回火脆性和第二类回火脆性。第一类回火脆性发生的温度范围较低，一般发生在 $250\sim400{}^\circ\!C$ 内，为不可逆回火脆性。通过实验摸索，发现导致不可逆回火脆性的最主要的是由碳化物析出、杂质偏聚和残余 A 转变三种现象引起。生产过程中通常采用降低钢中杂质含量、细化晶粒，或加入 Mo、Cr、Si 等元素抑制第一类回火脆性。第二类回火脆性发生的温度范围较高，一般发生在 $400\sim650{}^\circ\!C$ 内，故又可称为高温回火脆性，该温度范围内发生的回火脆性为可逆回火脆性。诱发第二类回火脆性的主要两个诱因：（1）往晶界处聚集的 Sb、Sn、P 等杂质元素；（2）奥氏体晶粒大小。生产中通常采用以下方式抑制这种可逆回火脆性，以降低第二类回火脆性的危害：（1）尽量提升钢材的纯度，减少钢中的杂质；（2）适当地添增 Mo、W 等元素。因此，通过合理的淬火、回火温度选择以及合理的保温时间控制可以使工程机械用钢在热处理后获得最优的综合力学性能。

6.3.2 国内研究现状

国内工程机械用钢产业已经形成产品级别、规格系列化，并根据用户的不同需要供应，在这种情况下，如何通过钢的化学成分和工艺条件的配合降低制造成本是各个厂家研究的课题。当前，我国大型建设项目众多，对于工程机械装备的需求量依旧庞大，对工程机械工程用钢的需求加速稳步增长，对工程机械行业的发展起到极大的促进作用。但随着高强度（690MPa 及以上强度级别）的工程机械用钢需求量连年增长，对企业生产工程机械用钢的技术水平提出了更严峻的挑战。高强度级别（690MPa 及以上强度级别）的工程机械用钢的生产难度较高，因为生产时既需要保障钢板的强度级别又需要确保其低温冲击韧性高于服役条件，同时还需要保证生产率和钢板的性能合格率，因此不易稳定生产控制。大多数钢厂为了便于稳定生产控制，采用中碳调质工艺生产高强工程机械用钢，但在后续使用过程中，由于其碳当量相对较高，会带来焊接工艺复杂、工程机械设备制造难度加大等问题。由此看来，出于服务市场的理念，改善高强度工程机械用钢的焊接性能，采取低碳的工艺路线，开发综合性能优良的高强工程机械用钢是今后开发更高强度级别钢种的主要趋势。

国内学者针对高强钢强度级别提升的研究做出了大量报道，湖南华菱湘潭钢铁有限公司宽厚板厂设计了一种低碳当量成分配比[4]，在 C-Si-Mn 元素基础上，适量添加 Nb、V、Ti 微合金元素用来细化晶粒，提高综合强度；此外，又添加 Cr、Mo、Ni 元素提高钢板的淬透性。山钢股份莱芜分公司则采用降低钢中含碳量，采用 Nb、Ti、B 的合金元素体系，轧制加工时在钢板未再结晶区增加轧制压下量使得奥氏体晶粒得到足够的细化。钢中的 Nb、Ti、Mo、Cu 等微合金元素的析出相起到时效强化及析出强化效果，生产出具有 960MPa 强度级别的工程机械用钢[5]。除了对成分配比的研究，对钢中合金元素的影响也有许多的报道。赵燕青等研究了钢中添加硼元素对工程机械用钢在连续冷却阶段相变的影响规律，实验结果发现，硼含量可以提高钢的淬透性，使工程机械用钢在连续冷却阶段在较低的冷速下可以获得较多的马氏体组织。他们发现硼元素通过吸附在晶界上，从而起到提高钢的淬透性的作用[6]。

6.4　工程机械用钢冶金学原理

6.4.1　工程机械用钢合金设计基础

微合金化技术作为一种提升钢材整体性能的卓有成效的方法而在实际生产中广泛应用。目前广泛使用的微合金钢定义如下：微合金钢是以普通低碳钢或普通高强度低合金钢的化学成分为基底，通过添加适量的微合金元素以明显地提升钢材原本的一种及以上的工作性能的工程结构用钢。微合金元素在钢中的存在形式有以下几种：固溶于基体中起固溶强化作用；以第二相粒子形式析出起第二相强化作用。这两种形式均会影响奥氏体再结晶行为及后续奥氏体连续冷却转变行为，进而影响钢材最终的显微组织及力学性能，因此需要合理改善工艺，通过调节 TMCP 工艺参数进而改变奥氏体形态，促进微合金元素碳氮化物的析出，以达到沉淀强化的目的，进一步改善性能。

为了保证较高的强度和良好的淬透性，目前在高强度结构钢中必须适量地添加其他合金元素，合金设计主要涉及碳、锰、铜、镍、钼、铌、钒、钛、硼等微量元素的选取。其中微合金元素结合钢中的碳氮元素可以析出多种化合物，一般为 MC、MN 形式，或复合析出 M（C、N）。通过合理的工艺控制轧制和冷却控制这些化合物在结构钢中的析出以达到细化晶粒及析出强化的目的。一般利用在不同条件下这些微合金元素的溶解和析出机理进行晶粒细化以及产生沉淀强化作用[7,8]。低碳含量的贝氏体钢之所以既有优良的强度和韧性，又有较好焊接性能，其主要原因是由于很大程度地降低了钢中的含碳量，因此贝氏体铁素体中的渗碳体基本被除去，从而保障了其高强韧性和焊接性能。

6.4.2 工程机械用钢组织控制金属学基础

钢板高性能的获得首先从其制备源头上开始控制，即钢材成分的设计和炼钢技术以及板坯连铸技术对成品钢板的质量起着不可替代的作用。但是热轧钢板的最终优异的性能是通过热变形加工工艺来实现的，可以说热变形加工技术对钢板高性能的获得有着直接的影响，在高性能高附加值钢种的生产制备过程中具有举足轻重的地位，这样就有极大的必要对材料的热加工过程中组织和性能的演变进行深入的研究和优化控制。

热加工物理模拟技术为热加工工艺的研究提供了一种最有效最便捷的手段，在热加工工艺研究领域应用极为活跃并起着至关重要的作用。它将传统的工学理论如机械学和材料学等与新兴的计算机和信息技术融合成现代物理模拟技术，这是一类多学科跨领域的专业。这类多学科跨领域的专业，取缔了过去需要繁琐而又重复的众多实验方法，大大地节省人力和物力成本，只需少量实验，结合模拟技术，就可以研究出当前的技术和实验无法研究出来的复杂问题。应用材料和工艺过程的热力模拟技术，可揭示材料在固态过程中，由于热和力学行为的作用而引起的物理冶金现象和本质的变化规律，并且可建立定量的力学冶金模型[9,10]。

6.4.2.1 轧制过程奥氏体形态控制

钢材在轧制过程中会经历高温、高变形速率的热变形过程，此时金属的内部组织结构将发生非常复杂的变化，其中包括加工硬化、动态回复、变形奥氏体的动态再结晶、变形道次间奥氏体的静态再结晶等[11,12]，这些行为是影响钢铁材料最终的性能和组织的绝对要素，因此，对钢的变形奥氏体高温变形行为的研究已成为金属加工研究领域的重要课题。如何合理确立材料的最佳轧制工艺，可以通过构造变形抗力的模型来解决。

工程机械用钢的高温变形实验可以通过热模拟试验机进行。图 6-5 为模拟原理图，其工作原理是通过两端的压头将试样进行加热，模拟实验炉的加热过程，当加热到预定温度后，压头开始进行压缩，使试样发生一定程度的变形，之后通过冷却水口内的循环水进行冷却。通过单道次压缩获得的应力应变曲线，明确实验钢在高温变形时是否发生动态回复与动态再结晶，可以得到实验钢发生动态再结晶的临界温度与临界变形量。

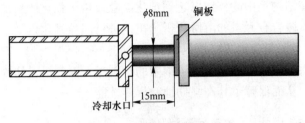

图 6-5   热模拟实验示意图

图 6-6 所示的是 Q550D 钢热模拟实验单道次压缩的曲线，变形速率为 $1s^{-1}$，由图中的不同温度下的曲线可以看出，温度在 850~1000℃ 之间为加工硬化型，在实验钢变形的过程中，应力值会随着应变的增加而不断的上升。1050℃ 时略呈动态再结晶型特征，由此可以确定动态再结晶开始温度为 1050℃ 左右。

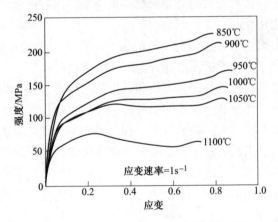

图 6-6   单道次压缩实验方案

通过国内外大量学者对工程机械用钢的高温变形行为研究表明：

（1）当变形温度一定时，更高的应变速率使得发生动态再结晶的可能性更少。

（2）当应变速率一定时，变形温度越高，发生动态再结晶的可能性越高。

在轧制的过程中，随着变形的进行，实验钢内部的位错密度将不断增加，产生加工硬化，并且加工硬化的增加速率较快，使变形抗力迅速上升。与此同时，钢内开始发生动态回复与再结晶，并且随其程度进一步增加后，发生了位错湮没消除，使得加工硬化的程度降低，进一步导致流变曲线中的变形抗力降低。而影响变形抗力的因素大致有以下三点[13]：

（1）变形温度：变形温度是影响变形抗力诸因素中最为直接又最为显著的因素。图 6-7 为 Q550D 钢在不同变形速率下实际得到的变形抗力的对数与变形温度的关系曲线。可以看出，变形温度和变形抗力这两者在单对数坐标中呈现出近似线性的关系。随着变形温度的降低，变形抗力值增加。同时变形速率、变形程度对直线的斜率均有影响，变形速率越大，直线斜率越小。当变形温度较高时，金属易于发生回复和再结晶等软化行为，而且当变形速率较低时，有充分的时间进行软化，因此变形抗力值相应降低。当变形温度较低时，金属发生回复和再结晶等软化行为相对较难，但软化作用随变形速率的降低而有所增加。因此，当变形速率较大时，变形温度与变形抗力的对数这两者的关系曲线的斜率反而较小。

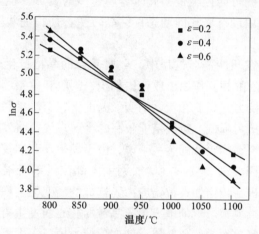

图 6-7 Q550D 钢变形温度与变形抗力对数的关系

（2）变形速率：利用 Q550D 钢应变速率与实际得到的变形抗力之间的关系曲线，得到图 6-8。可以看出，变形速率与实际测得的变形抗力在双对数坐标中

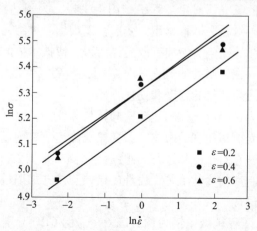

图 6-8 Q550D 钢变形速率与变形抗力对数的关系

呈现出近似线性的关系，且变形抗力随着变形速率增加而增加。同时变形温度、变形程度对直线的斜率均有影响，变形温度越高，直线斜率越大。当变形速率增加时，钢中来不及充分发生动态回复和动态再结晶，导致变形时产生的加工硬化未完全消除，进而使得变形抗力增加。

较高的变形速率一定程度上缩减了钢中发生回复和再结晶的时间，因而变形抗力相对较高。而变形速率对变形抗力的作用受到变形温度影响：变形温度越高，则塑性机理的扩散特性表现越明显，而塑性机理在塑性变形过程中所起的作用越大，速度效应就越明显。变形温度不变时，变形速率越高，发生动态回复和动态再结晶的可能性越低，此时需要越多的变形。但当应变超过某一临界值时，实验钢内由动态回复向动态再结晶转变，使得曲线上的变形抗力值迅猛下降。

（3）变形量：在塑性变形过程中，金属晶粒的晶格产生畸变，位错密度增加，位错与位错之间的相互作用形成位错塞积、割阶和位错墙等，阻碍位错的进一步运动，使变形抗力升高。在较高的变形温度下，交滑移和扩散攀移能使位错密度下降，使变形抗力降低。对层错能较高的金属来说，将发生动态回复，使加工硬化率下降。对层错能较低的金属来说，由于发生动态回复较慢，软化作用小于加工硬化作用，因此随着变形量增加钢中内部位错不断累积，增加了位错密度。随着变形量的进一步增加，位错应力场造成的畸变能会积累到一定程度，畸变能得到释放，在畸变最严重的地方形成晶粒的核心而发生再结晶，使大量位错消失，显示出比回复更大的软化效果，使变形抗力值显著下降。

6.4.2.2　连续冷却的条件下奥氏体的转变规律

轧制变形后奥氏体的连续冷却转变过程是控制冷却工艺制定基础，产品组织转变控制有着重要的意义。对于工程机械用钢来说，为了达到细晶强化的目的，通常是在奥氏体未再结晶区进行累积大变形，以增加未再结晶奥氏体晶界、形变带、位错和形变孪晶等缺陷，增加有效晶界面积，使铁素体的形核点增多，增加形核率，细化晶粒；在轧制后的奥氏体分解相变转变温度范围内进行控制冷却，获得理想的组织，提高钢材的强度和韧性[14,15]。

CCT 曲线又称为过冷奥氏体的连续冷却转变曲线图，CCT 曲线能够表示出相变温度和相变过程受冷却速度的影响。形变奥氏体连续冷却过程的相变是控制冷却工艺制定的基础，它对于冷却过程的组织控制具有重要意义。根据 CCT 曲线，通过合理地控制轧制后的冷却工艺，设计出最佳工艺并加以规范，从而使实验钢的性能和组织达到最优。

下面以 Q550D 工程机械用钢为例，图 6-9 与图 6-10 分别为其测定的静态连续冷却转变曲线和动态连续冷却转变曲线，各种冷速下的过冷奥氏体所经历的相变区以及室温时的维氏硬度在图中已经标出。从图6-9可以看出，静态CCT曲线的相变区域有两部分：高温转变区，相变产物主要是先共析铁素体（F）；中温转变区，相变产物主要是贝氏体（B）。在未变形状态下，冷速小于2℃/s时有铁素体相变区；当冷速大于2℃/s时发生贝氏体相变，产物有粒状贝氏体（GB）和板条贝氏体（LB）。动态CCT曲线的相变区域有两部分：高温转变区，相变产物主要是先共析铁素体（F）；中温转变区，相变产物主要是贝氏体（B）。从中可以明显看出，贝氏体开始发生相转变的温度以及贝氏体相转变的结束温度及它们的变化规律。随着冷却速率的增加，贝氏体相变开始温度有降低趋势，相变终止温度也随着降低。变形使得铁素体的相转变温度区域拓宽，并增加铁素体相转变的临界温度。

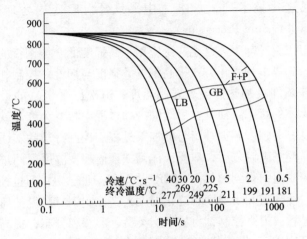

图6-9 Q550D钢的静态CCT曲线

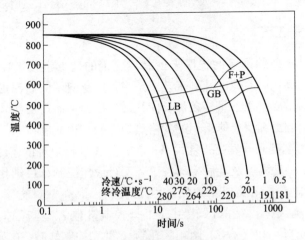

图6-10 Q550D钢的动态CCT曲线

可以看出，为了使工程机械用钢获得较高的强度与韧性，一方面可以通过轧制前变形调控奥氏体形态，抑制其动态再结晶，促使晶粒细化，提高奥氏体晶粒内位错密度，增强位错强化；另一方面，通过控制轧制后钢板的冷却速率，可以根据钢板强韧性需求获得多相或单相的显微组织，实现工程机械用钢最优的强韧性匹配。

6.5　工程机械用钢绿色化生产技术

近年来，生产上一方面致力于获得高强度高韧性的工程机械用钢，另一方面迫切改变生产工艺，降低其生产成本，缩短生产周期且生产出具有高性能的产品。控制轧制和控制冷却技术是 20 世纪钢铁工业取得的最重要的成就之一。ASTM 和 JIS 把这一技术列入标准之中，命名为形变热处理工艺（TMCP，Thermo-Mechanical Control Processing）[16]。

控制轧制与控制冷却工艺已经广泛应用于高强度低合金钢板的生产中，以细晶强化、析出强化等多种强化方式提高钢材的强度与韧性。控制轧制的实质主要是通过全部热轧条件（加热温度、轧制温度、道次压下量）的最优化，人为地控制与调整奥氏体的状态，使其在后续的冷却过程中相变为细晶铁素体或期望的组织，以得到良好的强度和韧性组合的加工过程。控制冷却的实质是晶粒细化和相变强化，即在控制轧制之后，对奥氏体到铁素体相变温度区间进行某种程度的快速冷却，使相变组织得到细化。TMCP 技术的原理是[17]：通过控制轧制温度和轧后冷却速度、冷却的开始温度和终止温度，来控制钢材高温的奥氏体组织形态以及控制相变过程，最终控制钢材的组织类型、形态和分布，提高钢材的组织和力学性能。将 TMCP 工艺替代正火处理，利用钢材余热可进行在线淬火-回火（离线）处理，取代离线淬火-回火处理，最终提高钢材的强韧性。

6.5.1　控制轧制工艺

控制轧制是一种用预定的程序来控制热轧钢的变形温度、压下量、变形道次、变形间隙和终轧后冷速的轧制工艺，是一种广泛应用的高温形变热处理。通过控制热轧时的温度、压下量等条件，使其最佳化，从而在最终轧制道次完成时得到与正火相同的微细奥氏体组织的省略热处理的一种轧制技术。对以微合金元素 Nb、V、Ti 为基础来开发高强度钢来说，在热轧过程中对钢坯加热温度、开轧温度、变形量、终轧温度及轧后冷却各工艺实行最佳控制，可细化奥氏体、铁素体晶粒，通过细晶强化及位错亚结构强化机制，提高钢材力学性能。控制轧制[18]通常分为奥氏体再结晶区轧制（Ⅰ型控制轧制）、奥氏体未再结晶区轧制（Ⅱ型控制轧制）和（γ+α）两相区轧制（Ⅱ型控制轧制）（见图 6-11）。

奥氏体再结晶区控制轧制：一般温度较高，在 950℃ 以上，其主要目的是通

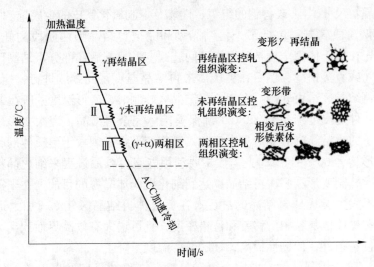

图 6-11 多种控制轧制工艺与轧后组织的关系示意图

过形变-动态再结晶过程使加热时粗化的初始 γ 晶粒得到细化，从而在 γ→α 相变后得到细小的 α 晶粒。相变前的 γ 晶粒越细，相变后的 α 晶粒也越细。再结晶区轧制是通过形变-动态再结晶使 γ 晶粒细化。从这种意义上说，它实际上是控制轧制的准备阶段。

奥氏体未再结晶区控制轧制：轧制温度为 950℃ ~ A_{r3}。在此区间轧制时钢材不发生奥氏体再结晶行为，此区间轧制时 γ 晶粒沿轧制方向伸长，在 γ 晶粒内部产生形变带。此时不仅由于晶界面积的增加提高了 α 的形核密度，而且也在形变带上出现大量的 α 晶核，因此 α 晶粒进一步细化。随未再结晶区总压下量的增大，形变的 γ 晶粒在厚度方向的尺寸变小，晶界面积增加，且 γ 晶内的形变带数量增多，故 γ→α 相变后 α 晶粒显著细化。

（γ+α）两相区轧制：在 A_{r3} 点温度以下的（γ+α）两相区轧制时，未发生相变的 γ 晶粒沿轧制方向被拉长，且在晶内生成形变带，发生了相变的 α 晶粒在变形的作用下内部生成亚结构。轧制结束后的冷却过程中未发生相变的 γ 晶粒发生相变形成细小的多边形 α 晶粒，而发生了相变的 α 晶粒仅发生回复，成为内部含有亚晶粒的 α 晶粒。

根据不同轧制阶段的组合，高强钢控制轧制的主要轧制方法大致分为以下几种：

（1）控温轧制：即完全再结晶型的控制轧制的工艺，全部变形要在奥氏体再结晶区进行，终轧温度不低于奥氏体再结晶温度的下限，轧制压下量必须比奥氏体再结晶的最小变形量高。控制钢板在奥氏体再结晶区这一温度范围内轧制变形（控温轧制），使得轧后组织和轧后结构与标准条件相符。其优点是减少脱碳，控制晶粒尺寸[19]，改善钢的组织、性能及控制氧化铁皮的生成量。

（2）两阶段轧制：包括了未再结晶型和完全再结晶型两阶段的轧制工艺，一般是首先在奥氏体完全再结晶温度区间轧制变形，其后在部分再结晶区进行待温一段时间或直接快冷，然后在奥氏体未再结晶温度区间继续进行一定量变形，最后在未再结晶区结束轧制。在完全再结晶区轧制时，变形温度一般在1000℃以上，轧后轧件的温度须高于950℃，确保奥氏体完全再结晶；道次变形量主要由不同温度下的再结晶临界变形量来确定，道次变形量必须大于奥氏体的临界变形量，总变形量为60%~80%，此阶段主要利用静态再结晶过程来细化晶粒，即轧材经多道次轧制变形和多次再结晶以达到细化奥氏体晶粒的目的。在未再结晶区轧制时，不发生奥氏体再结晶的过程。在奥氏体再结晶区轧制，加大道次变形量，可增多奥氏体晶粒中滑移带和位错密度，且可增大有效晶界面积，为铁素体相变形核创造条件，使韧性提高，韧脆转变温度下降。

（3）三阶段控制轧制：即完全再结晶型、未再结晶型及奥氏体与铁素体两相区轧制相配合的轧制工艺。奥氏体再结晶型控制，在奥氏体变形过程中和变形后自发产生奥氏体再结晶的区域轧制，温度在1000℃以上。基于不同成分设计的钢种具有不同的奥氏体未发生再结晶的温度范围，一般950℃~A_{r3}温度区间奥氏体内不发生再结晶。Z发生轧制变形使得奥氏体晶粒沿轧向被拉长，并在奥氏体晶粒内部生成了变形带。

两相区变形阶段，随着变形温度持续降至比A_{r3}更低温度时，包括奥氏体晶粒和由相变得到的铁素体晶粒因塑性变形而生成大量位错并累积，这些位错在高温形成亚结构，亚结构使材料强度提高，韧脆转变温度降低。三阶段轧制工艺在具有两阶段轧制工艺特点基础上，使轧材温度达到奥氏体和铁素体两相区进行轧制，通过位错强化和晶粒细化使轧材强度进一步提高，降低了韧脆转变温度[9]。

（4）低温轧制技术：轧制后期若干道次的变形的温度区间为正火轧制工艺或热机械轧制工艺相应的工艺温度区域内。在热形变过程中，形变硬化和动态软化影响材料的性能，动态再结晶是在变形过程中重要的软化机制之一。轧件在750~900℃进行低温轧制时，累积变形得到的高位错密度结构将为相变提供更多形核核心，将更有利于得到均匀细晶组织。多道次大变形量低温轧制会导致晶粒尺寸的不均匀，这是由于超过了与应变能累积相关的总应变极限后产生了部分动态再结晶。对一些利用正火轧制不能改善其性能的钢种，通过此种技术，使轧件从头到尾保持稳定的轧制温度，进而使产品的组织均匀性及尺寸公差得到保证[21]。

6.5.2　控制冷却工艺

控制冷却技术在保障钢材性能及研发新型钢种方面得到广泛认可和推广应

用。控制冷却可在不损坏钢材韧性的情况下提高钢材的强度，以获得更高的强度和更优良的韧性。控制冷却技术是一种有效细化钢材晶粒组织技术方法，该技术是现代轧制生产中至关重要的工艺。依照实际生产的经验，在奥氏体发生再结晶温度区间对钢材实施控制冷却时，铁素体晶粒在一定程度上产生细化，但效果收效甚微。如果在奥氏体未再结晶的温度区间内对钢材实施控制冷却，则在变形后的奥氏体晶界处及奥氏体变形带处铁素体形成晶核，同时在奥氏体晶粒内部铁素体也会在此形核，产生明显的晶粒细化效果。此外，加入的微合金元素，除了有利于奥氏体硬化外，还经常会以碳氮化物的形式析出，对材料实行沉淀强化，从而对材料强度的提高做出贡献[22]。

控制冷却大致包括一次冷却、二次冷却和三次冷却（空冷）三个不同的冷却阶段，其目的和要求不同。

（1）一次冷却：是指从终轧温度开始到奥氏体向铁素体开始转变温度或二次碳化物开始析出温度范围内的冷却，其目的是控制热变形后的奥氏体状态，阻止奥氏体晶粒长大或碳化物析出，固定由于变形而引起的位错。通过加大过冷度，降低相变温度，为相变做组织上的准备。如果一次冷却的开冷温度越接近终轧温度，则细化奥氏体组织及增大有效晶界面积的效果越明显。

（2）二次冷却：是指热轧钢材经过一次冷却后，立即进入由奥氏体向铁素体或碳化物析出的相变阶段的冷却。其目的是通过控制相变过程中的开冷温度、冷却速度和终冷温度等参数，控制相变过程，进而达到控制相变产物形态、结构的目的。

（3）三次冷却：是指钢材经过相变之后直到室温这一温度区间的冷却参数控制。对一般钢材来说，相变后采用空冷时，其冷却速度均匀，会形成铁素体和珠光体组织。此外，固溶在铁素体中的过饱和碳化物在慢冷中不断弥散析出，形成沉淀强化。但对一些微合金化钢来说，在相变完成之后需采用快冷工艺，以此来阻止碳化物的析出，进而保持碳化物的固溶状态，达到固溶强化的目的。

6.5.3 超快速冷却工艺

6.5.3.1 超快冷技术的原理

新一代 TMCP 技术是轧制发展的最重要领域之一，在钢铁工业绿色化方面作用突出，近年来受到了国家和有关政府部门高度重视，得到了大力支持。以超快冷为特征[23]的新一代 TMCP 技术已经成为人们获取效益、改善环境、优化生产过程的强力手段，节能减排、降低成本空间极为广阔，是目前钢铁工业科学发展、转变生产发展方式的重要领域。

工程机械用钢在冷却过程中会发生复杂的相变。如果依据材料相变过程的特点，与其连续冷却相变曲线对应，实行冷却路径控制，则可以控制冷却后的相变组织，从而得到需要的材料性能[24]。因此，将冷却过程分为两两彼此连接在一起的几个冷却阶段，各个阶段的冷却速率和开冷温度按需要设定，并进行精确控制。冷却装置应当能够提供从空冷到超快速冷却的不同冷却速率。通常快速冷却（或超快速冷却）可以提供3种重要的抑制功能。

（1）在奥氏体区采用超快速冷却，可以抑制变形奥氏体的再结晶，防止奥氏体发生软化及晶粒粗化，从而在后续的相变过程中细化铁素体晶粒，低成本地实现材料的细晶强化。当采用新一代TMCP时，尽管材料是在较高的温度下完成热变形过程，但是变形后的短时间内，材料还来不及发生再结晶，仍然处于含有大量"缺陷"的高能状态[25,26]，如果对它实施超快速冷却，就可以抑制再结晶的发生，从而将材料的硬化状态保持下来，一直到相变点。在随后的相变过程中，保存下来的大量"缺陷"成为形核的核心，因而可以得到与低温轧制相似的细晶强化效果。

（2）如果在奥氏体中可能发生碳氮化物析出，利用超快冷可以抑制这种奥氏体中的析出，使析出在较低温度下在铁素体相变中或铁素体区发生，从而细化析出粒子，增加析出粒子数量，在同样的合金含量下，低成本地提高析出强化效果[27,28]。在采用新一代TMCP时，通过超快冷抑制碳氮化物在奥氏体的析出，迅速通过通常形变诱导析出的温度范围，令动态的铁素体相变的温度区间和碳氮化物析出温度区间重叠。此时碳氮化物可能由于很大的析出驱动力而发生相间析出，或在铁素体晶内大量、微细、弥散析出，使铁素体基体得到强化，大幅度提高材料的强度水平。Ti的碳化物或V的碳氮化物的大量析出温度在650~700℃，利用超快冷冷却到此温度区间，有利于发生相间析出或铁素体内析出[29,30]，强化效果十分明显。

（3）通过超快速冷却可以抑制较高温度下发生的相变，促进较低温度下发生的中温或低温相变，低成本地实现材料的相变强化。控制相变强化的常规手段一般是往钢中添入适量的合金元素，以达到相变强化的效果。以贝氏体相变为例，就是加入适量的钼元素（Mo）或硼元素（B），使CCT曲线的铁素体相变区右移，以利于在较慢的冷却速率下得到贝氏体组织[31,32]。但是，昂贵的合金元素使得钢材的生产成本增加，同时造成资源损耗。但采用超快速冷却工艺，就可以节约成本和金属资源。例如，同样为了发生贝氏体相变，采用超快速冷却工艺而不增添合金元素，即可遏制铁素体的相变，降低其相变的温度区间。不同超快速冷却的终止温度决定了最终组织的不同，若该温度位于贝氏体相变温度区域内，则获得贝氏体组织；若该温度低于马氏体相变点临界温度值，则获得马氏体组织，因此超快速冷却工艺是一种减量化的相变强化方法。

6.5.3.2　超快速冷却技术的应用

与传统TMCP工艺相比，以超快速冷却技术为核心的新一代TMCP技术因其短时、快速、准确控温的特点受到国内外的广泛关注。此技术多应用在中厚板的品种开发以及减量化生产方面，这样能更好地体现超快速冷却工艺的技术优势，涉及的钢铁品种较为丰富。由于新一代 TMCP 工艺的冷却速度较传统 TMCP 工艺高（见图 1-2），这使得冷却阶段的能量损耗得到减少，进而使得变形时积累的应变能可以最大程度地保留至动态相变点，间接提高了应变能的利用率。所以新一代 TMCP 工艺可以在稍高温度的奥氏体区变形，得到硬化奥氏体后超快速冷却至相变点。

在国外，比利时的 CRM 率先开发了超快速冷却（UFC）系统[33]，可以对 4mm 热轧带钢实现 400℃/s 的超快速冷却。日本的 JFE-福山厂开发的 Super OLACH 系统，可以对 3mm 热轧带钢实现 700℃/s 的超快速冷却[34]。

超快速冷却技术的发展对中厚板产品的开发及减量化生产具有重大的意义。中厚板轧机与连续式轧机不同，是可逆式轧制，且轧后冷却系统与轧机的距离较远，硬化状态的保持有一定的难度，但是也有可能利用超快速冷却实现新一代 TMCP 的功能，提高中厚板产品的质量。为了解决冷却均匀性和高冷却速率的问题，JFE 于 1998 年采用了所谓的 Super-OLAC（Super On-Line Accelerated Cooling）新型加速冷却系统。2003 年和 2004 年 JFE 仓敷地区水岛厂（即原川崎制铁水岛厂）和日本地区京滨厂也分别采用了 Super-OLAC 系统[35]。由于 Super-OLAC 系统具有很强的冷却能力，同时又具有很好的冷却均匀性，所以它既可以实现加速冷却，又可以实现在线直接淬火，一套系统兼有直接淬火和加速冷却两种功能，是新一代控制冷却系统的重要特征。这项技术在日本 JFE、俄罗斯的谢韦尔公司和韩国浦项公司得到了广泛应用，其中最典型的是日本 JFE，该公司利用超快速冷却技术研发出了种类最齐全的中厚板，其应用范围涉及复合钢板和钛合金、造船和海洋结构用钢、油罐和工程机械用钢、管线钢、建筑和桥梁用钢等。俄罗斯的谢韦尔公司侧重于大口径管线钢的开发，韩国浦项则成功开发了屈服强度高达 800MPa 的 X130 级管线钢。

我国的超快速冷却技术主要应用于带钢和棒材领域[36~38]，对于中厚板领域的超快速冷却工艺研究，无论从设备上还是基础研究上均处于起步阶段。近几年，东北大学轧制技术及连轧自动化国家重点实验室（RAL）在借鉴前期中厚板辊式淬火机相关经验的基础上与一些企业合作，主持或参与完成了多家中厚板厂超快速冷却装置的工业安装和试制。其中，2007 年开始与河北敬业钢铁公司合作，在其 3000mm 中厚板轧机上安装了 UFC+ACC 冷却系统，2021 年已投入运行调试。鞍钢也在其 4300mm 中厚板轧机上采用了全新的 UFC+ACC 冷却系统。首秦 4300mm 中厚板轧机则在其引进的硬件系统中预留 DQ 装置的位置上装设具有我国自主知识产权的超快速冷却系统，与原有 ACC 系统配合，为实施新一代 TMCP 做设备条件的准备。

6.6　工程机械用钢典型产品及应用

我国工程机械用钢的发展起步较晚。近 20 年来，随着工程机械制造技术的引进，工程机械用钢打破了 A3 钢和 16Mn 钢的低级别状态，亟需提高强度级别。目前，不同的强度等级研发设计了四个强度的钢种级别。

（1）600MPa 级工程机械用钢：该强度级别的钢种一般用于工程机械中的结构部件主要部分，如挖掘机底板、起重机与汽车等的液压支架等。目前，我国可生产该强度级别的钢企有舞钢、宝钢（武钢）、济钢、鞍钢等。显微组织结构不同和厚度不同的钢板其生产工艺均有所不同，如济钢生产的 JG590 系列钢板厚度通常小于 30mm，通过有效地控轧控冷工艺批量生产热轧钢板；鞍钢生产贝氏体钢 HQ590DB 具有良好的塑韧性，该系列钢种是通过层流冷却热轧工艺生产。

（2）700MPa 级工程机械用钢：该强度级别的钢种一般在军用舟桥、起重机吊臂、煤矿液压支架、工程机械等方面广泛应用，这些结构部件对强度有较高的要求。截至 2016 年，我国的济钢、宝钢（武钢）、鞍钢、安钢、舞钢等很多厂家均能够生产 700MPa 强度级别工程机械用钢。如宝钢（武钢）研发该级别强度的 DB685 低合金高强度低碳贝氏体钢，运用铌、硼等元素的微合金化作用及铜、钼的析出强化作用，通过合理有效的 TMCP 工艺和弛豫控制析出原理，使在获得的低碳贝氏体组织中存在高位错密度，从而获得较高的强度；另外，在条件允许的情况下最大限度减少碳元素的添入，同时对磷元素和硫元素的添入严格把控，减少钢中夹杂物，保障钢材具有优良的韧性和焊接性能。宝钢（武钢）研发的产品包括 3~18mm 的热连轧卷板和 10~50mm 的中厚钢板。舞钢通过采用 Mn-Nb-Cu-B 系合金进行设计，WH70 超低碳贝氏体钢被研发了出来。通过将钢中钼元素含量控制在 0.35% 左右，碳元素含量控制在 0.05% 以下，实现了更多贝氏体组织存在于厚度大于 40mm 钢板中；通过真空处理设备与 LF 相匹配的钢包脱气装置和 TMCP 以及 ε-Cu 时效工艺，达到提高钢水冶炼的纯净度和钢板强度的目的[39]。

（3）800MPa 级工程机械用钢：该强度级别的钢种一般在大型煤矿机械结构件、推土机的铲斗、起重机转台和吊臂、电铲、钻机等方面广泛应用。截至 2017 年，我国能够生产 800MPa 级工程机械用钢的厂家包括宝钢（武钢）和济钢等。武钢通过钢包精炼炉和钢水真空处理装置，将钢水进一步净化，并降低了钢中磷、硫及夹杂物的含量，研发出了 800MPa 级工程机械用钢板 HG80；通过采用 TMCP、弛豫控制析出原理和析出强化原理等细化钢板晶粒和组织，使得钢板强度级别增加。济钢生产的 800MPa 级低碳贝氏体钢 JG785DB，其主要通过脱硫工序，减少钢中的硫化物夹杂；采用一定的手段处理钢中其他夹杂物，以提高钢水最终的纯净度；加热的温度区间为 1180~1220℃，在该温度区间内铌的碳氮化物颗粒可以被充分固溶在奥氏体晶粒中，进一步使得微合金元素起到沉淀强化和析出强化的作用；采用再结晶区和未再结晶区两阶段轧制，轧后进行控冷，对较厚的钢板进行回火处理，以细化热轧后的组织晶粒[40]。

（4）1000MPa 级工程机械用钢：主要用于制造 50t 以上的吊车吊臂。国内最早批量生产并实现稳定供货该强度级别热轧钢板的企业是宝钢，其早在 2012 年便成功研发出了该强度级别的工程机械用钢 BS960，在大吨位龙门吊运用居多。另外，还有南京钢铁股份有限公司等也成功生产了 1000MPa 级工程机械用钢，如南钢与东北大学轧制技术及连轧自动化国家重点实验室（RAL）合作成功开发出高强度结构用钢 Q960MPa、Q1100MPa，已经应用于实际生产线上并推广至市场，并且还在进一步合作，以研发强度级别更高的超高强度工程机械用钢 Q1300；北京钢铁研究总院深入研究分析了微合金化技术，并结合新型热处理技术，研发出了全新的微观组织控制技术，正在研发 Q960MPa、Q1100MPa、Q1300MPa 级工程机械用钢[41]。

国外工程机械结构用钢的发展历史相对国内来说较长，他们关于高强度工程机械用钢的冶炼技术、合金成分设计、TMCP 工艺、热处理工艺及相应设备都比较成熟，并且都有自己的系列化高附加值产品。瑞典 SSAB 公司的 WELDOX 系列产品：Weldox960、Weldox1100、Weldox1300（其化学成分见表 6-1），该类高强钢具有良好的低温冲击韧性、优良的焊接性能和弯曲性能等，可广泛应用于工程机械中强度要求较高的部位，不但能够较多地减轻质量，而且承载及机械性能又不会下降的产品[42,43]。日本 JFE 公司利用其特有的 Super-OLAC 及在线热处理 HOP 装备技术开发出的耐延迟断裂超高强钢系列：JFE-HYD960LE、JFE-HYD1100LE。该工艺生产的产品不仅有效地降低了钢中合金元素的添加量使碳当量尽可能降低，获得良好的焊接性，而且屈服强度很高，塑性及韧性优异，是一种富含高技术含量和高附加值的产品[44]。德国 Dillinger Hutte GTS 研制的 Dillimax890、Dillimax965、Dillimax1100 系列，这些钢板在生产过程中要保证有很高的洁净度，严格控制 P、S 元素以及钢中夹杂物的含量，最终通过离线再加热或直接淬火加一定温度的回火处理，以获得优良的力学性能[45]。德国蒂森克虏伯公司生产的 XABO 系列工程机械用钢，高强度级别有 890MPa、960MPa、1100MPa，具有优良的综合力学性能，被广泛应用于高强度焊接结构部件上。

表 6-1　Weldox1100、Weldox1300 的化学成分（最大值）

产品	化学成分（质量分数）/%												
	C	Si	Mn	P	S	B	Nb	Cr	V	Cu	Ti	Al	Mo	Ni
1100	0.21	0.50	1.40	0.02	0.005	0.005	0.04	0.80	0.08	0.10	0.02	0.02	0.70	3.0
1300	0.25	0.50	1.40	0.02	0.005	0.005	0.04	0.80	0.08	0.10	0.02	0.02	0.70	3.0

参 考 文 献

[1] 何云秋. 工程机械的发展现状分析 [J]. 中国设备工程, 2018 (3): 205~206.

[2] 李冰, 李自光. 我国工程机械行业的发展机遇和趋势 [J]. 工程机械与维修, 2003 (9): 64~66.

[3] Saastamoinen A, Kaijalainen A, Nyo T T, et al. Direct-quenched and Tempered Low-C High-Strength Structural Steel: The Role of Chemical Composition On Microstructure and Mechanical Properties [J]. Material Science and Engineering A, 2019, 760 (8): 346~358.

[4] 汪贺模, 罗登, 高擎, 等. 1100MPa 级别超高强度工程机械用钢的开发 [J]. 南方金属, 2019 (6): 1~4, 54.

[5] 魏承志, 吕晓锋, 麻衡, 等. 工程机械用高强钢 Q960 生产工艺研究 [J]. 山东冶金, 2019, 41 (2): 11~15.

[6] 赵燕青, 张朋, 刘宏强, 等. 硼含量对 960MPa 级工程机械用钢相变组织的影响 [J]. 热加工工艺, 2016, 45 (2): 87~90.

[7] Samuel F H, Yue S, Jonas J J, et al. Effect of Dynamic Recrystallization on Microstructural Evolution During Strip Rolling [J]. ISIJ International, 1990, 30 (3): 216~225.

[8] KMishra S, Ranganathan S, Das S K, et al. Investigation on Precipitation Characteristics in a High Strength Low Alloy (HSLA) Steel [J]. Scripta Materialia, 1998, 39 (2): 253~259.

[9] 王昭东. 应用形变热处理原理开发 HQ685 高强钢板 [D]. 沈阳: 东北大学, 1998.

[10] 牛济泰. 材料和热加工领域的物理模拟技术 [M]. 北京: 国防工业出版社, 1999: 144~180.

[11] Vega M I, Medina S F, Chapa M, et al. Determination of Critical Temperatures Tnr, A_{r3}, A_{r1} in Hot Rolling of Structural Steels with Different Ti and N Contents [J]. ISIJ International, 1999, 39 (12): 1304~1310.

[12] 魏岩, 王昭东, 韩冰, 等. NbTi 微合金钢奥氏体高温变形行为 [J]. 沈阳东北大学学报 (自然科学版), 1997, 18 (2): 165~168.

[13] 周晓光, 郭洪河, 刘振宇, 等. Ti 微合金化 Q390 高强钢热变形行为研究 [J]. 东北大学学报 (自然科学版), 2017, 38 (12): 1702~1706.

[14] Cho S H, Kang K B, Jonas J J. Mathematical Modeling of the Recrystallization Kinetics of Nb Microalloyed Steels [J]. ISIJ International, 2001, 41 (7): 766~773.

[15] Katsumata M, Ishiyama O, Inoue T, et al. Microstructure and Mechanical Properties of Bainite Containing Martensite and Retained Austenite in Low Carbon HSLA Steels [J]. Materials Transactions Jim, 1991, 32 (8): 715~728.

[16] ASTM standard A841/A841 M-8: 596~598.

[17] 唐荻. 新形势下对轧钢技术发展方向和钢材深加工的探讨 [J]. 中国冶金, 2004 (8): 14~21.

[18] 王占学. 控制轧制与控制冷却 [M]. 北京: 冶金工业出版社, 1988.

[19] 李箭, 徐文崇, 孙福玉. 控制轧制中的微合金碳氮化物的析出行为 [J]. 钢铁, 1991 (1): 24~27.

[20] Bodnar R L, Hansen S S. Effect of austenite grain size and cooling rate on widmansttten ferrite formation in low-alloy steels [J]. Metallurgical & Materials Transactions A, 1994, 25 (4): 665~676.

[21] Pereloma E V, Boyd J D. Effects of simulated on line accelerated cooling processing on transformation temperatures and microstructure in microalloyed steels Part2-Plate processing [J]. Material Science and Technology, 1996, 12 (12): 1043~1051.

[22] 于海颖, 王怀宇. TMCP 工艺在厚板轧后控制冷却技术的发展概况 [J]. 钢铁研究, 2002 (24): 54~57.

[23] 王国栋. 新一代 TMCP 技术的发展 [J]. 中国冶金, 2012, 22 (12): 1~5.

[24] 钢铁研究总院. 新一代微合金高强高韧钢的基础研究 [M]. (内部资料) 1998: 21~32.

[25] Hickon M R, Gibbs R K, Hodgson P D. The Effect of Chemistry on the Formation of ultrafine ferrite in steel [J]. ISIJ International. 1998, 39 (11): 1176~1180.

[26] Bal D Q, Jonas J J. Effect of deformation and cooling rate on the microstructures of low carbon Nb-B Steel [J]. ISIJ International, 1998, 38 (4): 371~379.

[27] 刘嵩韬, 杜林秀, 刘相华, 等. 含铌微合金钢形变诱导相变上限温度影响因素的研究 [J]. 钢铁研究, 2004 (3): 16~21.

[28] Hickson M R, Hurley P J, Gibbs R K, et al. The Production of Ultrafine Ferrite in Low-carbon Steel by Strain-induced Transformation [J]. Metallurgical and Materials Transactions A (Physical Metallurgy and Materials Science), 2002, 33 (4): 1019~1026.

[29] Haruna Y, Yamamoto A, et al. Effect of Sulfur on Rolling Contact Fatigue Life of High-manganese Precipitation-hardening Austenitic Steel [J]. Scripta Materialia, 1998, 39 (9): 1301~1307.

[30] Singh S B, Bhadeshia H K D H. Quantitative Evidence for Mechanical Stabilisation of Bainite [J]. Material Science and Technology, 1996, 12 (7): 610~612.

[31] Valdes E. Sellars C M. Influence of Roughing Rolling Passes on Kinetics of Strain Induced Precipitation of Nb (C, N) [J]. Material Science and Technology, 1991, 7 (7): 622~630.

[32] Houyoux C, Herman J C, Simon P, et al. Metallurgical Aspects of Ultra Fast Cooling on a Hot Strip Mill [J]. Rev ue de Metallurgie, 1997, 97: 58~59.

[33] Fukuyama NKK'S. Super-OLAC H Introduced at Hot Strip Mill for Automotive Steel Sheet Production [EB/OL] (2002-07-15).

[34] Omata K, Yoshimura H, Yamamoto S. Leading high performance steel plates with advanced manufacturing technologies [J]. NKK Technical Review, 2003, 88: 73~80.

[35] 王国栋, 刘相华, 孙丽钢, 等. 包钢 CSP "超快冷" 系统及 590MPa 级 C-Mn 低成本热轧双相钢开发 [J]. 钢铁, 2008, 43 (3): 49~52.

[36] 赵宪明, 吴迪, 王国栋. 利用新一代 TMCP 生产 Ⅲ、Ⅳ 级热轧带肋钢筋的理论与实践 [J]. 中国冶金, 2009, 19 (7).

[37] 孙艳坤, 吴迪. 用超快速冷却新工艺生产 GCr15 轴承钢 [J]. 钢铁研究学报, 2009, 21 (1): 22~25.

[38] 李灿明, 王建景, 闫志华. 国内工程机械用钢发展现状和市场预测 [J]. 山东冶金,

2008, 30 (5): 9~11.

[39] 楚觉非, 方松, 邓想涛, 等. 工程机械用高强度结构用钢研究进展 [J]. 江西冶金, 2013, 33 (3): 4~7.

[40] 张晓刚. 近年来低合金高强度钢的进展 [J]. 钢铁, 2011, 46 (11): 1~9.

[41] High strength structural steel plate [J]. WELDOX 1100 Data Sheet, 2005, 1~2.

[42] Weldox high strength steel [EB/OL]. (2012-11-15). http://www. ssab. com/en/Brands/ Weldox/Products.

[43] JFE-HITEN high strength steel plates [EB/OL]. (2012-11-15). http://www. jfe-steel. co. jp/ en/products/plate/catalog/cle-002. pdf.

[44] 王姜维. 超高强度结构用热处理钢板标准研究 [J]. 合金标准化与质量, 2012, 50 (1): 15~17.

[45] ThyssenKrupp steel Europe material specifications [EB/OL]. http:// www. thyssenkruppsteel-europe. com/en/publikationen/produktinformationen/ grobblech. jsp.

7 高性能建筑结构用钢及绿色制造技术

7.1 概述

建筑结构大致可分为四类，即钢结构、网架结构、钢筋混凝土结构和木结构。由于钢结构建筑具有结构轻、土地利用率高、空间大、可工业化生产、工期短、环保节能和可循环回收等优点，自20世纪50年代从欧洲兴起以来，已成为高层建筑的发展趋势。在日本，高度超过200m的高层建筑全部采用钢结构，美国和西欧新建的高层建筑也以钢结构为主[1,2]。

近年来，我国的建筑钢结构获得了迅速的发展。20世纪80年代的网架结构，90年代的轻钢房屋迅速得到应用，特别是高层钢结构的出现，开辟了我国建筑钢结构的新领域。我国现代高层钢结构建筑自1985年起步，至今已建成上百座，如北京的新保利大厦、上海环球金融中心、水立方、中央电视台新台址等一批钢结构建筑工程，其中高365m的上海金茂大厦总用钢量为1.4万吨[3]。国家鸟巢体育场的建造在我国钢结构建筑史上更具有举足轻重的地位，对整体计算模型进行各种优化调整后，总用钢量为4.2万吨[4]。

钢结构具有优良的抗震性能以及对住宅产业化、工业化发展的高度适应性，在日本阪神大地震中得到了充分的体现。因此在近年来的工程实践中，人们越来越重视钢结构的开发和应用。日本阪神大地震资料表明[5]，地震中钢结构特别是高层建筑钢结构的震害较轻，多数表现为表面装饰材料和维护结构受损，体现了良好的抗震特性。2008年5月12日，我国四川省汶川县发生里氏8.0级地震，这是新中国成立以来发生的最大一次内陆地震，造成巨大的人员伤亡和经济损失。地震专家对130次巨大地震的分析表明，人员伤亡总数的90%~95%是由房屋倒塌造成的。汶川地震中由于大部分房屋的结构体系为砖混结构与混凝土结构，材料自重大、弹塑性能差，受到地震的破坏大，大量房屋顷刻间完全垮塌，为自救与搜救工作带来了极大的困难[6]。因此，专家建议在地震区应推广应用钢结构，特别是在学校、医院等公共建筑中采用钢结构[7]。

2018年钢结构产量6874万吨，占粗钢产量的7.4%，产量增幅11.84%；2019年全国钢结构产量突破7300万吨，需求量近8276万吨，我国钢结构总量将以每年6%~7%的速度增长。我国钢结构产业属于成长型朝阳行业，发展前景很好。

7.2　建筑结构用钢发展趋势

7.2.1　高强度

随着建筑物高度不断增加，普通抗拉强度为 400MPa 和 490MPa 级别高层建筑用钢已不能满足要求，在 20 层的建筑中，抗拉强度由 490MPa 提高到 590MPa，可节约钢材 20%[8]。抗拉强度达 590~780MPa 已成为高强度建筑用钢的发展趋势，国外 HBL385、SA440、SA620 等产品满足 16~100mm 厚高层建筑用钢的要求，抗拉强度分别达到 550MPa、590MPa、780MPa，已经成功用于高层建筑中[9~13]。近年来，随着奥运工程建设的蓬勃发展，我国的建筑用钢也得到了长足发展。舞钢供货国家体育场"鸟巢"和中央电视台新址的 Q460E/Z35 建筑用钢，屈服强度达到 460MPa，抗拉强度达到 530MPa，填补了国内空白[14,15]。但是与发达国家相比，我国的建筑用钢尚有一定差距，急需开发 590MPa 和 780MPa 级高强度建筑用钢。

7.2.2　厚规格

随着高层建筑的日益高层化、大型化，对屈服强度超过 460MPa、厚度超过 100mm 特厚板的需求尤为迫切。但是，增大厚度不仅造成焊接困难，而且使强度降低，低温韧性恶化。为了保证较好心部强度和韧性，生产厚规格高层建筑用钢多采用铸锭，从而可以保证一定的压缩比。对于厚度超过 100mm 的厚板，通常采用正火或调质等热处理工艺生产。我国舞钢供货的"鸟巢"国家体育场的 110mm Q460E/Z35 建筑用钢，采用大钢锭无缺陷浇铸技术和正火控冷热处理手段，保证了较高的钢板强度，同时具有较好的低温韧性，-40℃ 低温冲击韧性达到 180J 以上，其 Z 向断面收缩率达到 69%[7,11]。

与铸锭相比，连铸坯具有能源消耗低、成材率高、工艺流程短等优点，但是采用连铸坯生产建筑用厚板同时也存在压缩比低、心部质量差等缺点。我国新投产的 4000mm 以上生产线（仅宝钢 5000mm 轧机保留铸锭生产线）均采用连铸坯生产技术，如何采用连铸坯生产 100mm 及以上的特厚建筑用钢板成为急需解决的问题。

7.2.3　高性能

高层建筑用钢板具有不同于一般或其他专用结构用钢板的特点，还需要满足表 7-1[14,16] 的特殊性能。高层建筑用钢板应具有如下特点：（1）低屈强比[17]；（2）良好的韧性和塑性；（3）窄屈服强度波动范围[18] 和较小的厚度效应；（4）抗层状撕裂能力（厚度方向性能）；（5）良好的焊接性能，可以实现大线能量焊接，做到焊前不预热，焊后不需要热处理；（6）具有耐火性能[19]。

表 7-1 高层建筑用钢性能要求

高层建筑需求		高层建筑用钢性能要求
（1）高层化（土地资源利用率）		高强度、厚规格
（2）空间大（设计新需求）		高强度、厚规格
（3）抗震防震	1）塑性变形能力强	低屈强比、高伸长率、窄屈服强度波动范围
	2）吸收地震能量	低屈服强度
	3）断裂安全性高	高韧性
（4）防火		高温下仍具有较高的强度
（5）设计简化		厚度效应小
（6）制造成本低、效率高、质量好		大线能量焊接、焊接性能优良、抗层状撕裂

7.2.3.1 低屈强比

屈强比（Yield Ratio，YR）是材料屈服强度与抗拉强度的比值，其大小可以反映材料应变强化能力，即材料塑性变形时不产生应力集中的能力。结构用钢材的屈强比、应变硬化指数 n、屈服点延伸 E_L 和均匀伸长率 E_n 四者间有如下的关系[18]：

$$E_n = \exp(n) - 1 = n \tag{7-1}$$

$$\ln\left(\frac{1}{YR}\right) = \ln(\ln(n) - 1) + \ln(1 + E_L) - n\ln[\ln(1 + E_L)] \tag{7-2}$$

屈强比越低，均匀伸长率即材料破断前产生稳定塑性变形能力越高。根据结构力学分析，长度为 L 的梁，受地震所产生的等梯度力矩 L_p 作用时，在破断前塑性应变区所能扩散的范围为[18]：

$$L_p = (1 - YR) \times L/2 \tag{7-3}$$

由此可知，屈强比越低，塑性变形均匀分布的范围较广，可避免应力集中，降低材料的整体塑性变形能力。梁柱结构在地震发生时，在地震产生定向位移应变作用下的应变分布的有限元计算结果如图 7-1 所示。可以发现，低屈强比做成的梁柱结构，塑性变形可均匀地分布到较广的范围；而高屈强比的材料，则有发生应变集中导致破裂的危险[20]。目前设计上要求塑性应变区扩散的长度大于梁的高 D，由式（7-3）可得，YR<1-2D/L，以较严格的 D/L 比值 1/10 可算出 YR 要小于 0.8，这是目前抗震结构用钢要求小于 0.80 的由来。

基于上述思想，为了提高高层建筑的抗震能力，就要控制钢的屈强比。屈强比越低，则屈服后有较长的均匀变形阶段，可吸收更多的地震能，如图 7-2 所示。若屈强比较高，就会产生局部应力集中和局部大变形，结构只能吸收较少的

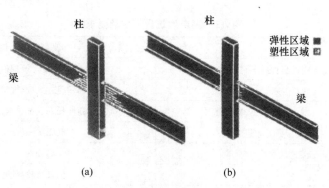

图 7-1　梁柱在地震作用下的应变分布

（a）低屈强比，YR＝0.76；（b）高屈强比，YR＝0.87

能量。因此，屈强比是衡量高层建筑用钢抗震性能好坏的一个重要参数。欧洲建筑结构用钢要求屈强比小于 0.91，而日本要求建筑用钢屈强比小于 0.80[20,21]。

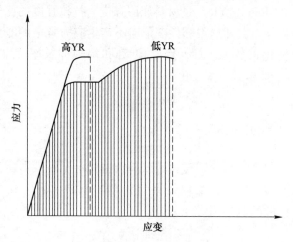

图 7-2　屈强比对塑性变形功的影响

7.2.3.2　其他性能要求

A　窄屈服强度波动

建筑物的抗震性能不仅与钢材的塑性变形能力有关，也与钢材屈服强度的波动有关。如果屈服强度波动过大，往往会完全违背设计者的设计意图。例如，6层建筑物的框架材料的屈服强度波动较大时，就会出现如图 7-3 所示的各种破坏形式[22]。可以看出，Ⅲ型是一种整体破坏机制，结构整体的塑性变形能力很高，是一种抗震性能优良的结构。当屈服强度有较大波动时，框架材料之间的屈服强度的匹配就与设计者要求值不符，建筑的塑性变形易集中在少数强度较低的梁柱上，使建筑物发生塑性变形的节点数量大幅减少，降低了钢板的抗震性能，会产生Ⅰ型或Ⅱ型的局部脆性破坏。因此，缩小建筑用钢屈服强度的波动显得尤为重要[18]。在高层建筑用钢标准中对屈服强度的波动均有明确要求，日本标准中低屈强比 590MPa 级建筑用钢的波动范围要求控制在 100MPa 以内。

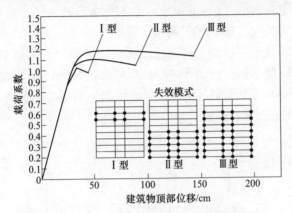

图 7-3 钢结构的失效机制与载荷-变形的关系

B 抗层状撕裂

当钢板在高度约束状态下焊接时，沿钢板厚度方向可能产生较大的应变而导致层状撕裂，如梁翼缘板与柱翼缘板间直接焊接时，柱梁板可能发生层状撕裂，钢板越厚，层状撕裂越容易发生。因此，高层建筑用钢应具有优良的抗层状撕裂能力。目前通常采用板厚方向拉伸试验得到的断面收缩率 Ψ_z 来评价钢板抗层状撕裂能力，这类钢又称为 Z 向钢。通常根据 Ψ_z 的大小制定抗层状撕裂钢的性能指标，如根据 Ψ_z 大于 15%、25%、35% 而分为 Z15、Z25、Z35 不同 Z 向性能指标。采用减少钢中夹杂物、降低硫含量和对夹杂物进行钙处理等冶金措施均有利于提高抗层状撕裂能力[23,24]。

C 大线能量焊接

为提高高层建筑结构的焊接效率，保证使用的安全可靠性，国内外各大钢铁企业就如何提高大线能量焊接接头的韧性进行了研究。JFE 开发 EWEL（Excellent Weldability and Excellent Low Temperature Toughness）技术[9,25]生产高焊接性能用 HBL325、HBL355、HBL385 和 SA440-E 系列高层建筑用钢。EWEL 技术包括奥氏体晶粒细化技术、奥氏体晶内显微组织控制技术、化学成分及生产工艺最优控制技术和焊缝金属扩散控制热影响区组织技术。其中，奥氏体晶内显微组织控制技术通过降低碳当量（C_{eq}）以减少上贝氏体组织含量，并引入部分铁素体组织，有效改善 HAZ 韧性；在 $\gamma \rightarrow \alpha$ 相变过程中，通过在氮化硼和钙的非金属夹杂上的非均质形核促进晶内铁素体形成，而细化晶内组织。在奥氏体晶粒细化方面，通过控制钛、氮添加量和钛/氮比可以极大地抑制 HAZ 区域奥氏体晶粒的高温长大。但 TiN 在 1400℃时会显著固溶，其抑制奥氏体晶粒长大的作用大大减弱。为此，新日铁公司开发了 HTUFF（Super High HAZ Toughness Technology with Fine Microstructure Impacted by Fine Particles）工艺[26~30]，其核心技术之一是通过1400℃高温下稳定且细小（10~100nm）弥散分布的钙和镁的氧化物和硫化物来钉扎奥氏体晶粒的长大，在 1400℃高温下保温 120s 时，HTUFF 钢的奥氏体晶粒尺寸变化很小，远优于一般的 TiN 钢[26]，如图 7-4 所示。采用 HTUFF 技术生产出 60mm 和 100mm 厚的低屈强比 SA440-E 板材，在 630kJ/cm 埋弧焊和 1000kJ/cm 电渣焊条件下，HAZ 组织无明显粗化，焊缝组织为细小的针状铁素体，奥氏体晶界处未发现粗大的先共析铁素体[30]。

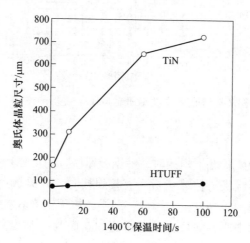

图 7-4　1400℃高温下保温奥氏体晶粒长大趋势

D　耐火性能

钢的耐火性能是指钢结构遇火灾时短时间内抵抗高温软化的能力，用钢的高温强度来表征。钢材的高温力学性能是温度的函数[31]，其强度一般随温度的升高而降低，普通结构钢在 550℃左右仅能保持室温强度的 50%~60%。美国"9·11事件"后，对建筑用钢的耐火性能提出了新的要求[32]，即在 600℃高温下，其屈服强度为常温标准的 2/3 以上，常温力学性能等同或优于普通建筑用钢。

钼是提高钢的高温强度最有效的合金元素，铌、钒、钛与钼复合添加具有更好的高温强化效果。原子探针和场离子显微镜（AP-FIM）分析表明[33]，含铌钢主要是通过 NbC 在铁素体中的析出强化来提高钢的高温强度，含钼钢主要靠钼的固溶强化以及 Mo_2C 和钼富集区的沉淀强化增加高温强度，Nb-Mo 复合添加，除了具有单独添加铌、钼的强化作用，钼还能在 NbC/基体界面上偏聚，阻止了NbC 颗粒的粗化，从而大大提高了钢的高温强度。日本已开发出 400MPa 级、

490MPa 级、520MPa 级和 590MPa 级系列耐火钢[34~36]。为了适应现代建筑业的发展需要，我国建筑用耐火钢的研制、生产也已经逐步展开。目前，鞍钢、首钢、济钢、马钢等钢铁公司均开发了耐火钢[37~40]，其中武钢生产的高性能耐火耐候建筑用钢 WGJ510C2[41] 兼具高韧性、高强度、高 Z 向性能、低屈强比、大线能量焊接、耐火和耐候性能，目前已在国家大剧院等建筑物上大量应用。

7.3 低屈强比建筑结构用钢冶金学原理及制造工艺

图 7-5 是某钢厂现场不同流程下屈强比与抗拉强度的关系图。可以看出，屈强比与其抗拉强度级别密切相关。对于抗拉强度达 500MPa 级的钢材，屈服强度一般为 300~400MPa，采用控制轧制或 TMCP 工艺，将其屈强比控制在 0.80 以下比较容易，组织主要由铁素体+珠光体组成。当抗拉强度提高到 550MPa 时，屈服强度一般为 400~480MPa，采用控轧工艺，必须在比较低的温度进行轧制，主要依靠细晶强化来提高强度，但是细晶强化对抗拉强度的贡献远低于对屈服强度的贡献，会造成屈强比显著提高，因此以细晶铁素体+珠光体组织为主的控轧工艺，很难满足屈强比低于 0.80 的要求。而采用 TMCP 工艺，在晶粒细化的同时，引入少量贝氏体或马氏体组织，有助于抗拉强度的提高，因此屈强比尚能维持到 0.80 以下。

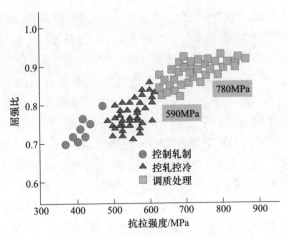

图 7-5 不同工艺流程下抗拉强度与屈强比的关系

抗拉强度达 600MPa 的中厚板一般通过调质工艺生产，屈强比通常超过 0.85，因此 600MPa 级屈强比低于 0.80 钢板的开发尤为困难。早在 1970 年，汽车用高成型性热冷轧钢板也要求较低的屈强比，为此，成功开发了具有铁素体+马氏体双相组织的双相钢系列产品。而建筑用低屈强比 600MPa 级中厚钢板的开发也采用类似的冶金学原理，如图 7-6 所示，得到的组织为铁素体+回火贝氏体和回火马氏体。在塑性变形的开始阶段应力集中在铁素体上，降低了钢板的屈服强度，而高强度的回火贝氏体和回火马氏体提高了抗拉强度，使钢板具有较低的屈强比的同时能使抗拉强度达到600MPa级别。

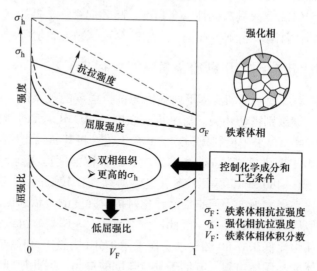

图7-6　低屈强比600MPa级高强钢物理冶金学原理

　　图7-7是日本钢铁企业生产低屈强比590MPa和780MPa级建筑用钢的生产工艺示意图[12,42~45]。初期阶段，日本采用多级热处理Q-L-T工艺（见图7-7（a）），通过两相区淬火和回火工艺，获得软质铁素体和硬质回火贝氏体和回火马氏体组织。为了节约能源、简化流程和降低成本，后来开发了DQ-L-T工艺（见图7-7（b））、DL-T工艺（见图7-7（c））和缓慢冷却型DQ-T工艺（见图7-7（d））。为获得更低的屈强比，神户制钢通过N-L-T工艺[12]（见图7-7（e））生产屈强比仅为0.70的590MPa级建筑用钢板，是目前590MPa级钢板中屈强比最低的生产工艺。表7-2是各大钢铁公司开发的590MPa级低屈强比建筑用钢的成分和性能。钢中除了添加Nb、V等微合金元素外，还添加了Cu、Cr、Ni和Mo等贵重合金元素，组织均为铁素体+回火贝氏体和回火马氏体。铁素体为软相，回火贝氏体和回火马氏体为硬相，同时实现了高抗拉强度和低屈强比。

　　以铁素体为软相的低屈强比高强度厚板的屈服行为与相组成、晶粒尺寸、硬相的体积分数及尺寸、位错密度和析出等因素有关。490MPa级低屈强比建筑用钢，可采用TMCP方法直接生产。终轧结束后在高温停留一定时间，而后进行层流冷却，得到一定量的铁素体来降低屈强比，最佳的终轧温度应控制在850~900℃之间。对于低屈强比590MPa建筑用钢，S. E. 韦伯斯特[46]研究了两相区淬火温度对屈强比的影响，结果表明，随着淬火温度的升高，屈强比不断降低，如图7-8所示。

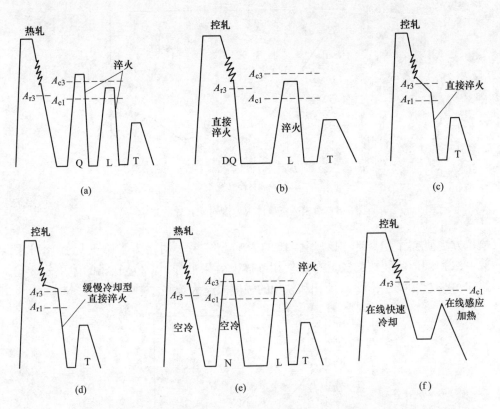

图 7-7 日本钢铁企业生产低屈强比建筑用钢工艺示意图

（a）Q-L-T；（b）DQ-L-T；（c）DL-T；（d）缓慢冷却型 DQ-T；（e）N-L-T；（f）TMCP-HOP
（Q—淬火；L—两相区淬火；DL—两相区直接淬火；DQ—直接淬火；N—正火；T—回火）

表 7-2　典型 590MPa 低屈强比高层建筑用钢的成分性能

| 工艺 | 化学成分（质量分数）/% | | | | | | | | | | 厚度 /mm | R_e /MPa | R_m /MPa | YR/% | A/% | $A_{kv(0℃)}$ /J |
	C	Si	Mn	Nb	V	Cu	Cr	Ni	Mo	C_{eq}						
Q-L-T	0.12	0.47	1.44	—	0.040	0.24	6	0.32	0.11	0.43	80	493	663	74	28	222
	0.13	0.25	1.44	—	0.040	0.21	8	0.20	0.21	0.46	80	451	600	75	—	
	0.12	0.27	1.44	—	0.041	0.23	—	0.19	0.22	0.43	60	462	614	75	28	
DQ-L-T	0.11	0.25	1.45	—	0.036	0.22	—	0.45	0.12	0.41						
N-L-T	0.14	0.38	1.41	添加				—		0.43	70	450	639	70	31	225
DL-T	0.14	0.28	1.43	—	0.040		2	2	0.12	0.43		501	688	73		

　　Tomita[44]就两相组织中铁素体体积分数对屈强比的影响进行了研究，发现随铁素体体积分数的增加，屈强比不断降低，如图 7-9 所示。Shikanai[47]采用 FEM

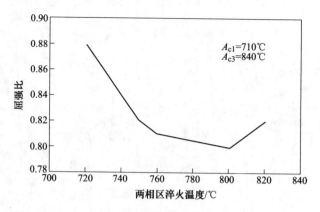

图 7-8　两相区直接淬火温度对屈强比的影响

模拟方法研究了组织形貌对屈强比的影响，结果表明，为了降低屈强比可采取：（1）圆形的硬相弥散分布在软相基体上效果最佳；（2）软相的体积分数控制在50%左右最佳；（3）硬相和软相的强度差越大越好。

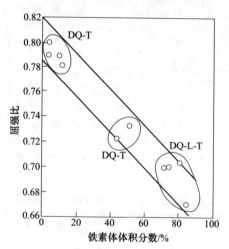

图 7-9　铁素体体积分数对屈强比的影响

当抗拉强度上升到780MPa 时，不仅需要添加大量 Ni 等固溶强化元素，还需要添加一定量的 Mo 等抗回火软化元素，以保证钢板经过回火后仍具有较高的强度。JFE 通过 Super OLAC+HOP 工艺[45]，如图 7-7（f）所示。这一工艺将比铁素体强度更高的回火贝氏体作为钢的软相组织，M/A 岛作为硬质相，通过工艺参数优化，使 M/A 岛弥散分布在回火贝氏体的基体上。采用该工艺减少了合金元素的用量，其强度完全满足780MPa 级性能要求，屈强比控制在0.80以下。

图 7-10 是采用 TMCP-HOP 工艺的微观组织控制示意图[45]。这一过程可以分

为三个阶段。第一阶段，经过控制轧制，形成压扁细化的奥氏体晶粒，随后加速冷却至贝氏体相变区域适当保温，形成一定数量的贝氏体和富碳奥氏体。第二阶段，利用 HOP 装置快速加热至 A_{c1} 以下，此时由于温度较高，C 向奥氏体中的富集加剧，即奥氏体进一步富碳，同时，贝氏体中位错密度降低。第三阶段是 HOP 工艺后冷却阶段，富碳的奥氏体在较慢冷却条件下形成硬相 M/A 岛，得到回火贝氏体+细小弥散 M/A 岛组织。Ueda Keiji 等[45] 对 HOP 工艺的研究发现随 M/A 岛体积分数增加，屈服强度降低，而抗拉强度升高，如图 7-11 所示。他们认为屈服强度降低可能与 M/A 岛附近的可移动位错增加有关。Mazancova 等[48] 认为 M/A 岛能够明显提高抗拉强度，但对屈服强度影响较小。

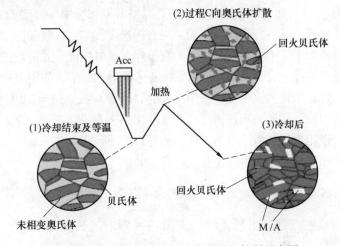

图 7-10 采用 OLAC+HOP 工艺的组织控制示意图

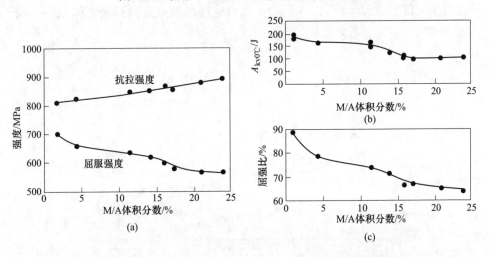

图 7-11 Ueda Keiji 研究的 M/A 岛体积分数与强度的关系[45]

(a) 强度；(b) 屈强比；(c) 冲击功

7.4　建筑结构用钢绿色化生产技术及典型产品

低合金高强度钢板的抗拉强度超过 600MPa 时，一般采用调质工艺[49]。其组织类型为贝氏体和马氏体，屈强比通常高于 0.85。为降低屈强比，采用两相区淬火+回火工艺，得到铁素体+回火马氏体或回火贝氏体组织，软硬相的合理配比可有效降低钢板的屈强比。为了降低屈强比，国外开发了多种工艺路线。这些工艺大致分为两类：（1）长流程工艺，如（Q-L-T）。为了获得铁素体+马氏体组织，使强度达到 590MPa 级的同时屈强比小于 0.80，在两相区淬火之前，需要进行再加热淬火等预处理。这类工艺虽然组织控制比较简单，性能稳定，但是流程较长，能源消耗大，成本较高。（2）短流程工艺，如 DL-T、DQ-L-T 和缓慢冷却型 DQ-T。这类工艺虽然节约了能源，成本较低，但是均采用直接淬火技术，目前我国的冷却系统多以层流冷却设备为主，不能实现厚钢板的直接淬火。虽然部分先进钢铁企业能够直接淬火，但是直接淬火过程中的板形问题一直未能得到解决，使得直接淬火工艺难以在低屈强比建筑结构用钢中推广应用。同时，我国新投产的 4m 以上生产线大多采用连铸坯。因此，如何采用连铸坯在低压缩比和现有设备条件下生产 60mm 及以上规格的低屈强比建筑结构用厚钢板成为亟待解决的问题。基于此问题，开发出以下几种低屈强比建筑结构用钢绿色化生产技术。

7.4.1　低成本短流程的 TMCP-L-T 工艺

为了节约成本，缩短工艺流程，提出一种新型的热处理工艺（TMCP-L-T）路线，即钢板经过 TMCP 后得到铁素体+珠光体组织，之后离线加热到两相区，保温后淬火得到铁素体+马氏体组织，最后经过高温回火得到铁素体+回火马氏体的双相组织。其工艺如图 7-12 所示。

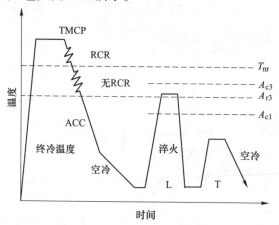

图 7-12　TMCP-L-T 热处理工艺

7.4.1.1 TMCP-L-T 工艺的工业试制

在实验室热轧的基础上，在某钢厂 100t 顶底复吹转炉冶炼并连铸成 250mm×2000mm×3450mm 的 SA440 坯料，具体化学成分见表 7-3。

表 7-3 工业试制用 SA440 的化学成分 （质量分数,%）

C	Si	Mn	P	S	Nb	V	Ti	C_{eq}	P_{cm}
0.15	0.37	1.53	0.012	0.003	0.031	0.094	0.01	0.41	0.24

为保证微合金元素的充分溶解和板坯温度均匀，加热温度为 1200℃，在炉时间不低于 270min。为保证钢板 Z 向性能，在高温再结晶区采用低速大压下，再结晶区轧制每道次压下率约为 20%，展宽道次咬入速度为 1.0m/s，最大速度为 1.3m/s。待温厚度为 100mm，成品厚度为 45mm。精轧开轧温度为 930℃，终轧温度为 850℃，轧后冷却速度为 5℃/s，终冷温度为 720℃。在实验室进行后续热处理，两相区加热温度为 760℃，在炉时间为 90min，达到时间后在水槽中进行淬火。在 500℃ 电阻炉中进行回火，在炉时间为 90min。

轧制和热处理后，将试样经过研磨抛光后用 4% 的硝酸酒精溶液腐蚀并进行组织观察。回火后按标准取拉伸试样测量强度和伸长率。取标准夏比 V 形冲击试样测定不同温度的冲击吸收功，冲击试样尺寸为 10mm×10mm×55mm。

7.4.1.2 结果与分析

图 7-13 是试制钢板不同阶段的金相和 SEM 组织。热轧后表面为细晶铁素体+珠光体+少量贝氏体。厚度方向 1/4 位置和 1/2 位置组织均为铁素体+珠光体，1/2 位置出现较严重的带状组织。

表 7-4 为试制钢的力学性能。采用 TMCP-L-T 工艺可以达到 SA440 钢板力学性能的要求，而且工业试制钢的屈强比明显低于 0.80。

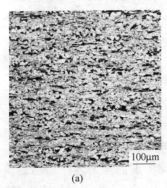
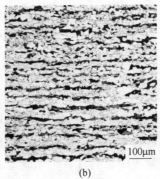
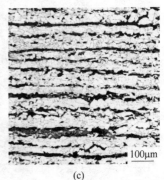

(a)　　　　　　　(b)　　　　　　　(c)

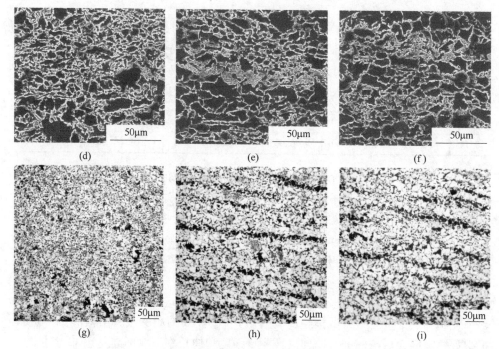

图 7-13　实验钢不同阶段不同位置的金相和 SEM 组织

（a）TMCP，表面；（b）TMCP，1/4 位置；（c）TMCP，1/2 位置；（d）TMCP-L，表面；
（e）TMCP-L，1/4 位置；（f）TMCP-L，1/2 位置；（g）TMCP-L-T，表面；
（h）TMCP-L-T，1/4 位置；（i）TMCP-L-T，1/2 位置

表 7-4　SA440 钢板的典型力学性能

厚度/mm	R_{el}/MPa	R_m/MPa	YR	A/%	$A_{kv-20℃}$/J	$A_{kv-40℃}$/J	Ψ_Z/%
45	455	625	0.73	25.5	146	96	57.3
45	465	630	0.74	25.5	173	134	62.7

　　可以看出，工业试制的工艺参数、组织和性能之间的对应关系与实验室实验的结果基本一致。由此说明，TMCP-L-T 工艺完全可以用于低屈强比 590MPa 级建筑结构用 SA440 钢板的生产，具有实际使用价值。

7.4.2　超低屈强比 N-L-T 工艺

　　对铁素体+回火马氏体双相组织而言，降低铁素体的强度，则在抗拉强度基本一致的前提下，可获得更低的屈强比。铁素体的强度主要由铁素体晶粒尺寸、固溶元素、位错、析出等因素决定，而这些因素均与淬火前的预处理密切相关。与淬火、TMCP 等工艺相比，正火时铁素体的强度较低。因此，为了得到更低的铁素体基体强度，提出了 N-L-T 工艺。此工艺中，将正火作为两相区淬火前的预

处理工艺，之后进行两相区淬火+回火处理。2008 年神户制钢也曾提出了 N-L-T 工艺，其化学成分和性能[11,12]见表 7-5 和表 7-6，试制钢中添加一定量的 Cu、Ni、Cr 等合金元素。本着减量化的原则，本节以 Nb-V-Ti 复合添加的微合金钢为研究对象，探讨 N-L-T 工艺的可行性。

表 7-5 神户制钢 N-L-T 工艺试制 KSAT440 钢板的化学成分[16,17] （质量分数，%）

C	Si	Mn	P	S	其他	C_{eq}	P_{cm}
0.14	0.38	1.41	0.012	0.002	Cu, Ni, Cr, Nb, V	0.43	0.25

表 7-6 神户制钢 N-L-T 工艺试制 KSAT440 钢板的力学性能[16,17]

厚度/mm	R_{el}/MPa	R_m/MPa	YR	A/%	$A_{kv_{0℃}}$/J
70	450	639	0.70	31	225

7.4.2.1 N-L-T 工艺的工业试制

结合实验室中试试制的结果，在某钢厂 4300mm 中厚板生产线上进行了超低屈强比 590MPa 建筑结构用厚板的工业试制。冶炼化学成分见表 7-7。连铸坯厚度为 250mm，成品厚度为 90mm，总压缩比仅为 2.8。

表 7-7 工业试制用 SA440 钢板的化学成分 （质量分数，%）

C	Si	Mn	P	S	Nb	V	Ti	C_{eq}	P_{cm}
0.16	0.43	1.48	0.015	0.004	0.027	0.046	0.017	0.42	0.25

连铸坯加热温度为（1200±20）℃，在炉时间不少于 240min。粗轧采用低速大压下轧制，保证奥氏体再结晶区充分发生再结晶，细化奥氏体晶粒。待温厚度为 180mm。二阶段开轧温度 900℃，终轧温度为 830℃，终冷温度为 700℃，冷却速度为 3℃/s。对热轧后钢板进行正火处理，正火温度为 900℃，在炉时间为 164min。正火钢板组织如图 7-14 所示，性能见表 7-8。

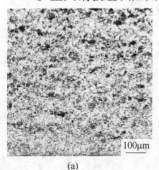 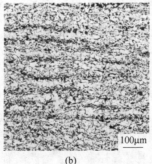 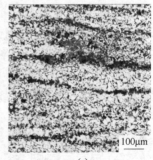

图 7-14 正火后钢板的组织
（a）表面；（b）1/4 位置；（c）1/2 位置

表7-8　正火 SA440 钢板的典型力学性能

项目	R_{el}/MPa	R_m/MPa	YR	$A/\%$	$A_{kv_{0℃}}/J$	$\Psi_Z/\%$
正火态	385	560	0.69	36.0	161	21.5
SA440 标准要求	440~540	590~740	≤0.80	≥20	≥70	≥25

正火后钢板组织主要为铁素体+珠光体，表层、1/4 位置和 1/2 位置的铁素体平均晶粒尺寸分别为 11.0μm、13.3μm 和 18.9μm。心部存在较严重的带状组织。与 SA440 标准相比，强度、Z 向性能较差。

对正火钢板进行了两相区淬火+回火试验。两相区加热温度为 810℃，在炉时间为 153min，之后在辊压式淬火机中进行淬火。最后进行 500℃ 回火，在炉时间为 180min。热处理后试样分析及检测方法同 7.4.1.1 小节。

7.4.2.2　工业试验结果与分析

表 7-9 为试制钢板的力学性能。可以看出，采用 N-L-T 工艺后，厚度方向 1/4 位置处基本达到 SA440 力学性能的要求。屈强比为 0.69，远低于标准要求。但是强度，尤其是屈服强度靠近目标值下限。

表7-9　试制 SA440 钢板的典型力学性能

位置	R_{el}/MPa	R_m/MPa	YR	$A/\%$	$A_{kv_{0℃}}/J$	$A_{kv_{-20℃}}/J$	$A_{kv_{-40℃}}/J$	$\Psi_Z/\%$
1/4	440	640	0.69	25.5	165	82	55	
1/2	425	625	0.68	27.5	102	67	27	
全厚度								47.8
SA440 标准要求	440~540	590~740	≤0.80	≥20	≥70			≥25

表 7-10 为本研究新开发钢板与舞钢[50~52]、神户制钢[11,12]低屈强比建筑用钢性能的比较。从强度方面对比可以看出，采用 N-L-T 工艺开发的 90mm 建筑用厚钢板屈服强度为 440MPa，抗拉强度为 640MPa，均高于舞钢供货鸟巢的 Q460E/Z35 高性能建筑用钢。试制钢板屈强比为 0.69，这是目前 590MPa 高强度厚钢板实物质量中最低的。这说明在屈强比控制方面，N-L-T 工艺有独特的优势，因此从抗震性能来看，其抗震性能应该要高于舞钢供货的 Q460E/Z35，而与神户制钢供货的 KSAT440 高抗震性能建筑用钢相当。从冲击韧性指标来看，舞钢采用铸锭和正火控冷工艺生产建筑用钢在−40℃ 低温冲击功达 133J，高于试制钢种，但是本小节开发的钢板 0℃ 冲击功达 165J，−40℃ 冲击功为 51J，仍高于 SA440 和国标 E 级的要求。从塑性指标来看，试制钢板塑性与舞钢供货钢板相当，均远远超过标准的要求。从 Z 向性能来看，试制钢板 Z 向性能均能满足 Z35 要求，略优于舞钢供货厚板。本次试制的钢板的碳当量为 0.42%，与神户制钢相当，而舞钢供

货钢板碳当量达 0.47%。因此，采用 N-L-T 工艺生产的高性能建筑用钢在焊接性能上要优于舞钢供货钢板。

表 7-10 新开发钢板与舞钢[50~52]、神户制钢[11,12]超低屈强比建筑用钢规格和性能比较

项目	厚度/mm	C_{eq}/%	R_{el}/MPa	R_m/MPa	YR	A/%	$A_{kv_{0℃}}$/J	$A_{kv_{-20℃}}$/J	$A_{kv_{-40℃}}$/J	Ψ_Z/%
舞钢	110	0.47	438	602	0.73	26.2			133	44.7
神户制钢	70	0.43	450	639	0.70	31.0	225			
新开发	90	0.42	440	640	0.69	25.5	165	82	55	47.8
SA440 标准要求	40~100	≤0.47	440~540	590~740	≤0.80	≥20	≥70			≥25

注：C_{eq} 为质量分数。

舞钢供货的 Q460E/Z35 钢板[53]组织为 F+P，如图 7-15 所示。铁素体平均晶粒尺寸为 10~15μm，沿厚度方向钢板组织比较均匀。但采用正火控冷工艺，表面不可避免存在过冷层，其屈服强度波动为 110MPa[53]。作为高层建筑用钢，屈服强度波动过大。

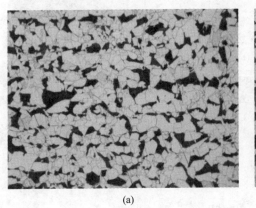 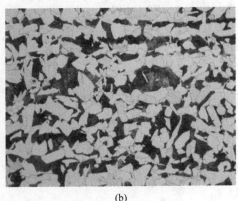

(a)   (b)

图 7-15 舞钢供货的 Q460E/Z35 钢板表层和心部的金相组织（500×）

(a) 表面；(b) 中心

图 7-16 为 N-L-T 工艺生产的 90mm 钢板表层、1/4 位置和 1/2 位置的金相照片。可以看出，淬火和回火后组织类型分别为铁素体+马氏体/贝氏体和铁素体+回火贝氏体/马氏体组织，表层铁素体比例稍低于 1/4 位置和 1/2 位置，沿厚度方向组织差异较小。图 7-17 为 N-L-T 工艺生产的 90mm 试制钢板沿厚度方向的维氏硬度分布，其平均硬度为 203HV，波动为±11HV，而 1/4 位置与 1/2 位置强度偏差仅为 15MPa。从组织均匀性和性能均匀性来看，试制的 N-L-T 工艺的 90mm 厚板占优势。

但是，从生产稳定性的角度考虑，无论是实验室实验结果还是 90mm 钢板的工业试制的结果，屈服强度富余量较小。拟通过提高微合金元素 V 的含量来提高 V 在铁素体中的析出强化，提高屈服强度，在以后工作中将不断改善。

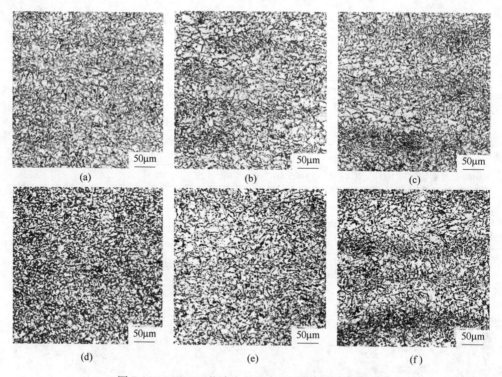

图 7-16　N-L-T 工艺淬火和回火不同位置的金相组织
（a）淬火，表面；（b）淬火，1/4 位置；（c）淬火，1/2 位置；
（d）回火，表面；（e）回火，1/4 位置；（f）回火，1/2 位置

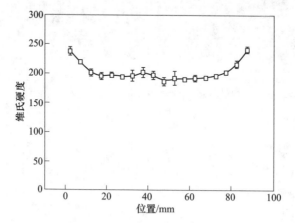

图 7-17　N-L-T 工艺生产的 90mm 试制钢板沿厚度方向的维氏硬度分布

7.4.2.3　讨论

研究表明[54]，当压缩比小于 4 时，连铸坯仅在板厚近表面的上、下 1/3 位

置发生明显塑性变形，铸坯心部疏松略有减轻，但中心偏析不能得到改善。当压缩比达到5时，中心部位的金属才发生明显的塑性变形，部分中心疏松才被轧合。而在试制中，由于受到铸坯厚度、成品厚度和轧机开口度等因素的限制，总压缩比仅为2.8。轧制后钢板的Z向断面收缩率仅为16.2%。这是由于铸坯中心处存在疏松、中心偏析等缺陷造成的。虽然正火能细化晶粒，减轻应力集中，降低裂纹萌生倾向并有效阻碍裂纹扩展，有助于提高钢板的Z向性能，但是不能从根本上改善带状组织。因此，正火处理后试制钢的Z向性能提高到21.5%，抗层状撕裂能力依然较差。经过L-T处理后，试制钢的冲击韧性特别是Z向性能大幅提高。正火后钢板经过两相区加热时，奥氏体首先在珠光体上形核，随后沿着铁素体晶界长大。C和Mn等合金元素扩散到奥氏体中，导致奥氏体周围铁素体基体贫碳。同时奥氏体对N、P等杂质元素也有"吸收"作用，使铁素体净化，两者同时作用提高钢的韧性和塑性。在随后的淬火过程中，奥氏体大部分转变为马氏体，未熔铁素体硬度低且塑性好，因此具有良好的塑性和韧性，马氏体回火后，韧性得到一定程度改善。从图7-18的SEM组织可以看出，韧性相对较低的回火马氏体被铁素体最大限度的分割开。因此，裂纹扩展时不仅通过马氏体，还必须通过铁素体，需要消耗较高的能量，从而提高韧性和塑性。

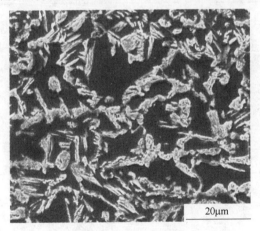

图7-18　低压缩比条件下获得钢板的双相组织

　　进行TMCP和淬火等预处理后，由于组织中具有较高的缺陷（位错、位错墙、位错胞等）密度，这将增加两相区回火过程中奥氏体的形核地点，在随后由于淬火过程中马氏体相变，使得铁素体中位错密度增高，提高了铁素体基体强度。而正火预处理后，铁素体晶粒粗大，位错密度较低，两相区淬火后相应的铁素体强度也较低。较低的铁素体强度引起软硬相强度比值降低，这是N-L-T工艺获得更低屈强比的主要原因。因此，与其他低屈强比工艺相比，N-L-T采用适当的工艺参数，可以在抗拉强度基本一致的情况下得到超低屈强比的高性能建筑结构用钢。

7.4.3　两相区直接淬火回火（DL-T）工艺

为了节约能源和降低成本，新日铁等国外钢铁企业开发了两相区直接淬火+回火（DL-T）、缓慢型直接淬火+回火（Slack DQ-T）和超快速冷却+在线感应加热（Super OLAC-HOP）[43~45]等短流程工艺，而我国对此研究还比较少。同时，国外钢铁企业多添加 Cu、Cr、Mo 和 Ni 等合金元素，而不添加贵重合金元素，只添加 Nb、V 和 Ti 微合金元素的低屈强比 590MPa 级建筑结构用钢的短流程工艺国内外尚无报道。

因此，本节在 C-Mn 钢基础上复合添加 Nb、V、Ti 的微合金钢为实验对象，在实验室进行热轧后两相区直接淬火+回火实验。实验材料为 Nb-V-Ti 复合添加的微合金钢，采用中频真空感应炉冶炼并浇铸成 150kg 钢锭，化学成分见表 7-11。

表 7-11　试验钢的化学成分　　　　　　　　　　（质量分数，%）

C	Si	Mn	Nb	V	Ti	P	S	C_{eq}
0.17	0.40	1.40	0.032	0.080	0.015	0.014	0.005	0.42

铸锭热锻开坯，加工成厚度为 90mm 的坯料。经 1200℃ 保温 1h 后，在实验室 ϕ450mm 可逆式热轧机上经 8 道次两阶段热轧至 13mm。一阶段轧制每道次压下率均大于 18%，二阶段总压下率为 71.7%，终轧温度为 829~840℃。热处理后试样分析及检测方法同 7.4.1.1 节。实验钢轧制、冷却工艺参数及回火工艺参数见表 7-12 和表 7-13。

表 7-12　实验钢轧制及冷却工艺参数

编号	终轧温度/℃	终轧后空冷时间/s	直接淬火开始温度/℃	冷却速度/℃·s⁻¹
K1	830	51	750	30
K2	829	115	700	30
K3	837	182	650	30
K4	840	248	600	30

表 7-13　实验钢回火工艺参数

编号	直接淬火开始温度/℃	回火温度/℃	在炉时间/min	冷却速率/℃·s⁻¹
K5	650	300	26	15
K6	650	400	26	15
K7	650	500	26	15
K8	650	600	26	15

工艺1：研究直接淬火温度对实验钢组织性能的影响。钢板两阶段轧制后，分别空冷到750℃、700℃、650℃、600℃，之后以30℃/s的冷却速度在两相区直接淬火至室温。具体实验控轧及直接淬火温度参数见表7-12。最后对直接淬火钢板在500℃回火30min。

工艺2：研究淬火速度和回火温度对实验钢组织性能的影响。钢板两阶段轧制后，空冷到650℃，以15℃/s的冷却速度在两相区直接淬火至室温。最后分别在300℃、400℃、500℃和600℃回火26min。具体控轧及回火温度参数见表7-13。

7.4.3.1 直接淬火温度对实验钢组织性能的影响

不同温度直接淬火后实验钢的金相组织如图7-19所示。750℃淬火时，组织为铁素体+马氏体+贝氏体；650~700℃淬火时，组织为铁素体+马氏体；600℃淬火时，组织主要为铁素体+马氏体+少量珠光体。经统计，K1~K4对应的铁素体含量分别为67.9%、77.3%、79.2%和81.7%。

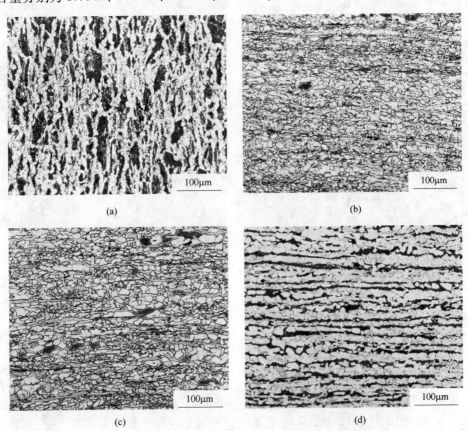

图 7-19 四种工艺对应的直接淬火实验钢的显微组织
(a) K1；(b) K2；(c) K3；(d) K4

钢板经 500℃ 回火后的显微组织如图 7-20 所示。回火组织与淬火组织相对应，750℃、650~700℃ 和 600℃ 淬火温度对应的回火组织分别为铁素体+回火马氏体+回火贝氏体、铁素体+回火马氏体和铁素体+回火马氏体+珠光体。

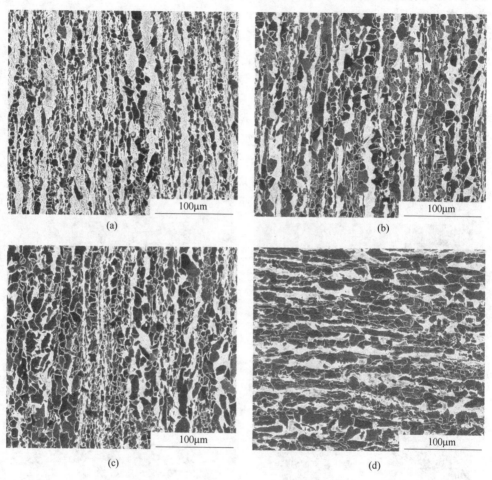

(a)　　　　　　　　　　　　　　　(b)

(c)　　　　　　　　　　　　　　　(d)

图 7-20　500℃ 回火后实验钢的显微组织
(a) K1；(b) K2；(c) K3；(d) K4

表 7-14 为四种工艺对应的实验钢的力学性能。可以看出，K2、K3 和 K4 三种工艺下力学性能都达到了日本标准 590MPa 级 SA440 的要求，K1 工艺下实验钢的力学性能满足日本标准 780MPa 级 SA630 的要求。

实验钢变形后空冷至不同淬火温度的过程中，随着直接淬火开始温度降低，冷却曲线经过的铁素体相变区域增加，形成的先共析铁素体含量增多。冷却至 750℃ 时，在拉长的奥氏体晶界处形成部分先共析铁素体。从金相组织上可以明显看到铁素体具有仿晶界特征。由于温度较高，形成的铁素体含量较低。在这一

表 7-14 实验钢的力学性能

编号	$R_{p0.2}$/MPa	R_m/MPa	YR	A/%	$A_{kv0℃}$/J
K1	643	785	0.82	19.1	88
K2	533	704	0.76	22.1	83
K3	523	690	0.76	24.7	85
K4	469	615	0.76	28.3	116
日标 SA440 要求	440~540	590~740	≤0.80	≥20.0	≥47
日标 SA630 要求	630~750	780~930	≤0.85	≥16.0	≥47

过程中同时发生 C 向奥氏体中富集，但奥氏体中 C 含量较 650℃和 700℃时低。在随后的淬火过程中，750℃淬火对应的奥氏体淬透性也偏低，不易完全形成马氏体，形成了部分贝氏体。而 650℃和 700℃淬火后，由于剩余的奥氏体中 C 含量较高，具有较高的淬透性，从而可以完全形成马氏体。轧后空冷至 600℃时已经过珠光体区，淬火后将剩余的奥氏体转变为马氏体。

图 7-21 为 500℃回火后实验钢的力学性能随直接淬火温度的变化规律。如图 7-21（a）所示，可以看出，随直接淬火温度升高，强度增加。通常认为，在铁素体+硬相的双相组织中，屈服强度主要与铁素体的强度有关，而铁素体强度主要由铁素体晶粒尺寸以及铁素体周围硬相造成的铁素体塑性应变决定。随直接淬火温度升高，空冷时间缩短，这就意味着早先形成的先共析铁素体来不及长大，晶粒尺寸减小；同时，硬相体积分数增加。在拉伸变形过程中，铁素体变形受到周围硬相的限制增加，显著提高屈服强度。抗拉强度主要由硬相的强度和体积分数决定[55]，本实验中，虽然随淬火温度的升高硬相中 C 含量降低，但硬相体积分数增加，两者综合作用，使最终抗拉强度随淬火温度升高而升高。750℃淬火温度对应的屈服强度比 700℃淬火升高较多，原因可能是由于拉伸过程中其组织中的铁素体和贝氏体共同对屈服强度产生影响，从而造成其屈服强度升高幅度增加，进而使屈强比升高。

图 7-21（b）为实验钢伸长率和冲击吸收功随直接淬火温度的变化曲线，可以看出，伸长率随淬火温度升高呈线性降低，这主要是由于随淬火温度升高，铁素体中 C 含量增加。同时，硬相体积分数的增加造成变形过程中对铁素体塑性变形的束缚增加，这两方面原因都会导致伸长率降低。

在 650~750℃淬火时对应的冲击吸收功变化不大。晶粒尺寸对冲击韧性有直接影响，晶粒尺寸减小，裂纹扩展过程中受到的阻碍增加，从而提高冲击韧性。本实验中，随淬火温度升高，铁素体晶粒尺寸减小，这对提高冲击韧性有利。但是，硬质第二相的数量、尺寸也会对冲击韧性产生影响。在外力的作用下，硬质相界面可因塑变而诱发出断裂的核心，裂纹得以迅速扩展，导致韧性恶化[56]。

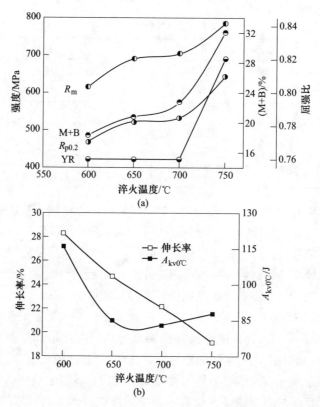

图 7-21　直接淬火温度对 500℃回火后实验钢性能的影响

（a）强度和屈强比；（b）伸长率和冲击吸收功

实验钢经两相区淬火后，形成的马氏体通过切变型相变遗传剩余奥氏体中高的 C 含量，使其韧性降低[57]。回火后，硬脆的马氏体发生过饱和 C 的析出，降低了其中的 C 含量，同时降低了铁素体和马氏体界面处的应力集中，可以有效改善其韧性。但是，必须指出，与铁素体相比，回火马氏体仍为硬相，其体积分数增加不利于冲击韧性的改善。因此，晶粒尺寸的有利作用和第二相的不利作用相互抵消，导致 650~750℃淬火温度对应的冲击韧性差别不大。而 600℃淬火条件下，由于大部分相变都为扩散型相变，而且由于大部分形核位置被铁素体和珠光体占据，马氏体岛分布更弥散、细小，这些因素都使得该条件下实验钢的冲击韧性较高。

7.4.3.2　回火温度对实验钢组织性能的影响

图 7-22 为不同回火温度对应的实验钢的金相组织，组织为铁素体+珠光体+回火马氏体。经统计，K5~K8 对应的铁素体含量分别为 74.3%、73.8%、73.0%和 72.4%，铁素体平均晶粒尺寸分别为 5.8μm、7.3μm、7.6μm 和 7.8μm。

图 7-23 为不同回火温度对应的扫描电镜照片。可以看出，当回火温度为

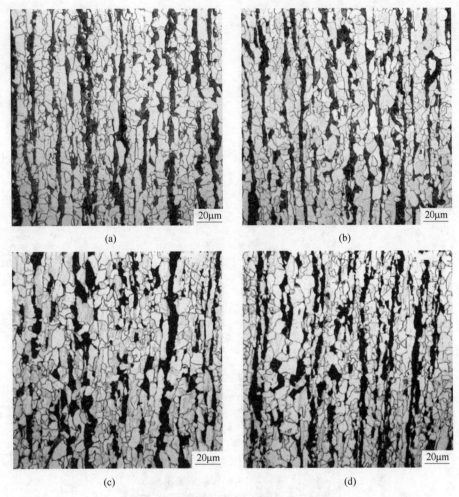

图 7-22 不同温度回火后实验钢的显微组织
(a) 300℃; (b) 400℃; (c) 500℃; (d) 600℃

300℃时，马氏体形态没有明显变化。回火温度为 400℃时，马氏体岛逐渐分解，已看不到明显的板条结构，能够看到明显的渗碳体析出。当回火温度达到 500℃时，马氏体岛已分解比较完全，马氏体中的碳化物开始球化。

图 7-24 为淬火及回火态对应组织的透射电镜形貌。可以看出，直接淬火态下，可以清楚地辨认出马氏体的板条形态。300℃回火时，马氏体板条形态开始模糊，没有发现渗碳体析出，与 Rashid 等的研究结果[58]一致。400℃回火时，马氏体中开始出现大量渗碳体析出，大多为长条状。500℃回火时，已不能分辨出马氏体的形态，在马氏体岛中的渗碳体明显粗化，部分已开始球化。

图 7-25 为不同回火温度下铁素体内部微合金元素析出的透射电镜形态。300℃

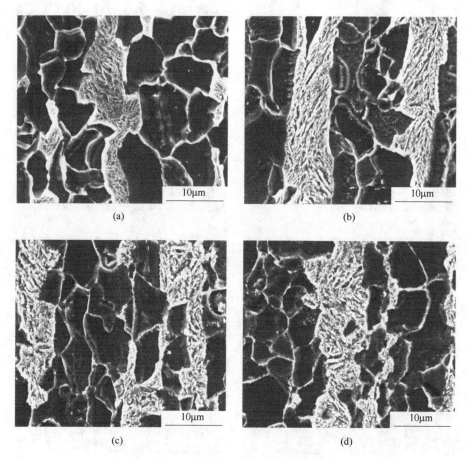

图 7-23　不同回火温度扫描电镜照片

（a）300℃；（b）400℃；（c）500℃；（d）600℃

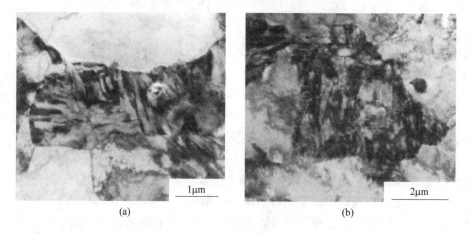

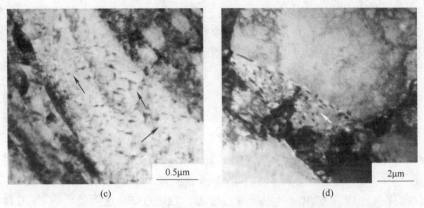

(c)   (d)

图 7-24 淬火及回火态组织的透射电镜形貌
(a) 直接淬火；(b) 300℃；(c) 400℃；(d) 500℃

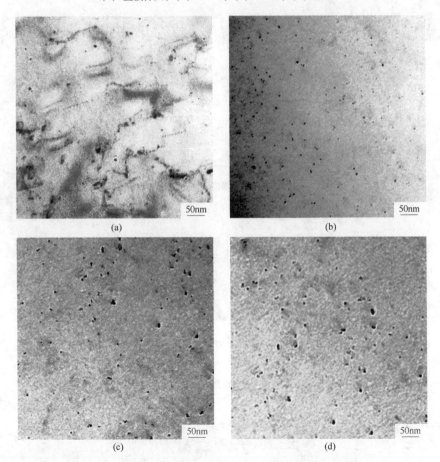

(a)   (b)

(c)   (d)

图 7-25 铁素体中微合金元素在不同回火温度实验钢的透射电镜析出照片
(a) 300℃；(b) 400℃；(c) 500℃；(d) 600℃

回火时，铁素体内部位错线上开始出现一部分细小的析出物，直径在 5nm 左右，这些沉淀相可能是 Nb-V 的 C/N 化物。400℃ 回火时，细小析出物数量显著增加，直径在 7nm 左右。500℃ 回火时，析出物略有长大，直径在 10nm 左右。600℃ 回火时，析出物长大至 10~15nm，经 EDX 分析可知为 Nb-V 的复合析出物。

图 7-26（a）为实验钢强度和屈强比随回火温度的变化曲线。随回火温度升高，屈服强度先升高后降低，在 400℃ 回火时达到峰值。300~400℃ 之间屈强比快速上升，超过 400℃ 后，屈强比缓慢上升。而抗拉强度呈单调降低，由于屈服强度的升高远低于抗拉强度下降的幅度，因此随着回火温度的升高，屈强比升高。

图 7-26（b）为实验钢伸长率和冲击吸收功随回火温度的变化曲线。伸长率的变化规律与屈服强度相反，先降低后增加，在 400℃ 时达到最低值。0℃ 冲击功先降低，在 400℃ 达到最低值后增加，在 500~600℃ 基本保持不变。

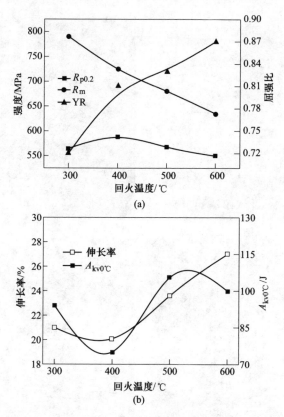

图 7-26　强度、屈强比以及延伸率和冲击吸收功与回火温度的关系
（a）强度和屈强比；（b）伸长率和冲击功

图 7-27 为不同回火温度对应的实验钢的拉伸曲线。可以看出，四种回火温度下，实验钢拉伸曲线都存在屈服平台。与 400~600℃ 回火对应的曲线不同的

是，300℃回火对应的屈服平台没有明显的上下屈服点。随回火温度升高，屈服平台长度增加。这是由于回火温度升高导致 C、N 原子扩散能力提高，开始向位错线大量偏聚，使可动位错密度不断降低[59]。屈服平台长度越长，屈强比越高。可见，减小屈服平台长度，是获得低屈强比的有效途径。

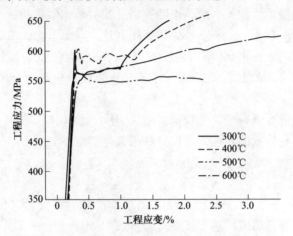

图 7-27　不同回火温度对应的拉伸曲线特征

在 300~400℃回火时，铁素体中的位错通过滑移或攀移消失在晶界等缺陷处。同时由于 C、N 等原子的扩散能力增强而钉扎部分可动位错，使铁素体内部的可动位错数量减少。两者同时作用，使得只有外力增加到一定程度时，可动位错才开始启动。而一旦启动后应力立即下降，即出现明显的上、下屈服点。这是在 400℃回火时拉伸曲线存在明显的上、下屈服点的原因。300℃回火时，由于仍存在一定数量的可动位错而导致虽然出现屈服但是并没有明显的上、下屈服点。通过 TEM 观察还发现，在 400℃回火时，细小的微合金元素的大量析出，将导致屈服强度提高。另外，由于马氏体相变过程中会产生 2%~3%的体积膨胀[60]，这会在靠近马氏体岛边缘的铁素体中产生微残余应力。回火过程中这种微残余应力的不断释放将导致屈服强度的提高[59]，故屈服强度出现了极大值。而对抗拉强度起决定作用的马氏体则持续软化，导致抗拉强度随回火温度的升高而降低。同时，由于渗碳体的大量析出，实验钢低温冲击韧性降低。当温度升高到 500~600℃时，渗碳体开始球化；回火马氏体中 C 含量和位错密度进一步降低，微残余应力消失，造成其屈服强度和抗拉强度同时降低，但冲击韧性明显提高。由于400℃回火时屈服强度突然增加，使其屈强比由 0.72 增加至 0.81；当回火温度从400℃增加到600℃时，屈强比仅由 0.81 增加至 0.87。

沈显璞等人[61]通过测定不同温度回火的内耗曲线发现，随回火温度的升高，Snoek 峰下降较快，而 Snoek 峰高则可敏感地反映间隙固溶原子在铁素体中的固溶量。因此，固溶原子在低温回火过程中从过饱和铁素体中析出。在透射电镜观察中也发现 Nb-V 微合金析出物，即铁素体中固溶间隙原子数量降低，从而使实验钢的伸长率提高。在高温回火时，铁素体的"净化"已基本完成。回火温度的提高，主要使马氏体不断软化，伸长率不断提高。因此，双相钢回火后伸长率的改善归功于铁素体内间隙原子析出的"净化"及马氏体软化两方面因素，即随着回火温度的提高，伸长率应该不断提高，实验数据整体反映了这种趋势；但是在 400℃ 时出现了拐点，伸长率不但没有上升，反而下降，渗碳体的析出是出现这一异常现象的唯一不利因素。因此，可以判断 400℃ 时渗碳体在铁素体晶界处大量析出是伸长率恶化的主要原因。正是如此，也导致了 0℃ 冲击功大幅降低。

由上面的分析可以看出，在较低的回火温度下渗碳体析出较少，屈服平台长度较短，此时具有较低的屈强比和良好的强韧性匹配。

7.4.4　在线热处理（HOP）工艺

JFE 日本制铁所福山厂于 2004 年在超快速冷却设备装置（Super OLAC）后部安装了世界上首条感应加热在线热处理线（Heat Treatment On-line Process，简称为 HOP）[62]。采用 HOP 工艺不仅能实现连续化制造，缩短生产周期，而且与超快速冷却设备（Super-OLAC）组合，可获得在常规工艺流程条件下很难获得的微细组织和强韧性匹配。JFE 通过 Super OLAC-HOP 工艺[43~45]将比铁素体强度更高的回火贝氏体作为软相组织，将 M-A 岛作为硬相，开发的 780MPa 级钢板抗拉强度达到 900MPa 以上，0℃ 冲击吸收功达到 216J，而且屈强比小于等于 0.80，已成功在低屈强比 780MPa 级建筑用钢和 X80 抗大变形管线钢等高强度钢板中得到应用。但是，目前 HOP 工艺的各个阶段中工艺参数对组织性能的影响还未见文献报道。

本节以 Nb-V-Ti 复合添加的微合金钢为研究对象，在实验室条件下进行热轧在线热处理实验，模拟在线热处理工艺下实验钢的组织演变。实验钢的成分见表 7-15，热轧实验在实验室 ϕ450mm 可逆式热轧机上进行。实验坯料尺寸 80mm×200mm×100mm（厚度×长度×宽度），加热至 1200℃，保温 2h 后经 7 道次热轧，轧至 12mm。

表 7-15　实验钢的化学成分　　　　　　　　　（质量分数，%）

C	Si	Mn	Nb	V	Ti	P	S	C_{eq}
0.17	0.40	1.40	0.032	0.070	0.015	0.012	0.005	0.42

为了研究回火保温时间对实验钢组织性能的影响，将轧制后钢板快冷至 400℃，之后 Q8、Q9 和 Q10 试样直接放入 550℃ 的电阻炉中分别保温 3min、12min 和 24min。为了研究不同工艺路径对组织性能的影响，将轧制后钢板快冷

至 450℃，Q5、Q6 试样分别放置在炉温为 550℃ 和 450℃ 的电阻炉中保温 6min，取出后控冷，Q7 直接控冷。

7.4.4.1 回火保温时间对实验钢组织和力学性能的影响

图 7-28 为在 550℃ 的电阻炉中分别保温 3min、12min 和 24min 的 Q8、Q9 和 Q10 试样的金相组织。可以看出，实验钢的组织主要为铁素体+贝氏体，铁素体主要分布在压扁奥氏体晶界处，贝氏体分布在铁素体晶粒之间。

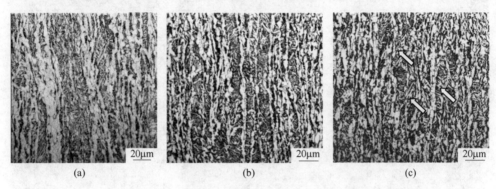

图 7-28 不同保温时间条件下实验钢的金相组织
(a) 3min；(b) 12min；(c) 24min

将 3min、12min 和 24min 保温时间对应的组织进行对比，可以看出，24min 保温时间对应的组织中还存在相当一部分针状铁素体，如图 7-28 (c) 中箭头所示。而 3min 和 12min 保温组织中灰色贝氏体部分经扫描电镜观察发现其主要为板条状的上贝氏体，如图 7-29 所示。这说明在 550℃ 较长时间保温过程中，连续冷却过程中剩余的奥氏体将发生中温相变，这一结论与 Santofimia[63] 和 Li[64] 的研究结果相一致。

图 7-30 为不同保温时间的试样经 Lepera 试剂腐蚀后 M/A 岛形态的光学显微照片。M/A 岛为白色，铁素体基体为灰色。可以发现，随保温时间延长，M/A 岛体积分数明显降低，其变化规律如图 7-31 所示。同时，M/A 岛尺寸明显变小。对于保温时间为 12min 和 24min 的试样，其白色 M/A 岛周围可以发现明显的深灰色区域。这是由于在 550℃ 较长时间保温造成残余奥氏体发生分解造成的。M/A 岛体积分数和尺寸的变化以及黑色区域所占比例说明，随保温时间延长，残余奥氏体分解程度提高。

图 7-32 为实验钢的强度及屈强比随保温时间的变化规律。可以看出，随保温时间延长，屈服强度变化不明显，而抗拉强度降低，因而导致屈强比随之升高。实验钢的三种工艺对应的冷却速度和终冷温度相近，使铁素体晶粒尺寸和体积分数比较接近，因此屈服强度没有明显差别。

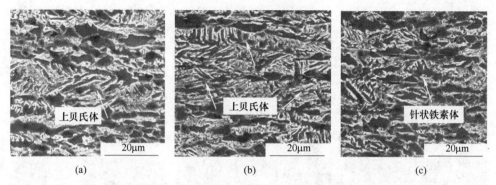

图 7-29　不同保温时间对应组织的扫描电镜形貌
（a）3min；（b）12min；（c）24min

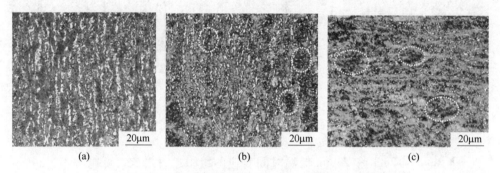

图 7-30　不同保温时间条件下的 Lepera 腐蚀金相组织
（a）3min；（b）12min；（c）24min

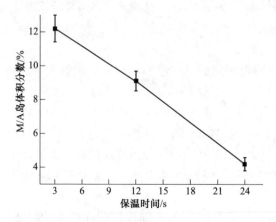

图 7-31　M/A 岛体积分数随保温时间的变化规律

而抗拉强度主要受硬相体积分数影响，Ueda Keiji 等人[45]利用 HOP 工艺研

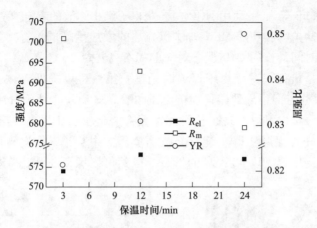

图 7-32　强度和屈强比与保温时间的关系曲线

究发现随 M/A 岛体积分数增加，抗拉强度升高；Mazancova 等人[48]也认为 M/A 岛能够明显提高抗拉强度，对屈服强度影响较小。本实验中回火保温时间延长引起的 M/A 岛体积分数降低是造成抗拉强度降低的一个原因。550℃回火过程中，随保温时间延长，残余奥氏体相变为针状铁素体的比例增加，将导致抗拉强度降低。此外，回火时间的延长将使先前连续冷却过程中形成的硬相（如贝氏体）中的位错发生回复，也会导致抗拉强度降低。

表 7-16 为实验钢不同保温时间对应的冲击吸收功。可以看出，等温时间最短的 Q8 试样整体冲击韧性最低，等温时间最长的 Q10 次之，等温时间位于 Q8 和 Q10 之间的 Q9 冲击吸收功比 Q10 稍高，但整体相差不大。

表 7-16　不同保温时间对应的力学性能　　　　　　　　（J）

编号	$A_{kv0℃}$	$A_{kv-20℃}$	$A_{kv-40℃}$
Q8	182	168	154
Q9	221	186	173
Q10	220	183	165

一般认为[48,65]，随着 M/A 岛体积分数的增加，钢的韧性显著下降。因此，实际生产中极力对 M/A 岛进行控制。同时，M/A 岛尺寸也是影响冲击韧性的重要因素。J. H. Chen 等人[66]认为 M/A 尺寸大，更容易导致新裂纹形核，并且旧裂纹与新裂纹之间的距离缩短，更容易导致裂纹的扩展。孔君华[67]也认为，当 M/A 岛比较粗大时，对韧性将产生不利影响。因为粗大 M/A 岛与基体之间的相界面可因塑变而诱发出断裂的核心，在外力的作用下裂纹得以迅速扩展，导致韧性恶化。而细小弥散的 M/A 岛则不易于激起脆性断裂的裂纹，即使出现裂纹，其长度也小于裂纹失稳扩展的临界尺寸，对裂纹有阻滞作用，能够保证较高的强韧

性[68]。Ueda Keiji 等人[45]利用 HOP 工艺获得了细小弥散的 M/A 岛，发现整体冲击韧性较高，冲击吸收功随 M/A 岛体积分数的增加呈降低趋势。根据前面的分析统计，保温时间最长的 Q10 试样对应的 M/A 岛体积分数最低，尺寸最小，但其冲击韧性不是最佳。这是由于保温时间延长虽然可以降低 M/A 岛体积分数、减小 M/A 岛尺寸，但也导致碳化物析出，如图 7-33 所示，从而对冲击韧性不利。同时，由前面分析也可以发现，长时间保温将引起屈强比提高。需要指出的是，较短时间（3min）保温使得 C 能够充分向奥氏体中富集，但奥氏体进一步相变又不充分，这将导致大块 M/A 岛的形成。虽然可以保证屈强比降低，却不利于冲击韧性的提高。

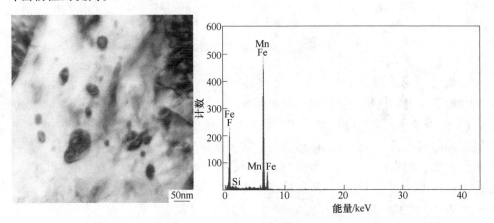

图 7-33　Q10 试样中的碳化物析出

因此，通过对实验结果综合分析，可以预见，采用短时快速加热的方法，抑制碳原子向残余奥氏体中充分富集，可以获得一定体积分数、细小弥散的 M/A 岛，这是降低屈强比并保证较高的低温冲击韧性的有效手段。

7.4.4.2　工艺路径对实验钢组织和力学性能的影响

Q5 为模拟 HOP 工艺，但是加热速度远低于感应加热速度，Q6 为新开发工艺，Q7 是目前生产高强钢的常规工艺路线。图 7-34 分别为 Q5、Q6 和 Q7 对应的金相和扫描电镜组织，可以看出，Q5 和 Q7 组织比较相似，主要由沿奥氏体晶界分布的铁素体和较细的板条贝氏体组成，而 Q6 组织类型主要为铁素体、针状铁素体和少量板条贝氏体。组织类型的差异与工艺路径有关，Q6 冷至 450℃后等温，将发生贝氏体的等温相变。对于 Q5，升温至 550℃后保温过程中，已发生相变的贝氏体中的 C 向剩余奥氏体中富集，并且剩余的奥氏体将进一步发生以针状铁素体为主的中温相变（如图 7-34（a）和（d）中箭头所示）；从金相组织上看，还有一部分奥氏体在之后的连续冷却过程中形成更加细化的贝氏体或马氏体（图 7-34（a）和（d）中虚线箭头所示）。对于 Q7，冷至 450℃后的空冷过程中，剩余的奥氏体将发生贝氏体或马氏体相变，形成大量的硬相组织。

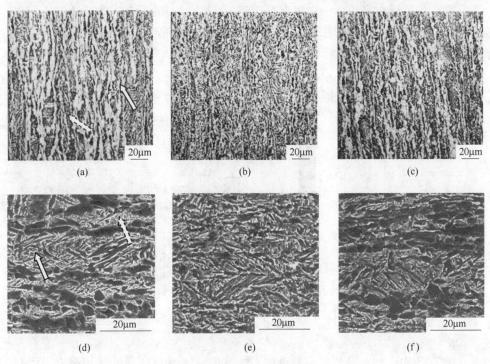

图 7-34　不同热处理路径对应的金相和 SEM 组织
（a）（d）550℃保温；（b）（e）450℃保温；（c）（f）空冷

　　图 7-35 为三种工艺路径对应的经 Lepera 试剂腐蚀试样中 M/A 岛的光学显微组织。可以看出，550℃保温对应的 M/A 岛尺寸最大，450℃保温次之，而空冷试样中 M/A 岛尺寸最小。经统计，三种工艺对应的 M/A 岛体积分数依次降低，如图 7-36 所示。冷至 450℃后升温至 550℃保温这一过程中，C 从已相变贝氏体

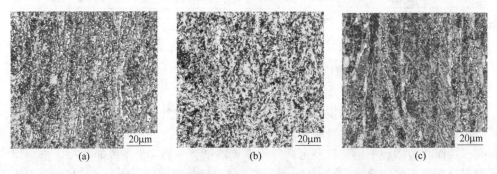

图 7-35　不同热处理条件下的 Lepera 腐蚀金相组织
（a）550℃保温；（b）450℃保温；（c）空冷

中更充分地向剩余奥氏体中富集，这种富碳的奥氏体在随后冷却过程中更容易形成较大尺寸的 M/A 岛。在 450℃等温过程中，随着贝氏体等温相变的发生，贝氏体中的 C 仍持续向奥氏体中富集直至达到 T_0 对应的 C 含量时，奥氏体停止相变。但 450℃时 C 的扩散能力明显比 550℃保温时低，因而 C 的富集程度稍低，只有部分奥氏体在随后冷却过程中形成 M/A 岛，所以 M/A 岛尺寸减小，体积分数降低。冷至 450℃后空冷时，C 没有充足的时间发生扩散，从而造成 M/A 岛体积分数进一步降低，尺寸更加细小。

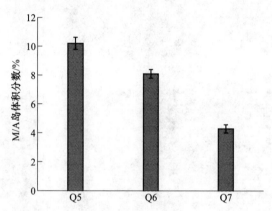

图 7-36　三种工艺对应的 M/A 岛体积分数

　　表 7-17 为三种工艺对应实验钢的力学性能。Q6 和 Q7 强度比较接近，而 Q5 尤其是屈服强度明显比前两者高，这造成 Q5 屈强比明显升高。将屈强比最低和最高的 Q6 和 Q5 的拉伸应力-应变曲线进行对比发现，Q5 的拉伸曲线存在屈服平台，呈不连续屈服，而 Q6 为连续屈服，如图 7-37 所示。

表 7-17　Q5、Q6 和 Q7 的力学性能

编号	工艺路径	$R_{p0.2}$/MPa	R_m/MPa	YR	A/%
Q5	加热至 550℃保温 6min	660	773	0.85	20.9
Q6	加热至 450℃保温 6min	601	761	0.79	21.0
Q7	加热至 450℃空冷	614	751	0.82	23.1

　　图 7-38 为三种工艺对应组织的透射电镜精细形态。可以看出，Q5 中有长条状和圆形的渗碳体析出（如图 7-38（a）中小箭头所示）。同时，回火过程中，基体组织中的高密度位错发生回复，形成位错胞，使其位错密度降低。Q6 和 Q7 组织大部分呈板条形态，具有很高的位错密度。回火造成 C、N 原子扩散能力提高，进而在位错线上偏聚以及可动位错密度降低，导致 Q5 在拉伸过程中出现屈服平台使屈服强度升高。而 Q6 和 Q7 具有较高的位错密度，并且 C、N 原子由于扩散能力差而保持固溶状态，因而拉伸曲线呈连续屈服，屈服强度较低。

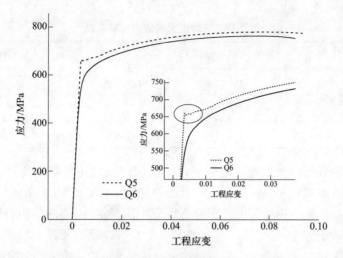

图 7-37 Q5 和 Q6 的拉伸应力-应变曲线对比

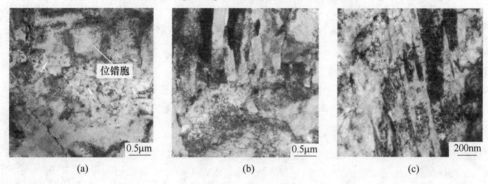

图 7-38 三种工艺对应组织的透射电镜精细形态

(a) 550℃回火；(b) 450℃保温；(c) 450℃空冷

由于出现屈服平台，Q5 屈服强度比 Q6 和 Q7 明显提高。尽管由于回火作用造成基体软化，但由于较高的 M/A 岛体积分数，抗拉强度仍比 Q6 和 Q7 稍高。但需要指出的是，其抗拉强度的提高幅度远小于屈服强度。因此，Q5 屈强比最高。由于 Q7 在更低温度发生相变，其硬相比例明显比 Q6 高，所以其屈服强度稍高。但由于 Q7 中 M/A 岛体积分数明显低于 Q6，造成其抗拉强度降低。因此，Q7 屈强比也高于 Q6。可见，M/A 体积分数提高可以有效提高抗拉强度。

但是，M/A 体积分数提高以及 M/A 岛尺寸增大又会导致冲击韧性降低。表7-18 为三种工艺对应的低温冲击吸收功。可以看出，Q5 各温度下冲击吸收功明显低于 Q6 和 Q7，这与其较高的 M/A 岛体积分数和较大的 M/A 岛尺寸有关。与Q7 相比，Q6 中 M/A 岛体积分数较高，但 M/A 岛尺寸细小，同时其基体的位错密度较低，且存在针状铁素体组织，均可改善低温冲击韧性，因此具有优良的低温冲击韧性。

表 7-18　三种工艺对应冲击吸收功　　　　　　　　　　（J）

编号	$A_{kv_{0℃}}$	$A_{kv_{-20℃}}$	$A_{kv_{-40℃}}$
Q5	161	159	119
Q6	190	180	167
Q7	183	176	167

由上面的分析可以发现，屈服平台的出现使屈强比显著提高，在一定 M/A 岛体积分数下的连续屈服可以保证较低的屈强比。但是，M/A 岛体积分数提高、尺寸增大将导致冲击韧性降低。因此，保证一定量的 M/A 岛体积分数以降低屈强比，同时减小 M/A 岛尺寸、增加其弥散度是兼顾较低屈强比和良好冲击韧性的正确途径。在本实验中，采用直接快速冷却至 450℃ 贝氏体区保温 6min 的新工艺，得到铁素体+针状铁素体+少量板条贝氏体多相组织，以及 8.1%（体积分数）的弥散细小分布在基体上的 M/A 岛，既保证了高抗拉强度，同时实现了低屈强比、高韧性。因此，可作为 HOP 工艺的替代工艺生产低屈强比且冲击韧性优良的高强钢。

另外也可以发现，如果回火时间较长，奥氏体中 C 得以充分富集，将造成高体积分数、大尺寸 M/A 岛形成，也可能导致发生不连续屈服，不能达到降低屈强比、提高冲击韧性的目的。可以预见，在快速加热、短时间保温条件下，C 的富集和位错的回复都不充分，获得低屈强比、高冲击韧性是可能的。

7.4.5　小结

（1）利用 TMCP-L-T 新工艺开发出了低屈强比 590MPa 级抗震用建筑用钢板。工业试制的 45mm 钢板完全满足 SA440 的要求，屈强比为 0.74。

（2）采用 N-L-T 工艺进行了超低屈强比 590MPa 级高强钢的实验室试验和工业试制。工业试制结果表明，在压缩比小于 3 的情况下，N-L-T 工艺能够满足低屈强比 590MPa 级建筑用钢的要求。生产的 90mm 厚规格钢板屈强比仅为 0.69，是目前 590MPa 级抗震性能最好的。

（3）采用 Nb-V-Ti 低成本成分设计及 DL-T 工艺，开发了低屈强比 590/780MPa 高强度建筑用钢。当直接淬火冷却速度约 30℃/s 时，淬火温度采用 600℃、650℃ 和 700℃ 并回火后钢板性能满足日本标准 590MPa 级 SA440 要求。当直接淬火温度为 750℃ 时，回火后性能满足日本标准 780MPa 级 SA630 要求。

（4）热轧及在线热处理实验表明，保证一定量的 M/A 岛体积分数以降低屈强比，同时细化 M/A 岛尺寸、增加其弥散度是兼顾较低屈强比和良好冲击韧性的正确途径；通过采用直接快速冷却至 450℃ 贝氏体区保温 6min 的新工艺，获得了铁素体+针状铁素体+少量板条贝氏体多相组织，以及 8.1%（体积分数）的细小、弥散分布的 M/A 岛，保证了高抗拉强度，同时实现低屈强比、高韧性。因此，这一工艺可作为 HOP 工艺的替代工艺生产低屈强比且冲击韧性优良的高强钢。

参 考 文 献

[1] 祝英杰. 超高层建筑技术发展现状 [J]. 工业建筑，1999，29（4）：75~77.

[2] 刘锡良. 国外建筑钢结构应用概况 [J]. 金属世界，2004（4）：29~32.

[3] 杨才福，张永权，陈亮. 建筑用耐火钢的开发及应用 [J]. 钢铁（增刊），1999，34（10）：992.

[4] 戴为志，刘景凤. 建筑钢结构焊接技术："鸟巢"焊接工程实践 [M]. 北京：化学工业出版社，2008：76~77.

[5] 黄南翼，张锡云，王本德. 日本阪神淡路直下型地震震情初析 [J]. 钢结构，1995（1）：34~42.

[6] 吴海英，乔俊义. 汶川地震的震害引发的对建筑结构体系的思考 [J]. 中国西部科技，2009（4）：47~48.

[7] 李国强，陈素文. 从汶川地震灾害看钢结构在地震区的应用 [J]. 建筑钢结构进展，2008（4）：1~7.

[8] 孙邦明，杨才富，张永权. 高层建筑用钢的发展 [J]. 宽厚板，2001，7（3）：1~6.

[9] Hayashi K, Fujisawa S, Nakagawa I. High performance 550MPa Class High Strength Steel Plates for Buildings-Steel Plates with New Specified Design Strength, "HBL385" Which Minimize Construction Costs in Frame Fabrication and Alleviate Environmental Burden [J]. JFE Technical Report, 2005 (5): 53~59.

[10] Watanabe Y, Ishibashi K, Yoshii K, et al. Development of $590N/mm^2$ Steel with Good Weldability for Building Structures [J]. Nippon Steel Technical Report, 2004, 90: 53~58.

[11] Hatano H, Okazaki Y, Takagi T, et al. Development of Thick SA440 Steel Plate for Ultra High Heat Input Welding [J]. R and D: Research and Development Kobe Steel Engineering Reports, 2002, 53 (1): 49~53.

[12] Kobayashi Y, Shiwaku T, Shibata M. High Tensile Strength Steel Pipe KSAT440 and KSAT630 for Building Structures [J]. R and D: Research and Development Kobe Steel Engineering Reports, 2008, 58 (1): 52~56.

[13] 张朝生，王怀宇. 日本超高层建筑用 780MPa 级高强度钢板的开发 [J]. 宽厚板，1998，3（4）：15~20.

[14] 常跃峰，韦明. 舞钢建筑结构用钢板的开发思路与生产实践 [C]. 中国钢结构协会第五次全国会员代表大会暨学术年会. 北京：中国金属学会，2007：6~9.

[15] 韦明，李玉谦. 舞钢高层建筑结构用钢板的开发 [J]. 钢结构，2004，19（4）：59~61.

［16］常跃峰，赵文忠. 高层建筑结构用钢板的生产［J］. 宽厚板，1998，4（4）：7~10.

［17］于庆波，赵贤平，孙斌，等. 高层建筑用钢板的屈强比［J］. 钢铁，2007，42（11）：56~57.

［18］Kato B. Role of Strain-Hardening of Steel in Structural Performance［J］. ISIJ International，1990，30（11）：1003~1009.

［19］Sha W，Kelly F S，Guo Z X. Properties of Nippon Fire-Resistant Steels［J］. Journal of Materials Engineering and Performance，1999，8（5）：606~610.

［20］Nagayasu M，Yasuda H，Deshimaru S，et al. Elastic-Plastic Behavior of Beam-to-Column Connection of High-Strength and Low-Yield Ratio Steel for Building Use［J］. Kawasaki Steel Technical Report，1991，24：97~105.

［21］徐伟良，王凡，赵萍. 我国建筑钢结构新型钢材的发展现状［J］. 建筑技术开发，2003，30（7）：13~15.

［22］加藤勉. 建築用鋼材の降伏比について［J］. 鉄と鋼，1988，74（6）：951~961.

［23］喻肇坤. 海上采油平台用钢［M］. 北京：冶金工业出版社，1988：167~194.

［24］井上尚志，等. 抗层状撕裂钢［J］. 制铁研究，1982，309：127~139.

［25］Kimura T，Sumi H，Kitani Y. High Tensile Strength Steel Plates and Welding Consumables for Architectural Construction with Excellent Toughness in Welded Joint - "JFE EWEL" Technology for Excellent Quality in HAZ of High Heat Input Welded Joints［J］. JFE Technical Report，2005（5）：45~52.

［26］Kojima A，Kiyose A，Uemori R，et al. Super High HAZ Toughness Technology with Fine Microstructure Imparted by Fine Particles［J］. Nippon Steel Technical Report，2004，90：2~6.

［27］Nagai Y，Fukami H，Inoue H，et al. YS500N/mm² High Strength Steel for Offshore Structures with Good CTOD Properties at Welded Joints［J］. Nippon Steel Technical Report，2004，90：14~19.

［28］Minagawa M，Ishida K，Funatsu Y，et al. 390MPa Yield Strength Steel Plate for Large Heat-Input Welding for Large Container Ships［J］. Nippon Steel Technical Report，2004，90：7~10.

［29］Nagahara M，Fukami H. 530N/mm² Tensile Strength Grade Steel Plate for Multi-Purpose Gas Carrier［J］. Nippon Steel Technical Report，2004，90：11~13.

［30］Kojima A，Yoshii K，Hada T，et al. Development of High HAZ Toughness Steel Plates for Box Columns with High Heat Input Welding［R］. Nippon Steel Technical Report，2004，90：39~44.

［31］覃文清，李凤. 钢结构防火涂料现状及发展趋势［J］. 新型建筑材料，1998（5）：12~13.

［32］陈超，秦筠. 纽约世贸中心用厚板钢剖析及对宝钢建筑用厚板开发的启示［J］. 宝钢技术，2003（2）：34~38.

［33］Uemori R，Chijiiwa R，Tamehiro H. AP-FIM Analysis of Ultrafine Carbonitrides in Fire-Resistant Steel for Building Construction［J］. Nippon Steel Technical Report，1996，69：23~28.

［34］Fukuda K. Structural Steels in the New Iron Age［J］. Nippon Steel Technical Report，1995，

66：1~6.

[35] Fushimi M, Chikaraishi H, Keira K. Development of Fire-Resistant Steel Frame Building Structures [J]. Nippon Steel Technical Report, 1995, 66：29~36.

[36] Mizutani Y, Ishibashi K, Yoshii K, et al. 590MPa Class Fire-Resistant Steel for Building Structural Use [J]. Nippon Steel Technical Report, 2004, 90：45~52.

[37] 王泽林. 高层建筑用耐火钢的研制 [J]. 鞍钢技术, 2004 (2)：23~27.

[38] 罗文彬, 朱辰. 首钢高强建筑用耐火钢的研制 [J]. 宽厚板, 2005, 11 (3)：1~5.

[39] 胡淑娥, 孙卫华, 刘晓美, 等. 60kg 级低屈强比耐火钢的实验研究 [J]. 宽厚板, 2004, 10 (5)：10~13.

[40] 完卫国, 吴结才. 耐火钢的开发与应用综述 [J]. 建筑材料学报, 2006, 9 (2)：183~189.

[41] 陈晓, 刘继雄, 董汉雄. 大线能量焊接耐火耐候建筑用钢的研制及应用 [J]. 中国有色金属学报, 2004, 10 (1)：224~230.

[42] Ouchi C. Development of Steel Plates by Intensive Use of TMCP and Direct Quenching Processes [J]. ISIJ International, 2001, 41 (6)：542~553.

[43] Ohashi M, Tsuru S, Nakao H, et al. Development of New Steel Plates for Building Structural Use [C] // CAMP-ISIJ. 1991 (4)：758~761.

[44] Tomita Y, Yamaba R, Kawafuku F, et al. Influence of Manufacturing Process on Yield Ratio of HT60 for Structural Use [C] // CAMP-ISIJ. 1988 (1)：814.

[45] Ueda K, Endo S, Ito T. 780MPa Grade Steel Plates with Low Yield Ratio by Microstructural Control of Dual Phase [J]. JFE 技报, 2007, 18：23~28.

[46] 韦伯斯特 S E, 巴尼斯特 A C. 屈强比：英国钢铁公司的研究结果 [C]. 现代建筑与桥梁用高强度钢材应用技术国际研讨会论文集. 中信微合金化技术中心, 138~147.

[47] Shikanai N, Kagawa H, Kurihara M. Influence of Microstructure on Yielding Behavior of Heavy Gauge High Strength Steel Plates [J]. ISIJ International, 1992, 32 (3)：335~342.

[48] Mazancova E, Mazanec K. Physical Metallurgy Characteristics of the M/A Constituent Formation in Granular Bainite [J]. Journal of Materials Technology, 1997, 64：287~292.

[49] 王锡钦. 高功能结构用钢板的发展 [J]. 建筑钢结构进展, 2002, 14 (1)：16~23.

[50] 常跃峰, 韦明. "鸟巢" 用 Q460E/Z35 钢板介绍 [J]. 金属世界, 2008 (3)：60~62.

[51] 高树栋, 李久林, 马德志, 等. 国家体育场钢结构工程 Q460E-Z35 特厚板焊接技术研究 [J]. 工业建筑, 2008 (7)：85~88.

[52] 曹晓春, 甘国军, 李翠光. Q460E 钢在国家重点工程中的应用 [J]. 焊接技术 (增刊), 2007, 36 (8)：26~28.

[53] 何春雨, 余伟, 郭锦, 等. 中厚板正火控制冷却系统的设计与应用 [J]. 金属热处理, 2008, 33 (7)：86~89.

[54] 隋晓红, 谢广群, 刘明, 等. 连铸坯中心偏析和疏松缺陷在轧制过程中的形态演化 [J]. 理化检验, 2009 (45)：11~14.

[55] Speich G R. Physical Metallurgy of Dual-Phase Steels [C]. Chicago, IL, USA：Metall Soc. of AIME, 1981.

［56］孔君华，吴力新. 热轧工艺对低碳微合金钢组织与性能的影响［J］. 热加工工艺，
　　　2004（11）：43~45.

［57］马鸣图，吴宝榕. 双相钢-物理和力学冶金［M］. 北京：冶金工业出版社，2009：
　　　376~377.

［58］Rashid M S, Rao B V N. Tempering Characteristics of A Vanadium Containing Dual Phase Steel
　　　［J］. Metallurgical and Materials Transactions A, 1982, 13（10）：1679~1686.

［59］Speich G R, Schwoeble A J, Huffman G P. Tempering of Mn and Mn-Si-V Dual-Phase Steels
　　　［J］. Metallurgical Transactions A, 1983, 14：1079~1087.

［60］Moyer J M, Ansell G S. The Volume Expansion Accompanying the Martensite Transformation in
　　　Iron-Carbon Alloys［J］. Metallurgical Transactions A, 1975, 6：1785~1791.

［61］沈显璞，雷廷权. 回火对碳素双相钢拉伸性能的影响［J］. 钢铁，1987（9）：46~54.

［62］西田俊一，松冈俊夫，和田典巳. JFEスチール厚板 3 工場の技術と商品［J］. JFE 技报，
　　　2004，5：1~7.

［63］Santofimia M J, Nguyen-Minh T, Zhao L, et al. New Low Carbon Q&P Steels Containing Film-
　　　Like Intercritical Ferrite［J］. Materials Science and Engineering A, 2010, 527：6429~6439.

［64］Li H Y, Lu X W, Wu X C, et al. Bainitic Transformation during the Two-Step Quenching and
　　　Portioning Process in A Medium Carbon Steel Containing Silicon［J］. Materials Science and En-
　　　gineering A, 2010, 527：6255~6259.

［65］Mangonon P L. Effect of Alloying Elements on the Microstructure and Properties of A Hot-Rolled
　　　Low-Carbon Bainitic Steel［J］. Metallurgical and Materials Transactions A, 1976, 7：
　　　1389~1400.

［66］Chen J H, Kikuta Y, Araki T, et al. Micro-Fracture Behaviour Induced by M/A Constituent（Is-
　　　land Martensite）in Simulated Welding Heat Affected Zone of HT80 High Strength Low Alloyed
　　　Steel［J］. Acta Metallurgic, 1984, 32（10）：1779~1788.

［67］孔君华. 高钢级 X80 管线钢工艺、组织与性能的研究［D］. 武汉：华中科技大学，
　　　2005：70~71.

［68］Ren Y, Zhang S, Wang S. Experimental Study on 830MPa Grade Pipeline Steel Containing
　　　Chromium［J］. International Journal of Minerals, 2009, 16（3）：273~277.

8 高性能锅炉压力容器用钢

8.1 概述

随着经济的飞速发展，对能源的需求量日益渐增，锅炉压力容器用钢作为一类非常重要的钢铁材料在国民经济建设中具有举足轻重的地位。由于锅炉压力容器在低温、室温或者高温等复杂环境中长时间服役，对其提出更为苛刻的性能指标，要求其在服役环境中具有良好的塑韧性、抗介质腐蚀能力、热工性能以及优良的焊接性能[1]。因此，研发低成本、高性能以及使用寿命长的高质量锅炉压力容器用钢具有非常重要的意义。

8.2 锅炉压力容器用钢特点

锅炉用钢作为锅炉生产制造中非常关键的材料之一，广泛应用于锅壳、锅筒、高温集箱封头端盖等重要部件。其在中、高温和高压环境中长时间服役，承受较高的温度、压力、腐蚀性介质和疲劳载荷，工作环境恶劣。如果锅炉在生产使用过程中发生破坏性事故，将会造成重大的人身安危以及经济财产的重大损失。因此，锅炉用钢必须具有良好的塑韧性、高温持久强度、焊接性能、抗高温氧化性能以及耐介质腐蚀性能[2]。

目前，火电机组锅炉用钢主要分为铁素体耐热钢和奥氏体耐热钢。铁素体耐热钢具有膨胀系数小、导热系数大、抗高温氧化性能好、抗应力腐蚀能力优良等特点，已成为锅炉承压元件的主要材料。而奥氏体耐热钢具有良好的塑韧性、高温持久强度、抗高温氧化性能、耐腐蚀性能以及优良的焊接性，但由于奥氏体耐热钢膨胀系数大、导热系数小、成本高，在实际生产过程中容易出现高温强度低、高温腐蚀、高温疲劳等问题，限制了其在锅炉材料领域的应用。

压力容器用钢主要应用于石油化工、冶金以及天然气等领域。压力容器长时间处在高温、高压、强腐蚀介质的气氛中，环境中存在大量的氯化物、硫离子、氢离子等腐蚀介质，使钢材出现严重的腐蚀问题，如局部剥落、点腐蚀、应力腐蚀，从而导致压力容器失效，造成严重的经济损失。因此，要求压力容器用钢具有良好的机械性能、热加工性能以及优良的耐蚀性能。

按照钢材的化学成分分类，压力容器用钢主要包括碳素钢、低合金钢和高合金钢。碳素钢是指碳含量（质量分数，下同）小于 2.11% 的铁碳合金，压力容器常用的碳素钢主要分为优质碳素结构钢和压力容器专用钢板，如20R，其中R表示压力容器专用钢板。低合金钢是钢中的合金元素总量一般不超过3%，但是其强韧性、耐蚀性能、抗疲劳性能均优于相同碳含量成分的碳素钢。压力容器用钢板按合金元素区分的大致分类见表8-1[3]。高合金钢大多是耐腐蚀、耐高温钢，主要包括Cr钢、Cr-Ni钢和Cr-Ni-Mo钢等，具体分类见表8-2。

表8-1 低合金压力容器用钢板分类

应用条件	分类	常见牌号	工作环境
低中压和常温压力	C-Mn 钢	16MnR，16MnG，P355GH	中低压，多层高压环境
中高温和低中压	Mo 钢	15CrMoR，15CrMoG	中温抗氢钢板，壁温<560℃
	Mn-Mo 钢	20MnMo	-40~470℃用大中型锻件
	Cr-Mo 钢	18MnMoNbR	中温，抗氢容器用钢
高温高压	Cr-Mo 钢	13MnNiMoNbR，13MnNiCrMoNbG，8Cr2Mo1R，15Cr1MoV	0~25MPa，350~480℃高温高压环境
	Cr-Ni-Mo 钢		
	Mn-Ni-Mo 钢		
-20℃左右低温	C-Mn 钢、低 Ni 钢	16MnDR 钢	低温容器用钢
-40~-90℃低温	$w[Ni]=1.5\%\sim3.5\%$	15MnNiDR	工作温度-40℃左右
	低碳含 Mn 微合金钢	09MnNiD 锻件	-60 ~ -45℃低温容器
CuNi 时效硬化钢	ASTM A736	10Ni3MnCuAl	推荐用于高压容器

表8-2 常见压力容器高合金钢

钢种	常见牌号	适用介质
Cr 钢	0Cr13，1Cr13	耐稀硝酸，弱有机酸，不耐硫酸、盐酸、热磷酸等
Cr-Ni 钢	0Cr18Ni9，0Cr18Ni10	耐氧化性酸，适用大气、水和蒸汽等介质
Cr-Ni-Mo 钢	0Cr18Ni5Mo3Si2	耐应力腐蚀、小孔腐蚀，含氯离子的介质

对于承受压力的设备，要求其满足强度的同时还要具备可靠的安全稳定性，所以要求其具有良好的韧塑性；对于处在腐蚀介质中的石油化工设备，要求其具有良好的焊接性能和耐腐蚀性能；对于处在高温高压环境中锅炉装置，要求其具有较高的蠕变强度、热塑性、抗高温氧化性能、抗蠕变性能以及优良的焊接性能；对于在低温环境中使用的压力容器，要求其具有良好的低温冲击韧性和抵抗裂纹扩展的能力。

与普通钢材相比，压力容器用钢对材料的合金成分及力学性能具有非常严格的要求，根据锅炉压力容器所处的工作环境以及国标GB 713—2014《锅炉和压力容器用钢板》，要求其在室温下具有足够高的强度、良好的塑性、焊接性能、冷加工性能及冲击韧性；要求其在高温下具有足够高的高温持久强度、抗高温氧化性能、良好的焊接性能及冷热加工性能。

8.3 锅炉压力容器用钢的发展及国内外研究现状

8.3.1 锅炉压力容器用钢的发展史

到目前为止，铁素体耐热钢的发展过程主要分为四个阶段[4~6]：第一阶段主要是 20 世纪 60 年代到 70 年代，由比利时和法国开发出 EM12(9Cr) 钢，但由于其冲击韧性较低，未被广泛使用[7]；随后由德国开发出 HT91 钢，工作温度为630~650℃，但其碳含量较高，故焊接性较差。经过了十年进入第二阶段，在T9(9CrMo) 钢[8]的基础上添加了 N、Nb、V 等元素或化合物[9]得到 T91 钢，其具有较高的高温持久强度；HCM2S 钢是在 T22 钢的基础上，通过以 W 元素代替部分 Mo 元素，并添加 Nb、V、微量 B 元素，同时降低 C 含量，故其具有较高的蠕变强度和良好的焊接性能；又经过了十年进入第三阶段，T92/92 钢在 T91/P91钢的基础上通过以 W 元素代替部分 Mo 元素[10]来提高耐热钢的固溶强化效果；采用同样的方法开发出 HCM12A 钢（以 12%Cr 钢为基础）和 E911 钢，改善了耐热钢的抗氧化性能和抗烟气腐蚀性能。第四阶段是 20 世纪 90 年代至今，在T91/P92、E911、NCM12A 钢的基础上进一步增加 W 元素的含量，并通过添加Co 元素用于避免 δ 铁素体生成，从而研发出 NF12、SAVE12 钢，改善了其抗蠕变断裂强度。综上所述，铁素体耐热钢的发展历程如图 8-1 所示[11]。

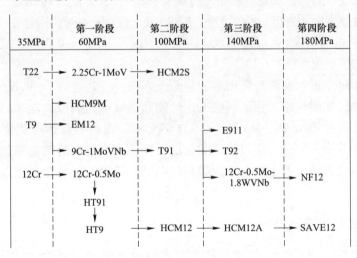

图 8-1 铁素体耐热钢的发展历程

奥氏体耐热钢的发展趋势主要是：首先，通过添加微量 Ti 和 Nb 元素，提高奥氏体耐热钢的抗腐蚀性能；其次，通过降低 Ti 和 Nb 元素含量用以提高高温蠕变强度；随后，添加微量 Cu 元素，形成细小的富 Cu 相，通过沉淀强化提高奥氏体耐热钢的高温蠕变强度；最后，添加 0.2%N（质量分数，下同）和 W 元素，提高奥氏体耐热钢的稳定性和热强性；奥氏体耐热钢的发展历程如图 8-2 所示[11]。

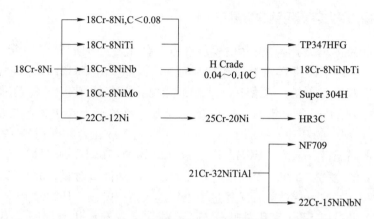

图 8-2　奥氏体耐热钢的发展历程

　　TP34HFG 钢是在含 18%Cr 元素的 TP347H 基础上，通过特殊的热加工及热处理工艺，采用第二相析出强化获得细小的晶粒尺寸、良好的热强性、优良的抗氧化性能以及高温蠕变强度；Super304H 钢在 TP304H 钢的基础上降低了 Mn 元素含量上限值，通过添加约 3%Cu、约 0.45%Nb 和一定量的 N 元素，从而改善了其的高温蠕变断裂强度、持久塑性以及抗氧化性能；HR3C 钢是在 25-20 型奥氏体耐热钢的基础上，通过添加 0.2%~0.6%Nb 和 0.15%~0.35%N 元素，从而改善了其的抗氧化性能。

　　奥氏体耐热钢的发展趋势主要分为两个方向：一是增加 Cr 和 N 元素含量，从而改善奥氏体耐热钢的蒸汽侧抗氧化性能和烟气侧抗腐蚀性能；二是多元合金化方法，通过添加 Nb、Mo 和 Cu 等合金元素，提高奥氏体耐热钢的热强性和高温蠕变性能。同时，通过特殊的加工工艺，使奥氏体耐热钢得到晶粒尺寸非常细小的或者单一的组织，进而提高奥氏体耐热钢的抗氧化性能以及高温持久强度。

8.3.2　锅炉压力容器用钢的国外研究现状

　　20 世纪 50 年代到 60 年代，日本、美国和德国相继开发出 690MPa 级和 890MPa 级高强度压力容器用钢，如日本的 SPV35，美国的 SA662G A、B、C 系列和 SA516GR70 等，德国的 BH 中牌号、FG 系列牌号、P460N 以及 Union 系列牌号[12]，并投入市场使用。70 年代以后，日本等一些发达国家采用低碳微合金化研发出一类具有高强度和低焊接裂纹敏感性的 CF 钢板[13]。新日铁公司关于低温压力容器用钢的发展历史主要分为 4 个阶段：在初期，主要是通过控制 N、

Mo、Ni 等元素含量以及采用淬火+高温回火的调质处理来提升钢板的强韧性；到 80 年代中期，通过添加微量元素 Nb、V、Ti、O 等并控制它们的含量，引入控制轧制与控制冷却工艺细化晶粒尺寸进而提高钢板的强度和韧性，此时，抗拉强度提高了 100MPa 左右，脆韧转变温度达到-160℃；90 年代至 2003 年，在冶炼过程中，通过调整微合金元素的配比含量提高钢板的强韧性；2004 年至今，通过控制 Ni 元素的含量以及应用先进的热处理工艺[14]，明显提升了低温压力容器用钢的强韧性。

20 世纪 80 年代中期，神户制钢所设计出含碳量为 0.03%~0.12%，并同时添加 B、Ni、Cu 和稀土来提高压力容器用钢的强度；经过了十年，其在降低碳含量的同时，控制 O 和 Al 元素的含量同时引入微合金 Cr、V 元素进一步提高钢板的力学性能和低温冲击性能；随后，神户制钢所通过控制碳当量的上限值（<0.45%）并添加微量 Ti、Mo 元素提高钢板的焊接性能；2011 年至今，其通过调整 C、Ni、Si 和 Mn 等元素的含量并控制碳化物的大小，进一步提高低温压力容器用钢的力学性能和低温韧性[15]。

21 世纪初期，杰富意（JFE）公司主要通过控制 Ti、Al 和 N 元素的含量并采用 TMCP 或直接淬火+回火（DQ-T）工艺来提高钢板的强度；之后，JFE 公司在之前的基础上通过增加微合金元素 Nb、Cr 和 Mo 等的含量提高钢板的低温韧性（-80℃级别）；2010~2014 年，JFE 公司通过添加 Ni、Ga 等合金元素并结合高温回火工艺从而提高钢材的低温冲击性能[16]。目前，JFE 公司通过合金成分设计及制造技术开发出良好焊接性的 610MPa 级高性能高强度系列钢板 JFE-HTEN610U2、610U2L 和 610E；德国 Dellinger 公司采用控制轧制与控制冷却（TMCP）工艺生产出抗拉强度为 610MPa 级大型储油罐用高强度钢板[17]。

8.3.3 锅炉压力容器用钢的国内研究现状

20 世纪 80 年代初期，武钢最先研发出 $\sigma_b \geqslant 610MPa$ 级的 WH610D2 型号的低温压力容器用钢，主要用来制造大型石油储罐[18]；宝钢通过添加 Nb、Mo、Ni 等合金元素析出弥散分布的化合物进而提高强度、优化合金成分设计和科学调控冶炼轧制工艺等措施，开发出应用于-50℃严苛寒冷环境下的低合金高强钢 07MnNiMoDR（企业牌号：B610CF-L2），已经投产于 200~3000m³ 大型乙烯球罐建设中[19]；鄂钢是以 C-Mn 钢为基准，添加适量的强碳氮微合金元素得到 07MnNiMoDR 钢[20]；舞钢通过添加适量微合金元素细化晶粒尺寸并促进析出强化，同时优化轧制和调质处理工艺，提高钢板的低温冲击性能[21]，并且成功研制出 12Cr2Mo1 中、高温容器钢和石油储罐用钢 12MnNiVR；鞍钢研发出厚度 145mm、单重 20t 的 13MnNiMo5-4 锅炉汽包用特厚钢板[22]。2005 年初，宝钢成功制造出大型石油储罐用钢钢板 B610E[23]；南阳汉冶特钢成功研发出板厚为

100～150mm 的 12Cr2Mo1 压力容器用钢。

我国压力容器用钢主要包括：16MnR、15MnV、15MnVNR、18MnMoNbR、13MnNiMoNbR、15CrMoR、12CrMo1 和 07MnCrMoVR 等[24]。15MnV 钢是在 C-Mn 钢的基础上添加 V 元素，析出弥散分布的碳化物从而提高钢板的强度；15MnVNR 钢是通过添加 0.02%N 元素和适量的 V 元素加快了轧制过程中的析出强化，同时促进再结晶过程的发生，提高钢板的强度；18MnMoNbR 钢是在 C-Mn 钢的基础上添加微量的 Mo 和 Nb 元素提高钢板的强度；13MnNiMoNbR 钢是我国开发出的满足国标要求的进口的 BHW35 超高压锅炉用钢替代钢板；15CrMoR 为中温临氢钢主要应用于 0～500℃ 的中低压石油化工设备；12CrMo1 钢具有高强度、优良的抗氢腐蚀性能以及良好的力学性能，广泛应用于中、高温设备和石油加氢裂化反应容器等领域；07MnCrMoVR 是通过添加微合金元素并控制 S、P 等元素的含量，从而改善钢板的强韧性并提高其焊接性能。

8.4　锅炉压力容器用钢冶金学原理

8.4.1　锅炉压力容器用钢合金设计基础

钢材的化学成分对最终的组织结构、力学性能和使用性能起决定性作用，后续的热处理等其他工艺手段作为辅助可改善钢材的力学性能，对材料性能起主导作用的仍是化学成分。设计材料的化学成分从以下几个方面加以考虑[25]：

（1）材料的性能和使用寿命时长必须满足需求。

（2）通过合金元素的作用以及元素之间互相的匹配，结合适当的加工方法和热处理工艺，使材料性能达到许用性能最佳。

（3）在设计成分时要结合实际生产考虑降低成本和减少环境污染等因素。

合金元素对组织性能的影响可归纳如下：

碳（C）是钢材中必不可少的元素，是提高钢板强度最有效的元素之一，但随着碳含量的增加会显著降低钢板的焊接性能及成型性能[26]，因此用于焊接的低合金结构钢，其含碳量一般不超过 0.2%；降低碳含量又会使得屈服点和抗拉强度降低，这就要通过微合金化及后续优化 TMCP 工艺来弥补；此外，碳含量的降低会使得耐热钢的热强性能下降，主要是由于在长期高温的工作条件下，合金元素会向碳化物形态扩散，这就使得固溶体中的合金元素贫化，从而降低了耐热钢的热强性。

铬（Cr）为铁素体形成元素，起到固溶强化作用，能改善钢板的抗氧化性；同时，蠕变强度也随着铬含量的增加而缓慢提高，但铬的含量过高时易产生脆性。同时，随铬含量的增加，耐热钢的淬透性、耐磨性及抗腐蚀能力也会逐渐提高（对于低合金钢来说，Cr 主要起固溶强化作用，提高钢的淬透性；对于高合金钢来说，Cr 主要起抗氧化、抗腐蚀的作用）。此外，Cr 也可降低碳的扩散速度，抑制铁素体和珠光体转变，使贝氏体转变向低温区移动，降低贝氏体相变点。在 Cr-Mo 钢中，主要通过合理设计 Cr 和 Mo 元素的配比来提高钢板的热强性能。当铬含量大于 12% 时，可增加钢的电极电位，进而提高抗电化学腐蚀能力[27]。

钼（Mo）具有较强的碳化物形成能力，可细化晶粒，使得较低含碳量的合金钢也具有较高的硬度；Mo 固溶于铁素体和奥氏体时，可使钢的 C 曲线右移，增强过冷奥氏体的稳定性，从而显著提高钢的淬透性；同时，Mo 能显著提高钢的再结晶温度，提高回火稳定性，抑制合金钢由于回火而引起的脆性；调质处理后可获得细晶粒的索氏体，使强韧性得到改善。

锰（Mn）通过固溶作用强化铁素体和奥氏体，细化贝氏体铁素体晶粒尺寸，改善钢的力学性能。Mn 可以降低奥氏体-铁素体相变的温度，以细化晶粒达到固溶强化的作用。同时，提高钢的强度、硬度和耐磨性，改善钢的热加工性能；合理的奥氏体稳定化参数可将 M_s 点降低至室温以下。Mn 固溶在铁素体中，能促进交滑移，增加位错形成的趋势，并且锰元素还能很好地与氮元素结合形成较紧密的原子团，起到固氮作用[28]；随锰含量的增高，抗腐蚀能力及焊接性能降低；同时，Mn 可扩大奥氏体相区，提高奥氏体稳定性，降低临界冷却速度，强化铁素体，能显著提高钢的淬透性；在轧制过程中，Mn 主要起到细化晶粒作用，降低相变温度 A_{r3}。另外，Mn 能与钢中的杂质 S 元素反应生成 MnS 减少低熔点的 FeS 含量，降低热脆性；Mn 还能固溶强化铁素体；在炼钢过程中，Mn 还是良好的脱氧剂和脱硫剂。

镍（Ni）是奥氏体形成元素，可以扩大奥氏体相区，容易使钢中形成贝氏体及马氏体组织，提高钢的淬透性。同时，Ni 可以全部固溶于钢中，明显降低冷脆转变温度，从而显著提高钢的低中温冲击韧性。Ni 与 Cr、Mo 等元素配合使用，能使结构钢在热处理后获得良好的综合力学性能。

硅（Si）是铁素体形成元素，易促使 Laves 相的析出从而恶化钢板的韧性。在炼钢过程中，Si 承担还原剂和脱氧剂的作用。Si 与 Mo、Cr 等元素相结合，有提高抗腐蚀和抗氧化的作用，是制造耐热钢不可缺少的元素；由于 Si 可以使焊缝熔池内的金属脱氧，对焊缝有轻微的强化作用，不利于焊接，因此硅含量要控制在一定范围内。

铌（Nb）是强碳化物和氮化物形成元素，Nb 与钢中的 C、N 元素反应生成 Nb(C，N) 析出物，在 950℃ 以上会溶解于奥氏体中；Nb 的添加还可以提高回火稳定性，降低脆性转变温度，改善钢的蠕变性能；在冷却过程中，当降到 700℃ 左右时，在铁素体中析出与母材共格的高度分散的沉淀物，起到沉淀强化作用；当添加 0.02%Nb 元素时，可使钢的屈服强度提高约 135MPa[29]。

钒（V）作为强碳化物形成元素之一，V 起到沉淀强化和细化晶粒的作用。

高温下沉淀析出的（V，C），呈弥散分布，可阻止位错滑移，进而提高强度，同时在高温高压下还可改善钢板的抗氢腐蚀能力；尤其是在耐热钢中加入微量的V，能够形成MX型析出相，可以获得优良综合性能的钢板，其具有良好的高温持久强度和冲击韧性、焊缝裂纹敏感性低。钢中添加0.5%V元素可以细化晶粒尺寸，提高钢板的强韧性。

硫（S）、磷（P）均属于有害元素，要尽可能地降低[30]。S在钢中易形成MnS夹杂物，并在晶界处偏析，损害钢板的成型性能；同时，S易使钢产生热脆性，降低钢的延展性和韧性，在锻造和轧制时造成裂纹；S对焊接性能也不利，降低耐腐蚀能力。所以，通常要求硫含量小于0.055%（15CrMoR和8Cr1MoVR要求含量均不高于0.01%）。

磷易形成严重的偏析带，提高带状组织的级别，导致钢板的各向异性。同时，磷含量的上升易增加钢的冷脆性，使焊接性能变坏，降低塑性，使冷弯性能变坏。因此，通常要求钢中含磷量小于0.045%（15CrMoR和8Cr1MoVR要求含量均不高于0.025%）。

8.4.2　控制轧制与控制冷却技术

目前，通常采用控制轧制与控制冷却（TMCP）工艺生产各种用途的高强钢，钢板在TMCP过程中包含了细晶强化、沉淀强化和析出强化等多种强化方式，可以大幅提高钢板的使用性能，提高生产效率和节约成本。

控制轧制时，在奥氏体晶粒边界、变形带和由热变形而激发的孪晶界面上，是形成大量铁素体形核位置，从而细化晶粒，为之后的热处理工艺做基础[31]。为了得到钢材的优异性能，可以按照不同钢材的要求控制不同的轧制方式。控制轧制过程可以分为三个阶段：γ再结晶型控制轧制、γ未再结晶型控制轧制以及γ+α两相区控制轧制[32]。本书将采用奥氏体再结晶型控制轧制和奥氏体未再结晶型控制轧制两种类型相配合的控制轧制工艺。

第一阶段的奥氏体再结晶型控制轧制，是指在奥氏体变形过程中和变形后，钢板内部进行奥氏体再结晶的温度区间轧制，一般温度在1000℃以上。随着每道次变形量的增加，奥氏体再结晶后的晶粒得到细化。在轧制道次间隙内，奥氏体发生静态再结晶，晶粒有所长大，经多道次轧制后，内部反复出现静态再结晶和亚动态再结晶过程，从而细化奥氏体晶粒[33]。

第二阶段为奥氏体未再结晶型控制轧制，一般在奥氏体未发生再结晶的温度区间进行轧制，即950℃~A_{r3}温度之间，由于在此阶段轧制无再结晶的发生，塑性变形导致奥氏体晶粒拉长，晶粒内部形成变形带，与此同时微量元素Nb、V和Ti的碳氮化物开始析出并抑制晶粒长大。在轧制过程中变形带的数量随变形量的增大而增加，晶粒内变形带的分布也更加均匀，为形核提供大量位置，进而起到细化晶粒的作用；在此阶段轧制将提高钢的强度和改善其韧性。

轧后钢板通过快速冷却可以避免高温奥氏体晶粒随冷却时间的延长变得粗大。通过控制冷却速度和终冷温度，确保钢板的组织性能与设定一致，进而提高强度和韧性[34]。在生产中，由于钢板体积较大，尤其是大厚度钢板，在冷却时会发生自回火。为模拟实际生产条件，本书选择在控制冷却过程中，先进行多道次水冷至50℃后用石棉保温冷却。

8.5 锅炉压力容器用钢绿色化生产技术

8.5.1 低温压力容器用钢

各国使用的低温压力容器用钢总体可分为两大类：一是用于-45℃以上温度的铝镇静C-Mn钢和调质型高强度钢；二是用于-45~-196℃的含Ni系低温钢，其中含Ni系低温钢又可分为两类：用于-60~-70℃含0.5%~2.3%Ni钢，用于-100~-196℃含3.5%~9%Ni钢[35]。

本节主要研究07MnNiMoDR钢的轧制和热处理工艺制度，对实验钢板进行合理的轧制与热处理工艺并观察微观组织及测定力学性能，探索改善07MnNiMoDR钢板强韧性的工艺和机制[36]。

实验用钢是某钢厂现场冶炼试制的淬火钢板，其化学成分见表8-3。07MnNiMoDR钢的力学性能检测主要是开展常温拉伸实验和-50℃低温冲击实验。拉伸实验中拉伸速率为3mm/min，引伸计使用25标距，每个工艺的拉伸性能数值取3个拉伸试样的平均值。拉伸试样加工尺寸如图8-3所示。低温冲击实验摆锤选用450J的大摆锤。实验前将冲击试样在冷却箱中进行-50℃的低温冷却，冷却时间15min左右，确保温度真实有效，冷却介质为无水乙醇溶液。冲击试样取样标准按GB/T 229—2007《金属材料夏比摆锤冲击实验方法》要求进行，每种工艺取3个试样进行测试，要求单个试样的冲击值不得低于标准要求。

表8-3　07MnNiMoDR 的化学成分　　（质量分数,%）

C	Si	Mn	Cr	Ni	Mo	Nb	V	P	S	Fe
0.07	0.10	1.50	0.20	0.40	0.22	0.023	0.043	0.006	0.001	其余

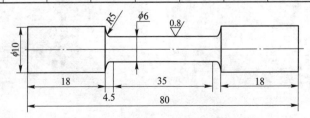

图 8-3　常温拉伸试样示意图（单位：mm）

　　实验钢的现场轧制工艺见表 8-4。钢坯厚度为 260mm，加热温度 1200℃，加热时间 2h，一阶段开轧温度 1100℃，终轧温度高于 1000℃，轧后空冷；二阶段开轧温度 850℃，终轧温度 810℃，轧后水冷，返红温度控制在 500℃左右，然后空冷至室温，轧后板厚为 40mm。实验钢经过控制轧制和控制冷却后可以最大限度地保留钢板轧制后的晶粒尺寸大小，再经过现场精准的淬火冷却工艺，又一次细化了钢板的晶粒尺寸，这将显著提高钢板的强度和低温韧性。

表 8-4　07MnNiMoDR 的实际轧制工艺

项　目	再结晶温度区（Ⅰ阶段）	未再结晶温度区（Ⅱ阶段）
开轧温度/℃	1100	850
终轧温度/℃	高于 1000	810
总压下量/mm	160	60
总压下率/%	61.5	23

　　实验钢淬火态屈服强度为 653MPa、抗拉强度为 788MPa，而伸长率仅为 17.5%，−50℃低温冲击功为 245J。因此，可知采用高温回火实验可以改善实验钢的强韧性。

　　图 8-4 为淬火态钢板 1/2 和 1/4 厚度处的金相照片。由图可知，热轧后的扁平晶粒经过重新加热到奥氏体相区淬火后变为细小的不规则组织。经研究发现，其不规则的金相组织主要是贝氏体组织。由于实验钢的碳含量太低，其组织已属于超低碳贝氏体。经过 TMCP 工艺后，超低碳贝氏体中贝氏体铁素体基体（BF）呈现出不同的形貌，主要有块状、板条状和粒状等，但它们都属于无碳化物贝氏体。白色的块状贝氏体的尺寸大约在 5μm，主要在较大的板条和粒状贝氏体晶界处生成。从图 8-4 中也可以发现板厚 1/4 处金相中板条贝氏体比较多，而板厚 1/2

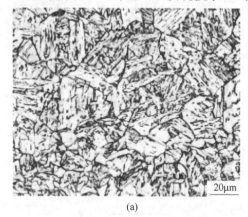
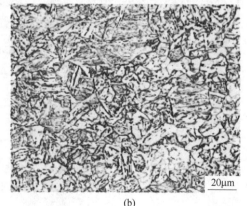

(a)　　　　　　　　　　　　　　　(b)

图 8-4　淬火态钢板不同厚度的显微组织
(a) 1/2 厚度处；(b) 1/4 厚度处

处粒状和块状贝氏体多一些，这主要是因为距钢板表面较近，冷速较快，条片状铁素体之间奥氏体中的碳来不及长程扩散，富碳奥氏体以残余奥氏体的形式保留下来与条片状的铁素体整合成板条贝氏体组织[37]。

由于低碳贝氏体钢碳含量很低，一般小于 0.08%，在连续冷却过程中，不会发生铁素体和渗碳体转变，因此低温韧性很好。同时，也因为碳含量较低，提高钢板强度的方法是通过轧制过程中细化晶粒尺寸、冷却时贝氏体板条中高密度位错和回火时 Ni、V、Ti 等强碳氮化物的析出强化。故低碳贝氏体钢具有高强度、优良低温韧性和良好焊接性能，非常适合低温压力容器用钢板生产制造[38]。

8.5.2 中温中压容器用钢

本节以 13MnNiMoR 钢组织性能的影响为重点制定出合理的轧制工艺制度[25]。实验用钢的化学成分见表 8-5。轧制阶段，采用高温低速大压下的轧制方法，第 1 道次的开轧温度控制在 1000~1150℃，为避免在奥氏体再结晶区轧制，第 2 阶段设定温度 800~900℃，为保证板型，最后 2 道次压下率不小于 20%，逐次递增；终轧温度控制在 780~820℃，轧后进入 ACC 冷却装置冷却，采用多道次冷却来充分细化相变前奥氏体组织，返红温度控制在 680~720℃。钢板轧制下线后进行石棉保温缓冷，以模拟实际生产中堆垛缓冷，有利于钢中氢的扩散，提高钢的塑性和内部质量，缓冷温度不小于 500℃，缓冷时间不小于 24h，使钢中的残余应力得到充分释放。具体实际热轧工艺见表 8-6。在热轧实验过程中，利用远红外测温仪测出两阶段轧制的开轧温度、终轧温度和终冷温度。

表 8-5　13MnNiMoR 钢的化学成分　　　　（质量分数,%）

C	Si	Mn	Cr	Ni	Mo	Nb	Ce	S	P
0.125	0.33	1.38	0.31	0.82	0.33	0.019	0.53	0.0025	0.006

表 8-6　13MnNiMoR 钢的实际轧制工艺

项 目		再结晶温度区			未再结晶温度区		
	开轧温度/℃	1150			860		
	终轧温度/℃	高于 1000			850		
	道次	0	1	2	3	4	5
控制轧制	压下量/mm	—	20	14	8	11	10
	出口厚度/mm	100	80	66	54	43	33
	道次压下率/%	—	20	17.5	18.2	20.4	23.3
	总压下率/%	26			50		
控制冷却	快冷阶段：开冷温度 840℃，终冷温度 570℃；冷却方式：水冷						
	缓冷阶段：开冷温度高于 500℃；冷却方式：堆垛缓冷						

由图 8-5（a）和（c）中可以明显地看到许多平行的轧制带，这是 13MnNiMoR 钢在未再结晶区发生热变形时，位错沿轧制方向沿滑移面发生滑移产生的。在轧制带上会存在大量位错，为铁素体形核提供能量。13MnNiMoR 钢厚度 1/2 和 1/4 处铁素体晶粒度约 8 级，表面晶粒度约 8.5 级。由图 8-5（a）和（b）可以看出，1/2 和 1/4 厚度处带状组织比较严重，带状组织主要为压扁的原始奥氏体晶粒内部形成粒状贝氏体，晶粒细小，而且在轧制带上分布着更加细小的晶粒，其余组织为铁素体。粒状贝氏体中小岛呈半连续长条型 M/A 岛组织。由图 8-5（c）可以看出表面带状组织不明显，组织为铁素体+少量贝氏体。

由图 8-5 可知，在粒状贝氏体组织中，铁素体基体中分布着许多小岛（M/A），这些小岛无论是残留奥氏体或马氏体，还是奥氏体的分解产物都可起到第二相强化作用，粒状贝氏体的抗拉强度和屈服强度随小岛所占面积的增多而提高。可见制定的热轧工艺充分发挥了细晶强化的作用，提高 13MnNiMoR 钢的强度，为下一步的热处理打下良好的基础。

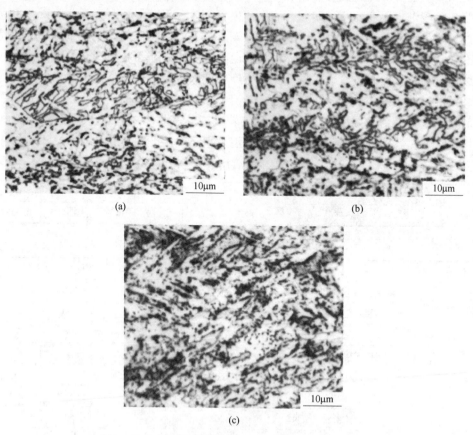

图 8-5　热轧态钢板不同厚度的显微组织
（a）1/2 处；（b）1/4 处；（c）表面

8.5.3 中高温压力容器用钢

本节主要将实验钢按照下述实验工艺图进行热轧实验[40]。本实验所用钢坯是在本钢 150kg 真空感应炉冶炼并浇铸成钢锭，具体实验钢化学成分见表 8-7。之后锻造成尺寸为 140mm×120mm×L 的长方体坯料，最后在实验室将锻坯切成 150mm×140mm×120mm 的轧制坯料。热轧实验在 RAL 国家重点实验室 φ450mm 实验轧机上进行，所用轧后冷却系统为 RAL 自主设计的超快冷及层流冷却系统。

表 8-7 15CrMoR 和 12Cr1MoVR 钢的化学成分 （质量分数,%）

钢号	C	Si	Mn	Cr	Mo	V	S	P
15CrMoR	0.14	0.31	0.63	0.94	0.55	—	0.006	0.001
12Cr1MoVR	0.11	0.31	0.58	0.90	0.31	0.21	0.005	0.001

将实验钢 15CrMoR 按照图 8-6 所示的实验工艺图进行热轧实验。分别控制不同轧后冷却条件以及轧后水冷速度等参数来研究轧后水冷对实验钢的具体影响，其具体工艺参数见表 8-8。1 号钢板热轧工艺为控轧后直接缓冷至室温，而 2 号和 3 号钢板则分别于控轧后进行不同冷速的水冷，之后缓冷至室温。对比 1 号和

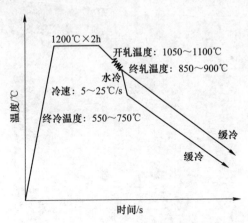

图 8-6 热轧实验工艺示意图

表 8-8 15CrMoR 钢热轧工艺参数

编号	加热温度/℃	开轧温度/℃	终轧温度/℃	冷速/℃·s⁻¹	终冷温度/℃
1	1200	1100	860	缓冷	—
2	1200	1100	870	9	600
3	1200	1100	855	20	587

2 号钢板，分析轧后水冷对实验钢组织性能的影响，以及水冷对后续热处理的影响；对比 2 号和 3 号钢板，分析冷却速度对实验钢组织性能的影响，从而确定轧后冷却速度范围。

　　图 8-7 是实验钢 15CrMoR 于不同热轧工艺下的显微组织。其中 1~3 号试样分别对应表 8-9 中的三种热轧方式；由图可知，1 号试样热轧后直接缓冷得到晶粒粗大且不均匀的铁素体和珠光体组织。2 号试样轧后以较慢冷速冷到 600℃左右，其组织为铁素体+珠光体+粒状贝氏体，相比于 1 号试样，其晶粒较为细小，但均匀性依然较差，并且带状组织较为明显。3 号试样轧后以较快冷速冷到600℃左右，得到铁素体+珠光体+粒状贝氏体组织，组织明显比 1 号和 2 号细小，晶粒细化效果较为明显，且分布较为均匀。

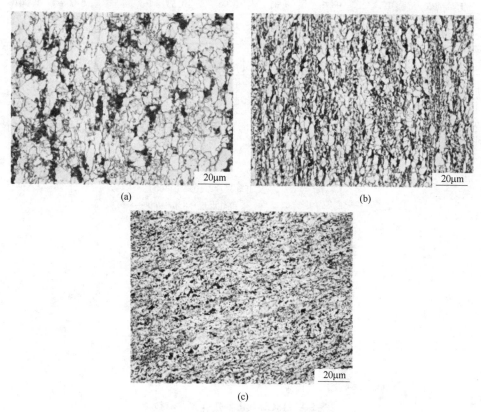

图 8-7　实验钢 15CrMoR 热轧显微组织
（a）1 号钢板；（b）2 号钢板；（c）3 号钢板

　　将实验钢 12Cr1MoVR 按照图 8-6 所示工艺进行轧制，具体工艺参数见表 8-9。和实验钢 15CrMoR 类似，1 号钢板热轧后直接缓冷至室温；2 号和 3 号钢板为热轧后以不同冷速冷到待定温度范围，之后缓冷至室温。

表8-9　12Cr1MoVR 钢的热轧工艺参数

编号	加热温度/℃	开轧温度/℃	终轧温度/℃	冷速/℃·s⁻¹	终冷温度/℃
1	1200	1100	870	缓冷	—
2	1200	1100	870	11	730
3	1200	1100	880	11	600

由图 8-8 可看出，热轧后直接缓冷得到大量铁素体以及少量珠光体组织，并且珠光体明显呈带状分布。可见，该工艺下其强度不高，但韧性很好，达到 200J 以上；当热轧后以较慢冷速水冷到 730℃ 时，相比于直接缓冷，其带状组织不明显，组织是铁素体+珠光体，珠光体分布不均，体积较小，其强度非常高，但韧性下降很多，可能是渗碳体在晶界上析出所致；随轧后终冷温度的降低，组织中粒状贝氏体含量逐渐增加，由于粒状贝氏体在晶界析出，将晶界覆盖，导致晶界难以观察，此时的强度和冲击功都很高。

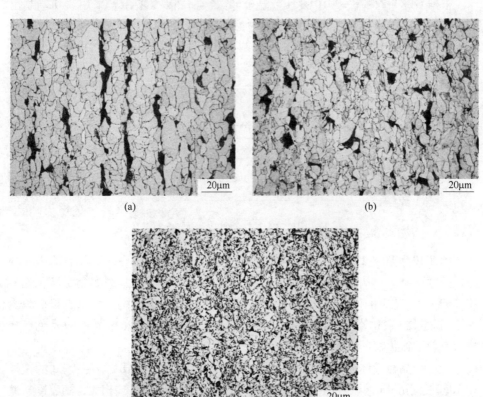

(a)

(b)

(c)

图 8-8　实验钢 12Cr1MoVR 热轧显微组织

(a) 1 号钢板；(b) 2 号钢板；(c) 3 号钢板

8.5.4　310S 奥氏体耐热不锈钢

本节实验所用材料为鞍钢厚板厂提供的 310S 奥氏体不锈钢热轧板，其化学成分见表 8-10。

表 8-10　实验材料的化学成分　　（质量分数,%）

牌号	C	Si	Mn	P	S	Ni	Cr	N	Fe
310S	0.05	0.52	0.99	0.024	0.001	19.12	25.23	0.04	其余

本节实验设置两个工艺，工艺 1 是现场轧制的热轧板（25mm），原始坯料为连铸坯 200mm 厚，开轧温度为 1050℃，经 9 道次连续轧制至 25mm，末道次轧后钢板实测温度为 970℃，空冷至室温。工艺 2 是中试热轧，原始坯料为连铸坯 200mm 厚，开轧温度为 1120℃，末道次轧后钢板实测温度为 1010℃，轧后水冷至室温。

根据 GB/T 228.1—2010 设计室温拉伸试样如图 8-9 所示。采用线切割制出试样，然后用车床将其表面车至光滑，加工好的标准试样，首先要保证试样尺寸及表面粗糙度符合标准要求，这是保证试验结果准确性的基础；然后根据试样尺寸，确定并标记试样标距。标记时，需要在试样表面打点做标记，这样能够保证标记在拉伸后仍清晰可见。

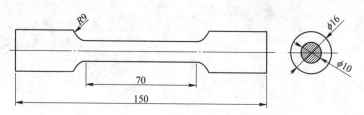

图 8-9　拉伸试样示意图

图 8-10 和图 8-11 分别是两种不同工艺在 1050℃ 和 1100℃ 固溶 1h 的边部和心部的微观组织。从图中清楚地看出，不同的冷却工艺下，组织演变明显。图 8-10（a）为工艺 1 的试样在 1050℃ 固溶 1h 的心部的微观组织，其原始组织为奥氏体+铁素体+碳化物。图中黑色长条状是铁素体；弥散分布于晶界的黑色点状物为 $M_{23}C_6$ 碳化物；基体部分是奥氏体。其中铁素体含量较多，铁素体附近晶粒尺寸较小，晶粒整体分布不均匀。图 8-10（b）和图 8-11（b）为工艺 2 的试样在 1050℃ 固溶 1h 的微观组织，与图 8-10（a）和图 8-11（a）相比，随着冷却速度的提高，基体奥氏体晶粒明显长大，由于冷却速度较大，碳化物来不及析出，就被冷却到室温，故晶界碳化物和黑色条状铁素体明显减少。说明与空冷相比，水冷冷却速度快，能抑制铁素体和碳化物析出。图 8-10（c）和图 8-11（c）为

工艺 1 的试样在 1100℃固溶 1h 的微观组织，与图 8-10（a）和图 8-11（a）相比，基体奥氏体晶粒明显长大，黑色条状铁素体减少，但出现奥氏体晶粒粗大，晶粒尺寸不均匀，其混晶严重。图 8-10（d）和图 8-11（d）为工艺 2 的试样在 1100℃固溶 1h 的微观组织，与图 8-10（b）和图 8-11（b）相比，晶粒尺寸明显粗大，虽然铁素体含量减少，但是其局部混晶严重。

图 8-10　不同工艺不同温度下的边部的微观组织
(a) 工艺 1—1050℃×1h；(b) 工艺 2—1050℃×1h；
(c) 工艺 1—1100℃×1h；(d) 工艺 2—1100℃×1h

图 8-12（a）为工艺 1 的试样在 1050℃固溶 0.5h 的心部的微观组织，其原始组织为奥氏体+铁素体+碳化物。图中黑色长条状是铁素体；弥散分布于晶界的黑色点状物为 $M_{23}C_6$ 碳化物；基体部分是奥氏体。其中铁素体含量较多，奥氏体内孪晶较多且铁素体附近晶粒尺寸相对较小，晶粒尺寸分布不均匀。图 8-12（b）为工艺 2 的试样在 1050℃固溶 0.5h 的微观组织，与图 8-12（a）相比，晶粒尺寸明显长大，黑色条状铁素体明显减少，这是由于冷却速度较快，碳化物来不及析出，就被冷却到室温，故晶界碳化物和黑色条状铁素体明显减少。图 8-12（c）为工艺 1 的试样在 1050℃固溶 1h 的微观组织，与图 8-12（a）相比，随

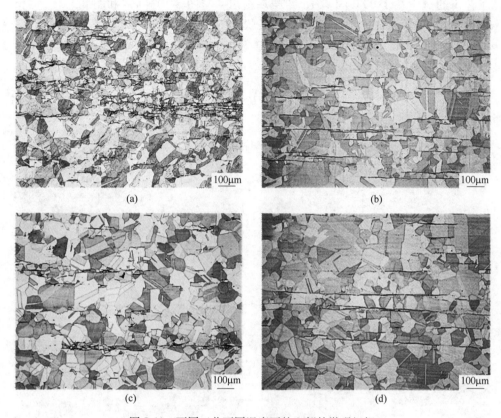

图 8-11　不同工艺不同温度下的心部的微观组织
（a）工艺 1—1050℃×1h；（b）工艺 2—1050℃×1h；
（c）工艺 1—1100℃×1h；（d）工艺 2—1100℃×1h

着保温时间的延长，基体奥氏体晶粒明显长大，黑色条状铁素体消除不明显，铁素体附件的晶粒尺寸相对较小，与基体奥氏体尺寸差异巨大，其混晶严重。图 8-12（d）为工艺 2 的试样在 1050℃固溶 1h 的微观组织，晶粒尺寸明显粗大，虽然铁素体含量减少，但是晶粒尺寸异常。

　　工艺 1 为现场轧制拉伸试样，工艺 2 为中试轧制钢拉伸试样。其力学性能如表 8-11 及图 8-13 所示。由表中两种冷却方式各自的抗拉强度和屈服强度对比可以看出，随着温度的升高抗拉强度和屈服强度逐渐下降，工艺 1 的抗拉强度均比工艺 2 的大，室温时抗拉强度和屈服强度最大，其值为采用空冷的抗拉强度为 585MPa 且屈服强度为 260MPa，采用水冷分别为 581MPa 和 271MPa，其抗拉强度相当，在误差范围内。根据相图可知，$M_{23}C_6$ 在 937～100℃温度区间析出，SIGMA 在 835～457℃温度区间析出，水冷过程中冷速较快，铁素体和碳化物没有足够的时间析出，从而使奥氏体成分更均匀，其抗拉强度和屈服强度均高于室温。

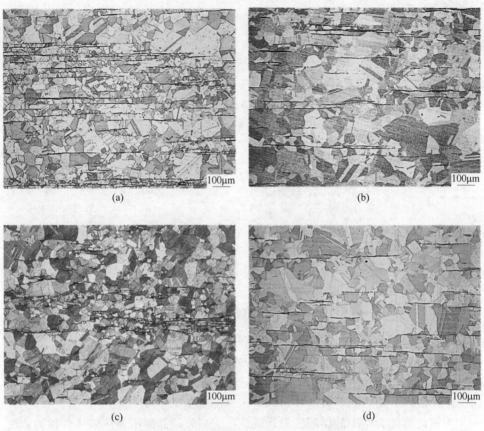

图 8-12　不同工艺不同时间下的心部的微观组织

(a) 工艺 1—1050℃×0.5h；(b) 工艺 2—1050℃×0.5h；

(c) 工艺 1—1050℃×1h；(d) 工艺 2—1050℃×1h

表 8-11　25mm 厚 310S 奥氏体耐热不锈钢不同工艺下实验钢的力学性能

温度/℃	工艺 1		工艺 2	
	抗拉强度/MPa	屈服强度/MPa	抗拉强度/MPa	屈服强度/MPa
25	585	260	581	271
600	439	180	441	148
700	286	153	336	153
800	184	136	194	130
900	141	108	151	111
1000	56	38	63	58

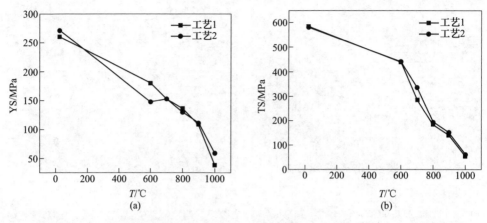

图 8-13　310S 25mm 不同工艺下实验钢的力学性能
(a) 屈服强度图；(b) 抗拉强度图

8.6　锅炉压力容器用钢典型产品及应用

　　本实例研究的是开发的大型原油储罐用高强度钢板的力学性能指标，屈服强度和抗拉强度分别不低于 490MPa 和 610MPa，伸长率不低于 18%，-20℃ 钢板的冲击性能不低于 100J，且经过 100kJ/cm 大热输入焊接后接头的抗拉强度不低于 610MPa，-15℃ 的热影响区（HAZ）冲击性能要不低于 47J[41]。

　　根据已有的大型原油储罐的设计规范，大型原油储罐用大热输入焊接高强度钢板属低合金高强度压力容器用钢板，其研制和生产日本处于世界领先水平，自 1985 年以来，我国大型原油储罐绝大多数使用的是日本进口的 SPV490Q[42] 高强度钢板。随着微合金化和控制轧制等技术的发展，适应大热输入焊接高强度钢板的生产工艺已从离线淬火+回火传统调质工艺（Q+T），逐步开发出直接淬火+离线回火（DQ+T）、在线淬火+在线回火调质处理（DQ+HOP）等先进工艺技术，使大型原油储罐用高强度钢板的生产效率得到了极大的提高。

　　根据国家钢板牌号命名规则及该研制钢板的特点，将工业试制大型原油储罐用高强度钢板牌号命名为 08MnNiVR[43]。按照实验室试制的结果，其化学成分设计要求见表 8-12，力学性能要求见表 8-13。与国家标准 GB 19189—2003 中成分控制和力学性能指标相比，P、S 等有害元素的控制更加严格，伸长率（≥20mm）从 17% 提高到 18%（见表 8-13），冲击性能从 47J(-10℃) 提高到 100J(-20℃)。

表 8-12　工业试制 08MnNiVR 钢板的化学成分要求　　　（质量分数,%）

牌号	C	Si	Mn	Ni	Cr	Mo	V	P
08MnNiVR	≤0.11	0.15~0.4	1.4~1.6	0.15~0.30	≤0.20	≤0.3	0.02~0.06	≤0.21

表 8-13 工业试制 08MnNiVR 钢板力学性能要求（横向）

板厚/mm	拉伸性能			−20℃冲击性能/J	冷弯性能 (b=2a, 180° d=3a)
	屈服强度/MPa	抗拉强度/MPa	伸长率/%		
8~20	≥490	610~730	≥17	≥100	合格
≥20~45			≥18		

连铸坯加热时确保有效加热时间并严格控制加热炉内气氛，减少氧化烧损。为使钢板获得原始细晶粒组织及良好的强韧性，钢板轧制时采用控制轧制、粗轧大压下，精轧采用水幕冷却等温轧制，轧后钢板经热矫后空冷。轧制工艺参数见表 8-14。

表 8-14 工业试制钢板的轧制工艺参数

序号	成品厚度/mm	加热温度/℃	粗轧温度/℃	精轧温度/℃	终轧温度/℃	精轧压下率/%	冷却方式
1	8~21.5	1100~800	1100	≤930	865	50	空冷
2	27~50	1100~800	1100	930	890	50	空冷

8.7 未来发展趋势或展望

随着国内外技术交流日渐加强，压力容器在设计、制造、选材上正在同国际接轨。今后，我国将建造 15 万立方米以上的超大型储罐。同时，也将针对压力容器行业的不同应用，在材料上进行更多有针对性的、前瞻性的开发，力争全方位地满足我国压力容器行业对不锈钢材料的各种需求。

参 考 文 献

[1] 朱岩，丁建华. 国内压力容器和压力钢管用厚钢板使用情况分析 [J]. 宝钢技术，2003（2）：44~48.

[2] 冯仁辉，潘春旭，吴佑明，等. 奥氏体不锈钢 ROF 内罩的失效机理分析 [J]. 机械工程材料，2000（2）：45~47.

[3] 王祖滨，东涛. 低合金高强度钢 [M]. 北京：原子能出版社，1996：80.

[4] 梁军. 超超临界火电机组钢材选用分析 [J]. 电力建设，2012，33（10）：74~78.

[5] 胡平. 超（超）临界火电机组锅炉材料的发展 [J]. 电力建设，2005（6）：26~29.

[6] 史轩. 超超临界电站锅炉关键材料的新进展 [J]. 机械工程材料，2009，33（09）：1~5.

[7] 杨富，李为民，任永宁. 超临界、超超临界锅炉用钢 [J]. 电力设备，2004（10）：41~46.

[8] 宁保群，刘永长，殷红旗，等. 超高临界压发电厂锅炉管用铁素体耐热钢的发展现状与

研究前景 [J]. 材料导报, 2006 (12): 83~86.

[9] 王起江, 洪杰, 徐松乾, 等. 超超临界电站锅炉用关键材料 [J]. 北京科技大学学报, 2012, 34 (S1): 26~33.

[10] 唐利萍. 超超临界锅炉用钢的发展 [J]. 应用能源技术, 2007 (10): 20~21.

[11] Viswanathan R, Bakker W. Materials for ultrasupercritical coal power plants—Boiler materials Part Ⅰ [M]. Journal of Materials Engineering and Performance, 2001, 10 (1): 81~95.

[12] 吴祖乾, 虞茂林. 低合金钢厚壁压力容器焊接 [M]. 上海: 上海科学技术文献社, 1982: 12~13.

[13] 吴化. 低合金高强度高塑性复相钢材的成分设计 [D]. 上海: 东华大学, 2007.

[14] 许强. 日本球罐用 CF 钢标准规范概述 [J]. 锅炉压力容器安全, 1989, 5 (4): 57~60.

[15] 张健苹, 王慧萍, 田恩华. 从专利技术看 JFE 低温压力容器用钢的发展 [J]. 河南科技, 2017 (10): 61~62.

[16] 林谦次, 高宏适. 储罐、压力容器用高性能钢板 [J]. 鞍钢技术, 2006 (1): 57~62.

[17] 贺秀丽, 关小军, 徐洪庆, 等. 大型石油储罐用钢板的特征及开发现状 [J]. 山东冶金, 2006 (3): 61~63.

[18] 袁树新, 林建民. 对我国压力容器用钢标准的一些探讨 [J]. 甘肃科技, 2007 (12): 118~120.

[19] 陈学东, 范志超, 陈永东, 等. 我国压力容器设计制造与维护的绿色化与智能化 [J]. 压力容器, 2017, 34 (11): 11, 12~27.

[20] 熊涛, 徐光, 洪君. 高参数球形储罐用钢 07MnNiMoDR 的研制 [J]. 热加工工艺, 2014, 43 (16): 27~30.

[21] 赵全卿, 王志明, 刘生, 等. 提高 07MnNiMoDR 钢板性能合格率的工艺实践 [J]. 宽厚板, 2014, 20 (2): 18~19.

[22] 王储, 胡昕明, 韩旭, 等. 锅炉汽包用 13MnNiMo5-4 特厚钢板的研制 [J]. 上海金属, 2015, 37 (4): 21~25.

[23] 王颖, 唐兴华. 油罐大型化及选材问题 [J]. 油气田地面工程, 2008 (3): 11~12.

[24] 王期文. 12Cr2Mo1 钢轧制及热处理过程的组织与性能研究 [D]. 沈阳: 东北大学, 2018.

[25] 张春丽. 13MnNiMoR 压力容器用钢生产工艺与组织性能研究 [D]. 沈阳: 东北大学, 2016.

[26] 唐代明. TRIP 钢中合金元素的作用和处理工艺的研究进展 [J]. 钢铁研究学报, 2008 (1): 1~5.

[27] 王晓敏, 董尚利, 周玉. 工程材料学 [M]. 哈尔滨: 哈尔滨工业大学出版社, 1998.

[28] 汪瑞俊, 杜晓东, 孙国栋, 等. 铬含量对 Cr-Ni-Mo 系低碳合金钢组织性能的影响 [J]. 热加工工艺, 2007 (8): 15~17.

[29] Zarei Hanzaki A, Hodgson P D, Yue S. Hot Deformation Characteristics of Si-Mn TRIP Steels with and Without Nb Microalloy Additions [J]. ISIJ International, 1995, 35 (3): 324~331.

[30] Kouichi Maruyama, Kota Sawada, Jun-ichi Koike. Strengthening Mechanisms of Creep Resistant Tempered Martensitic Steel [J]. ISIJ International, 2001, 41 (6): 641~653.

[31] 崔忠圻，覃耀春．金属学与热处理 [M]．北京：机械工业出版社，2007．

[32] 王有铭，李曼云，韦光编．钢材的控制轧制和控制冷却 [M]．北京：冶金工业出版社，2009．

[33] 贺信莱．高性能低碳贝氏体钢 [M]．北京：冶金工业出版社，2008．

[34] 陈健就，贺达伦．现代化宽厚板厂控制轧制和控制冷却技术 [J]．宝钢技术，1999（2）：10~16．

[35] 张永涛，张汉谦，王国栋，等．典型锅炉及压力容器用铁素体系铬钼耐热钢的发展回顾及成分设计 [J]．材料导报，2008，22（7）：72~76．

[36] 曹辉．07MnNiMoVDR 压力容器用钢生产工艺与组织性能 [D]．沈阳：东北大学，2012．

[37] 孔君华，郑琳，谢长生．含钼低碳微合金化钢连续冷却过程相变动力学研究 [J]．武钢技术，2006（4）：19~22．

[38] 张垣，温新林，王秀梅．关于钢的调质处理 [J]．热处理，2009，24（6）：59~61．

[39] 张永涛，张汉谦，王国栋，等．典型锅炉及压力容器用铁素体系铬钼耐热钢的发展回顾及成分设计 [J]．材料导报，2008，22（7）：72~76．

[40] 王朋．中高温压力容器钢 15CrMoR 及 12Cr1MoVR 的开发 [D]．沈阳：东北大学，2016．

[41] 李向明．15CrMo 低合金钢焊接技术总结 [J]．机械管理开发，2012（5）：89~90．

[42] 杨瑞成，王晖，郑丽平，等．12Cr1MoV 钢高温时效过程中组织结构的演变 [J]．金属热处理，2002，27（9）：18~22．

[43] 马朝晖．大型原油储罐用高强度钢板的研制 [D]．沈阳：东北大学，2009．

⑨ 高性能低温用钢特点及绿色制造技术

9.1 概述

随着我国工业的发展和国民生活水平的提高，能源消耗量大幅度增加。但是在我国能源消费中，煤占一次能源消费的比例在60%以上，造成大量温室气体和粉尘排放。雾霾天气和PM2.5超标已极为严重，对居民的工作生活和身体健康造成了严重的危害。近几年我国碳排放几乎占了全世界的70%，面临着极大的能源转型和碳排放压力。增加天然气等清洁能源在我国一次能源消费中的比例是解决我国所面临的能源与环境问题的主要措施之一。

2001~2015年间，我国天然气消费以每年15.9%的速度增长，占一次能源比例上升到5.9%，但与国际平均水平的23.8%仍然差距较大。引进液化天然气（LNG）是我国进口天然气的主要形式之一。2012年我国液化天然气进口量达1470万吨，2008年以来年均增长38%，2020年进口量将达到3000万吨[1]。自20世纪90年代以来，我国液化石油气（LPG）消费量的年均增长达14.9%，但是我国石油资源贫乏，使得LPG的产量远远不能满足国内日益增长的需求，因此需要大量进口LPG。2011年我国液化石油气消费量约为2419万吨。2020年我国LPG的需求量增加到4000万~5000万吨[2,3]。清洁的LNG与LPG的利用对我国能源结构调整、节能减排、保护生态环境有重大战略意义。

为了解决进口LNG和LPG的储运瓶颈，到2030年，国家计划在沿海20余个城市建设超过200个特大型LNG储罐，建造约60艘大型LNG海上运输船及40余艘LPG运输船来满足增长的LNG及LPG储运要求，这将需要大量的Ni系低温钢，为我国Ni系低温钢的发展提供了很好的机遇。图9-1示出了采用9%Ni钢

(a)　　　　　　　　　　　　(b)

图 9-1　Ni系低温钢的典型应用

（a）大型LNG储罐；（b）LPG运输船

建造的大型 LNG 储罐和采用 3.5%Ni 钢建造的 LPG 船。

9.2 低温用钢特点

9.2.1 低温用钢的含义

世界各国对低温钢的定义各不相同，我国 GB 150—1998 中将使用温度在 -20℃以下的碳钢及低合金钢称为低温钢。美国 ASME 没有规定低温范围，但是将-29℃作为控制指标。低温钢一般用来制造各种液化气体的储运和生产设备。按照钢中有无镍元素，可将低温钢分为无镍低温钢和含镍低温钢，其中含镍低温钢又称 Ni 系低温钢[4~6]。表 9-1 示出了常用 Ni 系低温钢类型及使用温度范围，可以看到 Ni 系低温钢 Ni 质量分数为 0.5%~9%，随着 Ni 含量的增加，最低使用温度降低，9%Ni 钢的最低使用温度可达-196℃。

表 9-1 Ni 系低温钢及使用温度范围

实验钢 Ni（质量分数）/%	0.5	2.5	3.5	5	9
最低使用温度/℃	-60	-70	-110	-130	-196

9.2.2 低温用钢的典型特征

由于 LNG 与 LPG 的超低温性和可燃性，因此要求其储罐具有良好的耐低温性能。LNG 与 LPG 储罐具有体积大、服役温度低、服役时间长及安全要求高等特点，这要求其内胆结构材料——Ni 系低温钢具有高强度、低温韧性、抗低温裂纹扩展性能、良好的焊接性能与工艺适应性。相对于奥氏体不锈钢，Ni 系低温钢合金化成本更低且强度更高；相对于铝合金，Ni 系低温钢拥有较高的强度和较好的焊接性能。因此，一般选用 Ni 系低温钢作为 LNG 和 LPG 等液化气体储存和运输设备的内胆结构材料。

低温韧性的衡量指标主要有冲击功和韧脆转变温度。韧脆转变温度是指由脆性解理断裂逐渐转变为韧性断裂的温度区间，常以 T_c 来表示。在韧脆转变温度以下，材料的冲击功很低，裂纹会迅速进入失稳扩展阶段而产生脆性断裂，使用安全性很差。在韧脆转变温度以上，材料的冲击功很高，裂纹脆性扩展被抑制，使用安全性较高。因此，韧脆转变温度是衡量材料韧性的重要指标[7]。影响冲击韧性的因素主要有化学成分、显微组织、晶粒尺寸、第二相、应力状态、变形速率等[8~13]。

9.3 低温用钢发展历史

1932 年美国发明了 2.25%Ni 低温钢，之后又开发了 3.5%Ni 钢，广泛应用于 LPG、空分制氧设备、化肥和合成氨设备中的甲醇洗涤塔等低温容器设备的制造，并于 1940 年在 ASTM 标准体系中纳入 3.5%Ni 钢[14,15]。随后，德国、法国、比利时和日本等国家也开发了 3.5%Ni 钢。美国 INCO 公司在 20 世纪 40 年代开发了 9%Ni 钢，并在 1948 年推向市场，用于建造天然气提取液氦反应塔及液氧储罐内壳，在 1956 年纳入 ASTM 标准。日本和欧洲于 20 世纪 60 年代也开始研制 Ni 系低温钢并开发了 5%Ni 低温钢。目前国际上形成了 ASTM、JIS 和 EN 三大低温钢标准体系。1960 年美国 CBI、INCO 和 US Steel 三家公司在对超低温结构的安全性研究中发现即使不进行焊后消除应力热处理，9%Ni 钢制 LNG 储罐亦可安全使用，从此 9%Ni 钢开始广泛应用于 LNG 储罐的制造[16]。

　　由于 LNG 储罐和 LNG 船向大型化方向发展，同时为了减少焊缝和提高安全系数，要求 9%Ni 钢板规格向更厚、更宽的方向发展。在保证强度的前提下，要求低温韧性越高越好，如图 9-2 所示为自 1970 年以来对 9%Ni 钢板低温韧性的要求，2000 年后的纵向指标要求是 1970 年的 2 倍多，横向指标要求更是增加了近 3 倍。在成分方面，为了减少对焊接热影响区低温韧性的影响，C、Si 等增加低温脆性的元素应尽量少，可以加入微合金元素 Nb、Mo 等以保证强度。工艺方面，为了适应新的性能要求和利用现有设备布局减少生产工序等，需要进一步开发新的热处理工艺制度，其发展趋势是：板坯连铸+现代化 TMCP 热轧+在线热处理，采用这种技术，不仅有利于生产出高质量 9%Ni 钢宽厚板，而且可以实现生产过程的减量化，达到节能降耗的目标。文献显示，日本 1993 年就能规模化生产厚度达 40~45mm 的 9%Ni 钢宽厚板，采用两次淬火热处理后，整个断面的 -196℃ 横向冲击功均能达到 250J 以上，伸长率能达到 30% 以上，焊接接头处 -196℃ 的冲击功大于 80J[17]。1999 年日本进一步研发了厚度达到 50mm 的 9%Ni 钢宽厚板，用于制造 20 万立方米的 LNG 储罐，通过降低 Si 含量和添加适量的 Nb，并采用两次淬火热处理，-196℃ 冲击功也能达到 250J，还提高了焊接热影响区的低温韧性而不损失钢板的强度，防止脆性裂纹的萌生和扩展[18]。

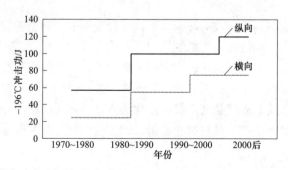

图 9-2　9%Ni 钢最低冲击韧性需求的发展

　　由于 Ni 是贵金属，为了降低成本，日本和欧美等先进工业国家研制了 5%~6%Ni 钢，用于替代 9%Ni 钢。Kim 等人[19]采用淬火+亚温淬火+回火（QLT）三步热处理工艺制备了 5.5%Ni 钢，−196℃的冲击功高于 160J，达到了 9%Ni 钢的水平。对于 Ni 含量更低的 3.5%Ni 钢，NKK 钢铁公司采用 QLL' T 工艺进行了热处理，韧性也达到了 9%Ni 钢水平。日本住友金属通过降低 Si 含量和在线热处理工艺生产的 7%Ni 钢已经成功替代 9%Ni 钢应用于日本仙北一期 LNG 工程 5 号储罐的建设。2013 年 7%Ni 钢板已被编入 JIS 标准，牌号为 SL7N590[20]。

我国低温钢的研究发展起步较晚，在 20 世纪 60 年代为了节省资源，按照节镍铬和以锰代镍的主导思想，开发出服役于−70～−90℃及更低温度的低温钢，如09Mn2V、09MnTiCuRe、06MnNb、06MnVTi、06AlNbCuN、06AlCu 等，但是实际应用很少。在 80 年代针对石化行业中生产及储运所用低温钢的国产化问题，国家相关部门组织研究机构和相关钢厂对 Ni 系低温钢进行研制。已经研制的 Ni 系低温钢有 0.5%Ni 钢、1.5%Ni 钢、3.5%Ni 钢、5%Ni 钢和 9%Ni 钢，并重点开发了 1.5%Ni 钢和 3.5%Ni 钢。在实验室研究的基础上，对 1.5%Ni 钢和 3.5%Ni 钢进行了工业性试制，结果表明这两种钢具有良好的综合性能，特别是在−60℃和−101℃时具有优良的低温韧性[21,22]。我国沈阳金属研究所 20 世纪 80～90 年代初做了一些 9%Ni 钢基础研发方面的工作，但受到当时冶炼水平等的限制，没能实现工业化。近年来国内的一些大型钢铁公司开始重视研发 9%Ni 钢，20 世纪 90 年代末太钢率先进行 9%Ni 钢研发，南钢、鞍钢、宝钢等大型钢铁企业也相继进行了 9%Ni 钢的研发，产品已通过容标委认证。容标委在 2005 年根据我国生产的 3.5%Ni 钢锻件，制定了我国−101℃级 3.5%Ni 钢锻件标准[23]。生产实践表明，3.5%Ni 钢小于 40mm 厚的钢板经淬火+回火工艺处理后，−101℃的冲击功可达 150J 以上，但是大于 40mm 厚的钢板采用淬火+回火工艺处理后，冲击韧性较差。因此，2009 年舞钢庞辉勇等人[24]采用第一次淬火+亚温淬火+高温回火工艺制备了 3.5%Ni 钢厚板，结果表明 40～100mm 厚钢板−101℃的冲击功在 150～200J 以上。2014 年鞍钢朱莹光等人[25]采用 QT、QT'、QLT 和 QLT'四种调质工艺对 5%Ni 钢板进行了热处理，发现 QT 热处理的 5%Ni 钢板在−135℃冲击功高达 135J，此外强度和伸长率等力学性能均达到标准要求，可以满足生产需要。随着我国冶金工艺、装备的进步以及市场需求的不断增加，国内大型企业，如太钢、宝钢、武钢、南钢、鞍钢、舞钢等，开始进行 Ni 系低温钢研发。沙钢朱绪祥等人[26]采用 QLT 工艺制备了 7.7%Ni 钢，其屈服强度大于 530MPa，抗拉强度大于 670MPa，−196℃冲击韧性大于 150J，均达到了 9%Ni 钢的水平；但是与日本同类钢相比，Ni 含量较高，而且热处理工艺更加复杂。

9.4 低温用钢国内外研究现状

9.4.1 低温用钢成分体系

各国标准中对 Ni 系低温钢化学成分的规定见表 9-2[27~33]。可以看出，Ni 系低温钢的成分较为简单，合金元素主要有 C、Si、Mn、Ni 等，各标准的同级别 Ni 系低温钢中合金元素含量相差不大。C 元素能够提高钢的强度，但是超过 0.2% 会显著降低钢的低温韧性和焊接性能，因此 Ni 系低温钢均选择较低的碳含量并且高 Ni 钢的 C 含量相对更低。P 容易在晶界偏析，增加回火脆性，显著降低钢的塑性和低温韧性。在高温轧制时，S 容易生成低熔点的 FeS，并在晶界上偏聚，削弱了晶粒之间的结合力，导致钢板容易在高温开裂。为了避免脆性产生，需要在钢中加入足够的 Mn，使其与 Mn 结合形成熔点较高的 MnS，但是 MnS 硬度较低，在热轧时容易沿轧向延伸，形成 MnS 夹杂带，显著降低钢板的低温韧性。因此为了保证超低温下钢的冲击韧性，必须严格控制 Ni 系低温钢中的 S、P 含量。从表 9-2 可以看出，国标和欧标中 C、S、P 等有害元素的含量最低。此外，S、P 对焊接也有不利影响。研究[34]表明，对于超低温和难焊接的钢板，S 质量分数超过 0.005%、P 质量分数超过 0.008% 时，不进行特殊的热处理焊接接头处就得不到良好的低温韧性。随着冶金设备和技术的进步，对 Ni 系低温钢中 S、P、N、O 等有害元素的控制越来越严格，近年来提出了达到 $w[N]+w[H]+w[O]+w[S]+w[P]\leq0.01\%$ 的超纯目标。太钢开发了"钢包氧化-还原双造渣"精炼深脱磷、脱硫技术，稳定实现 S、P 的质量分数小于 0.002% 的超纯净水平。加入合金元素 Mo 或者 W，可以提高淬透性，从而提高强度。加入微合金 Nb 并控制一定的 Nb/Si 质量比范围，不仅对强度和韧性无害，而且有利于提高宽厚板的焊接性能。加入合金元素 Cu 可以通过沉淀强化和稳定逆转奥氏体来达到较好的

表 9-2　Ni 系低温钢不同标准中化学成分　　　　　（质量分数，%）

标准	牌号	不大于或范围							
		C	Si	Mn	Ni	Mo	V	P	S
EN10028-4	12Ni14	0.15	0.35	0.30~0.80	3.25~3.75		0.05	0.020	0.005
	X12Ni5	0.15	0.35	0.30~0.80	4.75~5.25		0.05	0.020	0.010
	X7Ni9	0.10	0.35	0.30~0.80	8.50~10.00	0.1	0.01	0.015	0.005
ASTM	SA203E	0.20	0.15~0.40	0.70	3.25~3.75			0.035	0.035
	SA645	0.13	0.20~0.40	0.30~0.60	4.80~5.20	0.20~0.35		0.025	0.025
	T1	0.13	0.13~0.45	0.98	8.50~9.50			0.015	0.015
JIS G3127	SL3N440	0.15	0.020	0.70	3.25~3.75			0.025	0.025
	SL5N590	0.13	0.30	1.50	4.75~6.00			0.025	0.025
	9Ni590	0.12	0.30	0.90	8.50~9.50			0.025	0.025
GB 3531	08Ni3DR	0.10	0.15~0.35	0.30~0.80	3.25~3.70	0.12	0.05	0.015	0.005
	06Ni9DR	0.08	0.15~0.35	0.30~0.80	8.50~10.00	0.10	0.01	0.008	0.004

强度和韧性平衡；也有学者认为加入 Cu 后在 700~1100℃ 之间析出 Cu_2S 是裂纹敏感的主要原因，因此应该尽量降低 Cu 含量。

Ni 是 Ni 系低温钢中最主要的添加元素，Ni 含量越高，其使用温度越低。Ni 是常用的韧化元素，它在钢中不形成碳化物，可以与 Fe 形成固溶体。Ni 在 α 相中的最大溶解度约为 10%，而在 γ 相中与 Fe 无限置换固溶。Ni 能够扩大 γ 相区，是奥氏体形成和稳定元素，有利于提高淬透性，降低钢的临界冷却速度，促进马氏体相变。

Ni 元素具有与铁相同的晶体结构，两者之间的错配度很小，因此 Ni 的直接强化作用小。但是 Ni 能够降低 C 原子的扩散激活能、提高 C 原子的扩散系数，因此 C 原子更容易扩散至位错等缺陷处，导致 C 在位错周围富集，阻碍位错的滑移，从而提高钢的强度[35]。$w[Ni]$ 每增加 1%，在铁素体中产生的屈服强度的增量约为 33MPa[7]。文献［36，37］认为，Ni 能增加低温及高应变速率时的交滑移，降低孪生趋势，提高材料的塑性变形性能。Vardavoulias 等人[38]研究了 Ni 对铁素体不锈钢断裂行为的影响，发现钢中 $w[Ni]$ 增加到 3% 后冲击功明显提高。Wu 等人[39]研究了两种 Ni 含量的合金焊后热处理后的组织和力学性能，结果显示高 Ni 含量的合金拥有更高的冲击功和强度；获得优异冲击功的原因主要是 Ni 降低了铁素体转变温度并增加了针状铁素体的比例，从而使得高 Ni 钢中大角度晶界的比例增加，有效晶粒尺寸减小。Li 等人[40]研究了 Ni 含量对 Fe-20Cr-xNi 合金组织和力学性能的影响，发现 $w[Ni]$ 添加量为 10% 时可以明显改善合金的冲击韧性。可见，在一定范围内 Ni 含量越高钢的强韧性能越好，但是由于 Ni 的合金化成本较高，而且 Ni 含量过高还会损害高温塑性和焊接性能，因此在保证低温韧性的前提下，应该尽可能降低 Ni 含量。

9.4.2 低温用钢生产工艺

Ni 系低温钢最关键的性能要求在于其超低温条件下的韧性。这要求钢水具有非常高的纯净度和严格的成分控制，尤其是有害于韧性元素 S、P 等的控制。为了弱化 S、P 等对韧性的影响，其实物控制水平要求远高于标准中的指标要求，通常都在 0.005% 以下。转炉炼钢调整成分后，还需要采用 LF+RH 炉精炼。为了得到高质量 Ni 系低温钢连铸坯，连铸过程中需加入 Ni 系低温钢专用保护渣。Ni 系低温钢连铸坯需进行再结晶区和非再结晶区两阶段控制轧制，在高温段的奥氏体完全再结晶区充分利用动态再结晶来细化晶粒，在奥氏体非完全再结晶段热轧，充分利用奥氏体晶粒的形变及热轧后的微观缺陷等增加 α 相形核点，细化 α 组织。

合适的热处理工艺是 Ni 系低温钢获得优异低温韧性的必要手段。Ni 系低温钢常用的热处理工艺主要包括：（1）厚度规格不大于 15mm 钢板可以采用正火+回火（NT）或双正火+回火（NNT）工艺；（2）对于全厚度规格钢板，可采用

QT 热处理工艺；（3）对于全厚度规格钢板，还可以采用 QLT 热处理工艺。NT 或 NNT 工艺获得的钢板强度和低温韧性都较低，且 NNT 工艺的热循环次数较多，正火温度通常较高，在实际生产过程中很少采用。QT 工艺可以获得良好的强韧性匹配，是工业生产中常用的生产方式。QLT 工艺可以极大地改善 Ni 系低温钢的低温韧性，最早是由美国发明用来生产 5.5%Ni 钢，结果表明 QLT 工艺生产的 5.5%Ni 钢板在-170℃仍保持良好的低温韧性，可以部分取代 9%Ni 钢用于 LNG 储罐建造。QT 和 QLT 热处理工艺的示意图如图 9-3 所示。

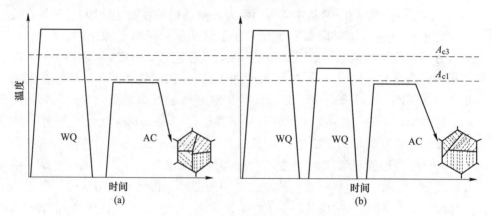

图 9-3　QT 和 QLT 热处理工艺方案示意图
（a）QT；（b）QLT

QT 热处理工艺：把钢加热到 A_{c3} 以上一定温度，保温后以大于临界冷却速度的速度冷却得到马氏体（或下贝氏体）组织，然后在略低于 A_{c1} 温度回火。淬火热处理是为了得到均匀细小的马氏体组织。由于淬火马氏体硬而脆，因此需要进行回火来增加钢的塑性和韧性。Ni 系低温钢回火后组织中还会有少量的逆转奥氏体（Reversed Austenite，RA）形成。逆转奥氏体在回火过程中会富集 C、Mn、Ni 等奥氏体稳定元素，在室温时也不发生马氏体相变。

图 9-4 示出了 QT 热处理过程中的微观组织演变，可以看出，QT 工艺条件下逆转奥氏体主要在原奥氏体晶界和板条束界处形成。回火时由于原子运动加剧，C、Ni、Mn 等合金元素会向晶界的缺陷处偏聚，造成合金元素在局部富集，降低了 A_{c1} 温度，当相变驱动力足够大时，逆转奥氏体开始在原奥氏体晶界和板条束界析出，同时晶界处原子扩散速率较大，有利于逆转奥氏体长大。

QLT 热处理工艺：在常规奥氏体区淬火之后和回火之前，增加一次两相区热处理过程。两相区温度在 A_{c1} 和 A_{c3} 之间，低于一次淬火温度，因而生成的奥氏体晶粒更为细小。一次淬火获得的非平衡态组织经两相区保温淬火后得到不同含量配比的马氏体和板条状铁素体的混合组织。谢振家等人[41]将这种马氏体/贝氏体在两相区热处理时形成的贫合金元素的组织称为临界铁素体（Intercritical Ferrite，

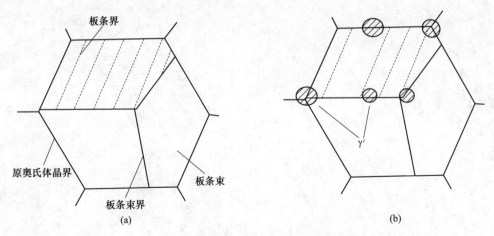

图 9-4　QT 热处理工艺组织演变过程示意图
(a) 奥氏体区保温淬火（Q）；(b) 回火（T）

IF）。经回火处理后组织演变为逆转奥氏体、临界铁素体和回火马氏体。杨跃辉等[42]发现经 QLT 处理后，逆转奥氏体含量显著增加，而且逆转奥氏体不仅在晶界和板条束界形成，也在晶内的板条界形成。

图 9-5 示出了 QLT 热处理中组织演变过程，可以看出，经奥氏体区保温淬火后，得到板条马氏体组织。在两相区保温过程中，马氏体转变为奥氏体（γ）和临界铁素体（IF），由于 C、Mn、Ni 等合金元素在 γ 相中的固溶度更高，因此合金元素在保温过程中会向 γ 相中富集，使得 γ 相稳定性增加。相比回火过程，两相区保温温度更高，合金元素的扩散能力更强，能够以较快的速度向 γ 相中扩散[43]。在随后的淬火过程中，由于稳定性不够，γ 相大部分重新转变为马氏体，最后得到富集合金元素的新生马氏体（M）和少量残余奥氏体。在回火时，残余奥氏体可以作为逆转奥氏体的核心长大，不需要重新形核，因而促进了逆转奥氏体的形成。研究［44，45］表明，随着 C、Mn、Ni 等合金元素含量的增加，α→γ 的相变驱动力逐渐增大，从而使得界面形核的临界形核率增加，使得 α→γ 的相变更易发生。因此，逆转奥氏体容易沿富合金元素的板条形核，而且富集于新生马氏体中 C、Mn、Ni 等合金元素只需经过较短距离就可以扩散到逆转奥氏体内，从而促进了逆转奥氏体的长大和稳定[42,46~48]。

日本是能源稀缺国家，对能源储运非常重视，对 Ni 系低温钢的开发，尤其是 30mm 以上厚规格 Ni 系低温钢钢板的研发已走在世界前列，且还在不断的优化 Ni 系低温钢生产工艺。日本钢厂生产 9%Ni 钢的情况以川崎制铁为例，川崎制铁 1982 年已采用 QT 工艺规模化生产了 30mm 厚度规格的 9%Ni 钢板用于建造容积为 80000m³ 的 LNG 储罐。日本 JFE 钢铁公司开发了 Super-OLAC（Super On-Line Accelerated Cooling）系统，这种新一代在线加速冷却技术可以对钢板在线高

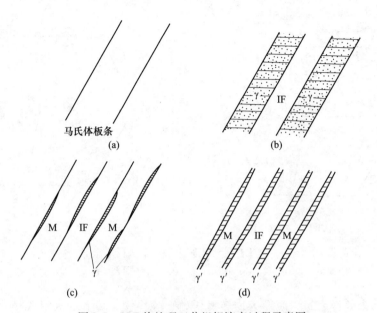

图 9-5　QLT 热处理工艺组织演变过程示意图

（a）奥氏体区保温淬火（Q）；（b）两相区保温；（c）两相区保温淬火（L）；（d）回火（T）

速冷却，其冷却能力比传统的层流冷却提高了 2~5 倍。近年来，JFE 将 Super-OLAC 技术应用于 9%Ni 钢的生产中，开发了在线淬火+回火（DQ-T）工艺，并采用 DQ-T 工艺制备了超级 9%Ni 钢板。与传统 QT 工艺相比，取消了传统的离线淬火过程，在极大地提高生产效率的同时降低了生产成本。其力学性能检测表明，DQ-T 工艺生产的 9%Ni 钢常规力学性能达到了传统 9%Ni 钢（QT 工艺）水平，并且提高了抑制裂纹扩展的能力，进一步满足了安全性的要求[49]。1999 年，采用低 Si/Nb 质量比的合金设计思路，在合金成分中加入了 0.01% 的 Nb，并适当提高 Ni 含量至 9.5% 左右以保证淬透性和强度，采用 QLT 热处理工艺，成功开发了厚度规格达到 50mm 的 9%Ni 钢板用于建造容积为 200000m³ 的 LNG 储罐。

　　我国刘国权等[50]研究了 3.5%Ni 钢板控制轧制控制冷却工艺，发现控轧控冷+高温回火工艺可以替代热轧+正火+高温回火工艺来生产低温韧性优异的 3.5%Ni 钢板。田国平等[51]采用 DQ-T 工艺制备了 9%Ni 钢并研究了超快冷终冷温度对低温韧性的影响，发现较低的终冷温度即 280℃ 时，能够有效地改变逆转奥氏体的分布，韧化 9%Ni 钢，使其性能达到最佳。

9.4.3　低温用钢显微组织特征

9.4.3.1　板条马氏体

　　图 9-6 示出了板条马氏体钢的 SEM 像和显微组织示意图。淬火后，原奥氏体

晶粒被几个板条束（Packet）分割，每个板条束又被进一步分为板条块（Block），每个板条块由排列成束状的细长的板条（Lath）组成，这些板条具有相似的取向。低碳钢中的板条块包括两个亚板条块（Sub-block），亚板条块由两组特殊的 Kurdjumov-Sachs（K-S）变体的板条组成，亚板条束间取向差为 10°左右的小角度晶界[52]。

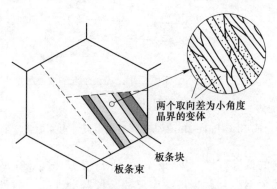

两个取向差为小角度晶界的变体

板条块

板条束

图 9-6　板条马氏体显微组织示意图

　　晶粒尺寸越细小，晶界所占比例越大，对位错运动的阻碍作用就越大，因而使得强度升高，这种因晶粒细化而产生强化的方式称为细晶强化。细晶强化是唯一能同时提高强度和韧性的强化方式。研究[53~55]认为，马氏体板条束尺寸与屈服强度遵循 Hall-Petch 关系，因此可以将板条束尺寸作为控制强度的有效晶粒尺寸。Morito 等[56]发现随着原奥氏体晶粒的细化，板条尺寸没有明显变化，但是板条束尺寸成比例减小，因此细化原奥氏体晶粒可以提高钢板的强度。图 9-7 示出了 Fe-Ni-C 和 Fe-Mn-C 马氏体板条束尺寸对屈服强度的影响，可以看出屈服强度与板条束尺寸基本呈线性关系，但是低碳高镍钢的斜率较小[57]。Swarr 等[58]研究了淬火和回火马氏体组织对 Fe-0.2%C 钢拉伸性能的影响，发现淬火马氏体的板条束尺寸与屈服强度遵循 Hall-Petch 关系，但是回火会明显弱化板条束尺寸对屈服强度的影响，使 Hall-Petch 斜率变平缓。

　　细化晶粒增加了晶界面积，降低了由位错塞积在晶界引起的应力集中。此外，晶界上杂质元素的偏聚程度也因为晶界面积的增加而减小，从而避免了沿晶脆性断裂。韧脆转变温度 T_c 与晶粒尺寸的关系可以用式（9-1）所示：

$$T_c = A - B\ln d^{-1/2} \tag{9-1}$$

式中　A，B——常数；

　　　　d——有效晶粒尺寸。

　　由于马氏体中存在亚结构，因此近年来对低碳马氏体中控制韧性的基本单元进行了大量研究[58~61]。Kim 等[62]观察了 Mn-Mo-Ni 低合金钢裂纹扩展行为，发现原奥氏体晶界和板条束界可以有效阻碍裂纹扩展（见图 9-8），从而提高冲击吸

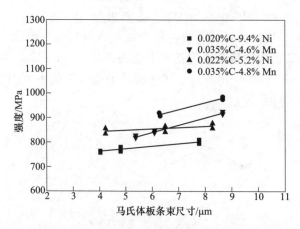

图 9-7　Fe-Ni-C 和 Fe-Mn-C 马氏体板条束尺寸对屈服强度的影响

收能量，改善材料的低温韧性。Wang 等[63] 研究了 17CrNiMo6 马氏体钢组织细化和韧脆转变温度的关系，并认为板条束尺寸为控制韧性的 "有效晶粒尺寸"。

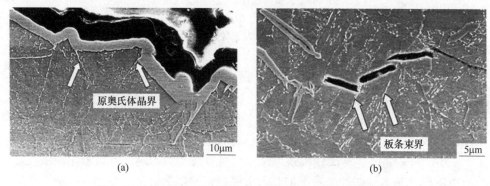

图 9-8　冲击试样（测试温度−100℃）断口表面下方微裂纹

9.4.3.2　临界铁素体

临界铁素体是由马氏体等非平衡组织经两相区热处理形成的。图 9-9 示出了临界铁素体的形貌和合金元素分布图，可以看出，临界铁素体形貌与高温奥氏体相变形成的多边形铁素体不同，它大多保留原来的板条状结构[41]。EPMA 面扫描图表明，在两相区热处理过程中合金元素发生了配分，C、Ni 等合金元素从临界铁素体中向奥氏体中扩散，导致临界铁素体中 C、Ni 元素含量非常低。

由于临界铁素体中合金元素含量和位错密度很低，因此其硬度很低具有较好的塑性变形能力；受到应力作用时，能够发生较大的塑性变形，缓解应力集中，阻碍裂纹的形成和扩展[64~66]。黄开有等[67] 探讨了亚温淬火对 25MnV 钢组织和性能的影响，发现弥散分布于基体中的板条状铁素体可以阻碍奥氏体的晶界迁移，

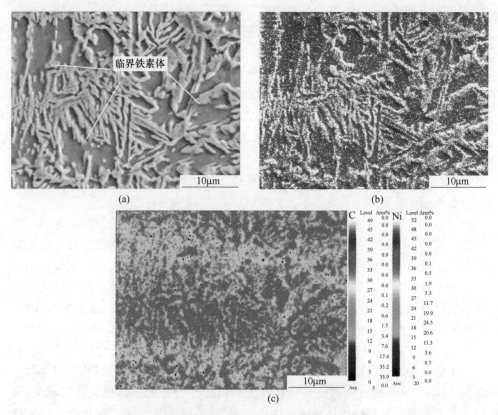

图 9-9 临界铁素体形貌和对应的合金元素分布图
（a）二次电子像；（b）C 元素；（c）Ni 元素

从而抑制奥氏体晶粒长大。微合金钢发生回火脆化的原因一般与 S、P 等有害元素在晶界的偏聚，减少晶界结合力有关。马跃新等[68]认为，S、P 等杂质元素在 bcc 相中的溶解度大于在 fcc 相的溶解度，因此在保温过程中 S、P 容易在 bcc 相中富集，减少了在晶界处富集的概率。Song 等[69]研究了 QLT 工艺对 Fe-13%Cr-4%Ni-Mo 马氏体不锈钢组织演变和低温韧性的影响，并采用三维原子探针检测了 P 元素的偏析情况，发现 P 均匀地分布在 bcc 相中，在两相界面和逆转奥氏体中没有 P 偏聚，从而增加了逆转奥氏体的稳定性。罗小兵等[70]认为，临界铁素体和马氏体相互交错而成的组织类似于"纤维增强复合材料"，这种组织可以提高钢的强度，并且临界铁素体为软相可以缓解应力集中，阻止裂纹的形成和扩展，从而有利于改善韧性。

9.4.3.3 逆转奥氏体

与高温奥氏体和淬火后残余奥氏体不同，逆转奥氏体是马氏体钢重新加热到

A_{c1}温度附近时发生 α→γ 转变而形成的。由于马氏体相变的遗传性，逆转奥氏体和基体存在着一定的位相关系，通常为 K-S 取向关系和 Nishiyanma-Wassermann（N-W）关系[71,72]。

在低碳马氏体、贝氏体钢中引入适量弥散分布的奥氏体，将显著改善材料的低温韧性[73~77]。Strife 等[78]认为，逆转奥氏体的稳定性是提高韧性的关键因素，逆转奥氏体稳定性太低容易产生脆性裂纹，反而恶化钢的低温韧性。侯家平等[79]发现 QLT 处理的 9%Ni 钢，-196℃冲击功与稳定逆转奥氏体的含量具有较好的对应关系。杨跃辉等[42]认为，逆转奥氏体的分布和形态也是影响 9%Ni 钢低温韧性的重要因素。逆转奥氏体的韧化机理一直是人们研究的重点，目前逆转奥氏体改善韧性的机理主要有以下几种观点：

（1）净化基体。逆转奥氏体可以吸收基体中的 C 元素，从而提高钢的低温韧性[80,81]。Frear 等[82]认为逆转奥氏体的形成有利于降低韧脆转变温度，这主要是由于逆转奥氏体可以吸收晶界处的 C、P 等对韧性有害的元素，从而韧化了晶界。Kuzmina 等[83]观察到 Mn 在大角度晶界富集会引起晶界脆化，而逆转奥氏体的形成则净化了晶界，因而改善了韧性。文献［84~86］认为，晶界处的 Mn 元素偏聚于逆转奥氏体中可以增加晶界结合力，韧化晶界。

（2）裂纹尖端相变诱发塑性（TRIP 效应）。在裂纹尖端应力作用下，逆转奥氏体会相变为马氏体，吸收额外的能量，提高冲击功。在变形过程中相变的逆转奥氏体对 TRIP 效应的贡献最大，在变形前已经转变的逆转奥氏体贡献最小，而一直不转变的逆转奥氏体贡献居中[87]。研究[88~90]发现，断口附近变形区域的逆转奥氏体消失，表明逆转奥氏体在变形过程中全部转变为了马氏体，马氏体相变会消耗一部分能量，从而改善了低温韧性。但是 TRIP 效应增加韧性的机制仍有争议，张弗天等[91]研究了逆转奥氏体对 9%Ni 钢低温韧性的影响，认为断口上的逆转奥氏体转变为马氏体所需的能量很少，不能解释 9%Ni 钢的高韧性，提高材料韧性的因素应该是奥氏体在变形过程中发生了最大的塑性变形。Kim 等[92]通过计算发现 10%的逆转奥氏体仅能提供 3.3J 由马氏体相变所产生的冲击功增量。研究[93~95]认为，逆转奥氏体在裂纹尖端应力作用下相变为马氏体时，相变产生的膨胀可以松弛裂纹尖端的应力集中，这在很大程度上会减缓甚至终止裂纹的扩展，并且膨胀产生的压力可以促使破裂面贴合，对裂纹扩展的阻碍作用是逆转奥氏体韧化的主要原因。

（3）细化晶粒。当热稳定性差的逆转奥氏体在低温转变为马氏体时，新转变的马氏体与周围板条束具有相同的位相关系，但是逆转奥氏体受应力作用转变的马氏体与周围板条之间具有不同的位向关系，从而细化了穿晶断裂的有效晶粒尺寸[93,95]。Guo 等[96]发现，9%Ni 钢中逆转奥氏体与周围板条束大多呈 K-S 关系，但是与逆转奥氏体受应力作用转变的马氏体呈 N-W 关系，并且认为这种转变方式是为了使新转变马氏体的弹性应变能最小化。

（4）裂纹尖端钝化。逆转奥氏体是马氏体附近塑性相对更好的软相，当裂纹扩展至逆转奥氏体时，裂纹尖端将发生转向和分叉，甚至使正在扩展的裂纹钝化，从而提高钢的低温韧性（见图9-10）。

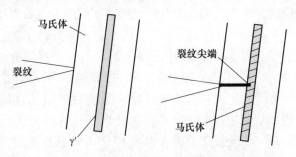

图 9-10　逆转奥氏体阻碍裂纹扩展示意图

9.4.4　低温用钢强韧化

对于 Ni 系低温钢，为了保证低温韧性和焊接性能，不能采用较高含量的 C、N 等间隙原子来实现固溶强化。但可以加入适量其他合金元素进行强化，Nakada 等[97]认为加入 Cu 元素回火过程中能在马氏体基体中形成细小 Cu 颗粒而达到析出强化基体的效果，提高屈服强度和抗拉强度并增加加工硬化率。Kubo 等[18]在 50mm 厚板中降低 Si 含量加入 Nb 进行强化，在改善热影响区韧性的同时，也能保证较高的强度。Ni 和 Mn 是 Ni 系低温钢所需的合金元素，在一定程度上起到强化作用。考虑到合金元素配比和成本因素，添加合金元素不应作为主要的强化手段。

Ni 系低温钢通常需要通过淬火处理获得马氏体基体，以保障材料的强度。为了进一步提高材料强度，很多学者采用优化热处理工艺的方式进一步细化组织，进而改善强韧性，通常采用细晶强化的方式强化材料，因为细晶强化是唯一一种不降低韧性的强化方式。Yokota 等[98]利用 $\alpha \rightarrow \gamma \rightarrow \alpha'$ 相变来细化马氏体组织，中心处晶粒尺寸能达到 0.9μm，1/4 厚度处晶粒度甚至能达到 0.83μm。Syn 等[99]利用两次奥氏体区淬火+双相区淬火热循环工艺细化原奥氏体晶粒，使板条马氏体组织得到细化，增加了回火过程中逆转奥氏体的形核点，在得到稳定逆转奥氏体更多、冲击韧性显著增加的前提下，仍能保持高的强度。采用 QLT 热处理时，也能一定程度上细化有效晶粒尺寸，因为双相区保温过程中，能在原奥氏体晶粒或晶界交汇处形成细小的新奥氏体晶粒，细化奥氏体晶粒，且板条间富奥氏体稳定元素的二次马氏体回火后形成新的逆转奥氏体，会打断同一取向马氏体板条分布的连续性，细化有效晶粒尺寸。

　　Ni 系低温钢的低温韧性是其力学性能的核心，从低碳钢的韧化可以看出，基体组织的细化、合理的合金化及残余奥氏体的存在均有利于低温韧性。但对于 Ni 系低温钢，以前的研究主要集中在热处理工艺对 Ni 系低温钢强韧化的影响。为了获得良好强韧化匹配的组织，很多学者在 Ni 系低温钢热处理工艺参数上做了大量的研究和探讨，这些研究主要是通过调整回火工艺参数以得到更多稳定逆转奥氏体的方式来实现韧化。李国明[100]等研究调质热处理工艺参数对 9%Ni 钢的影响时，发现淬火介质对其低温冲击韧性影响不大，而淬火温度对 9%Ni 钢的低温冲击韧性在一定范围内影响显著，回火温度对其低温冲击韧性的影响也很大。杨秀利[101]等研究了 QT 热处理时回火温度对低温韧性的影响，认为在 550~600℃范围内回火，9%Ni 钢强度和韧度达到最佳匹配，且其他各项性能也达到最佳。Zhao[102]重点研究了回火温度对 QLT 热处理低温韧性的影响，认为在 540~580℃回火能获得高强度和高超低温韧性。Strife、王华和 Lei 等也将研究重点侧重于热处理工艺参数和逆转奥氏体与冲击韧性的关系，认为逆转奥氏体量、分布及稳定性等对 Ni 系低温钢的低温韧性起到关键作用[103~105]。刘东风等[106]认为 Ni 系低温钢的低温韧性除了逆转奥氏体外，可能还有其他重要控制因素，诸如奥氏体/铁素体界面结构、杂质元素含量等，提出应通过细化晶粒、提高钢的纯净度、添加合金元素等手段来改善 Ni 系低温钢的低温韧性。

9.5　低温用钢最新研究进展

　　Ni 合金占 Ni 系低温钢成本的比例较大，较高的 Ni 含量还会给后续炼钢、连铸及焊接等工序带来许多问题。例如在实际生产中发现 9%Ni 钢连铸过程中铸坯表面质量较差，铸坯存在开裂现象；而且 9%Ni 钢板剩磁较高，在焊接时容易出现磁偏吹现象，给焊接带来了困难。因此，研发减 Ni 化钢板对于国内 Ni 系低温钢的发展具有重要意义。但是，Ni 含量降低会导致钢的韧脆转变温度升高及低温韧性的恶化。为了解决低 Ni 钢韧性较差的问题，需要改变加工工艺，增加钢板中逆转奥氏体含量。QLT 工艺虽然可以显著增加钢中逆转奥氏体的含量，从而提高钢的低温韧性，但是经 QLT 处理后的钢板存在强度偏低的问题，且 QLT 工艺具有工序复杂、能源消耗大、生产周期长等缺点，因此很少在实际生产中使用。东北大学王猛[107]基于热机械控制工艺和超快冷技术，采用低温控轧工艺细化晶粒，热轧完成后采用超快冷快速冷却到室温，从而代替传统的离线淬火过程；随后结合两相区保温淬火+回火工艺（TMCP-UFC-LT）制备了低 Ni 钢板，系统研究了 TMCP-UFC-LT 工艺对低 Ni 钢组织及力学性能的影响规律，并对其强韧化机理进行了讨论，为开发高韧性、低成本 Ni 系低温钢奠定工艺基础。TMCP-UFC-LT 工艺示意图如图 9-11 所示。

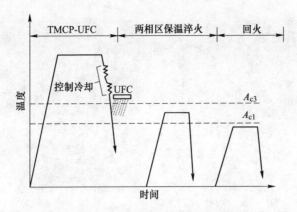

图 9-11 TMCP-UFC-LT 工艺示意图

低 Ni 钢的道次压下分配工艺见表 9-3。四种热轧工艺的总压下率都为 85%。工艺 A 采用完全再结晶区控制轧制工艺，轧制温度为 1050~1150℃，道次压下率为 20%~27%。工艺 B、工艺 C 和工艺 D 采用两阶段控制轧制工艺，再结晶区压下率分别为 65%，53% 和 35%，再结晶区轧制温度为 1050~1150℃。工艺 B、工艺 C 和工艺 D 的精轧开轧温度约为 880℃，终轧温度约为 860℃。不同热轧工艺条件下的原奥氏体晶粒组织如图 9-12 所示。工艺 A 为完全再结晶区轧制，奥氏体晶粒呈等轴状，原奥氏体晶粒平均尺寸约为 27.4μm。由于热轧时，轧制速度较快，发生不完全动态再结晶，形成部分粗大的奥氏体晶粒，细化晶粒主要通过两道次热轧间的待温时间发生静态再结晶来实现。

表 9-3 5%Ni 钢轧制过程的压下分配

工艺	道次压下/mm
A	100→80→62→47→35→26→19→15
B	100→80→62→47→35→待温→26→19→15
C	100→80→62→47→待温→35→26→19→15
D	100→85→73→65→待温→47→35→26→19→15

一般情况下在奥氏体再结晶区随变形量的增大，奥氏体再结晶晶粒细化，但是再结晶区的轧制细化晶粒是有一定限度的，存在一个极限值，当道次压下率大于 50% 时晶粒细化的趋势减小。工艺 B、工艺 C 和工艺 D 采用两阶段控制轧制工艺，可以看出奥氏体晶粒呈压扁状态，沿轧制方向被拉长。工艺 D 中有宽度约为 50μm 的粗大晶粒，也有非常细小的晶粒，这是由于工艺 D 中再结晶区总压下率仅为 35%，道次压下率也较小，再结晶细化晶粒的效果较差，原奥氏体晶粒平均尺寸约为 33.8μm。工艺 B 在未再结晶区压下率较小（57%），因此再结晶晶粒被压扁的程度较小，晶粒分布不均匀，原奥氏体晶粒平均直径约为 27.6μm。工艺 C 在未再结晶区压下率为 68%，奥氏体晶粒均匀细小，原奥氏体晶粒平均尺寸约

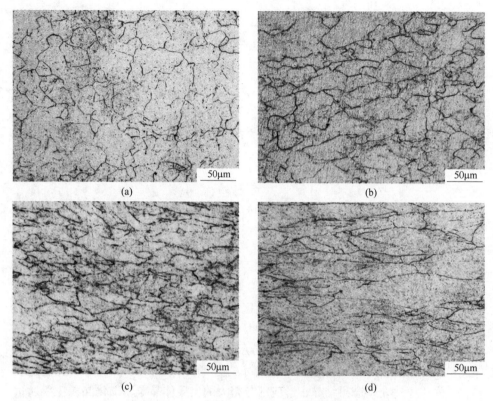

图 9-12　5%Ni 钢热轧淬火得到的原奥氏体晶粒
(a) 工艺 A；(b) 工艺 B；(c) 工艺 C；(d) 工艺 D

为 24.6μm。在未再结晶区增大压下量时，奥氏体的长宽比增加，增加了单位体积中奥氏体的晶界面积，同时在晶内会产生大量的变形带和高密度位错，这些变形带与晶界的作用类似，在相变时均可以作为形核位置，增加形核率；但是未再结晶区总压下率小于 60% 时，变形带密度较小，而且分布很不均匀，有必要把总压下率提高到 60% 以上。

图 9-13 示出了终轧温度为 820℃ 和 880℃ 时 3.5%Ni 钢和 7%Ni 钢的原奥氏体晶粒组织。可以看出，终轧温度为 820℃ 时，原奥氏体晶粒均匀细小，奥氏体晶粒均呈压扁状态，沿轧制方向被拉长，7%Ni 钢压扁程度更大，3.5%Ni 钢和 7%Ni 钢的原奥氏体晶粒平均尺寸分别为 24.1 和 23.1μm。终轧温度为 880℃ 时，3.5%Ni 钢和 7%Ni 钢的原奥氏体晶粒平均尺寸分别为 27.6 和 28.5μm，终轧温度过高时原奥氏体晶粒分布不均匀，存在粗大的晶粒，这可能是因为轧制温度较高时，发生了部分再结晶，原始组织中尺寸较大的晶粒吞噬细小的再结晶晶粒，使得晶粒变得更加粗大，因此终轧温度不宜取太高。

不同冷却路径下 5%Ni 钢的显微组织如图 9-14 所示。可以看出，5%Ni 钢空

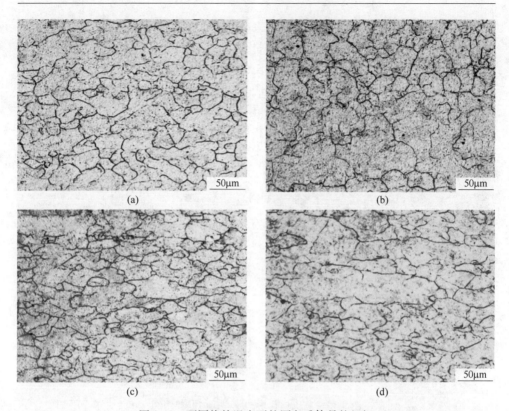

图 9-13 不同终轧温度下的原奥氏体晶粒组织

(a) 3.5%Ni 钢，820℃；(b) 3.5%Ni 钢，880℃；(c) 7%Ni 钢，820℃；(d) 7%Ni 钢，880℃

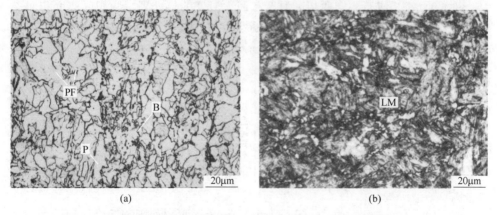

图 9-14 不同冷却路径下 5%Ni 钢热轧板的显微组织

(a) 空冷；(b) 超快冷

冷条件下的组织为多边形铁素体、珠光体和少量粒状贝氏体；在超快冷条件下组织主要为板条马氏体。可见超快冷促进了非平衡组织马氏体的转变，细化了室温组织。

　　将不同冷却路径下的钢板加热到 810℃ 保温 40min 后淬火并观察其原奥氏体晶粒组织,结果如图 9-15 所示。可以看出,重新奥氏体化后,超快冷工艺钢板的原奥氏体晶粒更加细小。一般认为奥氏体首先在铁素体和渗碳体的相界面上形核,铁素体和渗碳体相界面越多,则奥氏体的形核点越多,奥氏体晶粒越细。对于马氏体和贝氏体等非平衡态的组织,在 A_{c1} 以上的温度已经分解为弥散分布的微细粒状渗碳体,因此铁素体和渗碳体相界面很多,形核率很高,从而得到比平衡态组织加热时更加细小的奥氏体晶粒。控制冷却速度能够细化轧态组织,同时也会对后续的热处理组织产生影响。

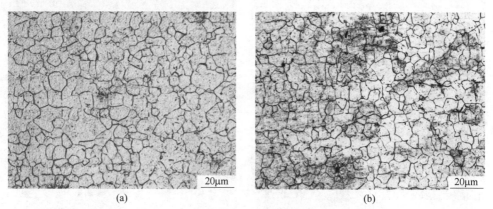

图 9-15　奥氏体化后的原奥氏体晶粒组织
（a）空冷；（b）超快冷

　　对低 Ni 钢板进行不同两相区温度和回火温度的热处理,两相区温度和回火时间分别选择 40min 和 60min。图 9-16 示出了 3.5%Ni 钢的力学性能随两相区

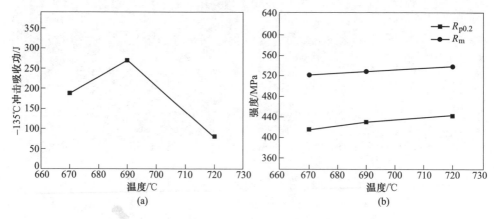

图 9-16　两相区保温温度对 3.5%Ni 钢力学性能的影响
（a）冲击功；（b）拉伸性能

温度的变化关系。3.5%Ni 钢-135℃冲击功随着两相区温度的升高先增加后降低，在 690℃时取得最高值，此时冲击功为 270J，强度随两相区温度的升高变化不大。

图 9-17 示出了 3.5%Ni 钢 690℃保温淬火试样的二次电子像和合金元素配分情况。可以看到，C、Mn、Ni 元素在板条状组织中富集。从图中可以清晰看到板条状组织表面的浮凸，表明其为淬火马氏体。在淬火马氏体边界有少量薄膜状的亮衬度区，应该为淬火时未来得及转变的残余奥氏体。在两相区保温过程中，奥氏体会沿原奥氏体晶界和板条界形核长大，形成奥氏体+临界铁素体混合组织。淬火时，绝大部分奥氏体会因为稳定性不够而重新转变为马氏体。因此，两相区保温淬火后的组织主要由富合金元素的马氏体和贫合金元素的铁素体组成，此外还有少量残余奥氏体。再进行回火时，富奥氏体稳定元素的板条 A_{c1} 温度较低，逆转奥氏体很容易在其板条界处形核，残余奥氏体在回火时也可以作为逆转奥氏体的核心继续长大，合金元素只需经过较短距离就可以扩散到逆转奥氏体内，从而促进了逆转奥氏体的长大和稳定。

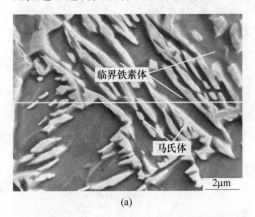

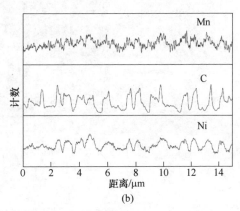

(a)

(b)

图 9-17 3.5%Ni 钢 690℃保温淬火试样 EPMA 测量结果
(a) SEM 像；(b) EPMA 结果

图 9-18 示出了两相区温度对低 Ni 钢回火组织的影响。可以看出，在不同两相区温度下的组织均为回火马氏体、临界铁素体和逆转奥氏体。当两相区温度较低时，3.5%Ni 钢组织中含有较多的临界铁素体，亮衬度区域较少；两相区温度升高到 690℃时，临界铁素体含量减少，板条间有较多针状的亮衬度区域分布；当两相区温度为 720℃时，组织大部分为规则排列的马氏体板条，在板条间只有少量的亮衬度区分布。

采用 Thermo-Calc 热力学软件计算了平衡状态下 7%Ni 钢中各相体积分数和奥氏体中 C、Mn、Ni 的质量分数，结果见表 9-4。可以看出，奥氏体相的体积分数随着两相区温度的升高而不断增加，但是奥氏体中富集的 C、Mn、Ni 元素的质量分数一直降低。

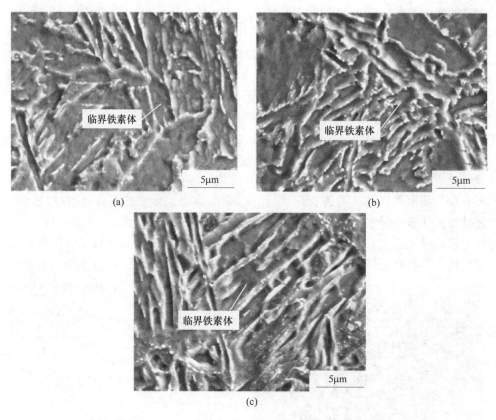

图 9-18　3.5%Ni 钢不同两相区温度条件下的 SEM 像

(a) 670℃；(b) 690℃；(c) 720℃

表 9-4　逆转奥氏体的体积分数和合金元素含量

温度/℃	体积分数/%	质量分数/%		
		C	Mn	Ni
660	48	0.13	1.33	11.39
670	61	0.10	1.09	9.80
700	88	0.07	0.81	7.80

　　采用 TEM 进一步观察了 7%Ni 钢中不同两相区温度条件下回火试样中逆转奥氏体的形貌和分布，结果如图 9-19 所示。两相区温度较低（650℃）时，逆转奥氏体的尺寸较大，数量较少，奥氏体中 C、Mn 和 Ni 元素富集程度高，淬火后形成富合金元素的板条马氏体，回火时逆转奥氏体沿富合金元素的板条形核，有利于逆转奥氏体的长大和稳定。但是由于富合金元素的板条占组织的比例较低，使得形核点较少，因此逆转奥氏体数量较少，分布也不够均匀。在 700℃ 保温时，

生成的奥氏体相体积分数较高，淬火后形成的富合金元素板条也较多，但是合金元素在奥氏体相中的质量分数随两相区温度的升高而降低，因此板条中富集的合金元素含量较少，导致逆转奥氏体形核率很高但是不容易长大。图 9-19（c）显示回火后在板条间形成细小的针状逆转奥氏体，但是体积分数较少。两相区温度为 670℃时，生成的富合金元素板条数量适中，合金元素富集程度也较高，因而在回火后获得了较多数量的逆转奥氏体，且逆转奥氏体分布较为均匀。

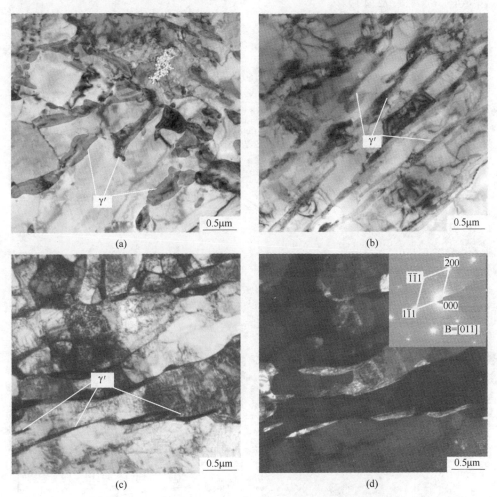

图 9-19　7%Ni 钢不同两相区温度条件下逆转奥氏体的形貌
(a) 650℃；(b) 670℃；(c)，(d) 700℃

图 9-20 示出了 Ni 系低温钢中逆转奥氏体体积分数与低温韧性的关系。可以看出，不同两相区温度条件下的低温冲击功与逆转奥氏体具有很好的对应关系，这表明逆转奥氏体是提高 Ni 系低温钢低温韧性的主要因素。

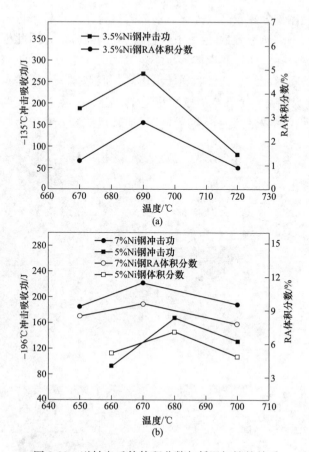

图 9-20　逆转奥氏体体积分数与低温韧性的关系

图 9-21 示出了低 Ni 钢的力学性能随回火温度的变化关系。3.5%Ni 钢的冲

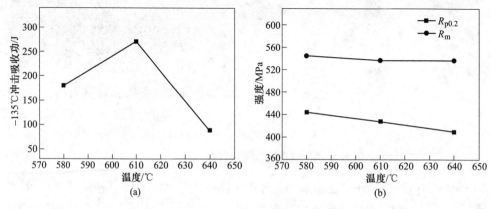

图 9-21　回火温度对 3.5%Ni 钢力学性能的影响

（a）冲击功；（b）拉伸性能

击功随回火温度的增加先增大后减小，在 610℃ 时达到最大值；抗拉强度在实验温度范围内变化不大，屈服强度随回火温度增加而减小。

低 Ni 钢经不同回火温度后的显微组织如图 9-22 所示。可以看出，不同回火温度条件下低 Ni 钢的组织均为临界铁素体、回火马氏体和少量逆转奥氏体的混合组织。逆转奥氏体在 SEM 像中衬度较亮，大多分布在板条界处。回火温度为 580℃ 时，3.5%Ni 钢中逆转奥氏体含量很少，尺寸也较小。随着回火温度的升高，组织中逆转奥氏体明显增多，多呈针状分布在马氏体板条间。当回火温度升高到 640℃ 时，一部分亚稳逆转奥氏体水冷后转变为马氏体使得组织中淬火马氏体增多。

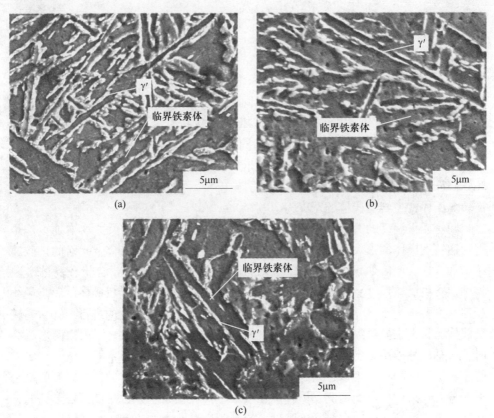

图 9-22　不同回火温度下 3.5%Ni 钢的 SEM 像
(a) 580℃；(b) 610℃；(c) 640℃

图 9-23 示出了 Ni 系低温钢不同回火温度条件下逆转奥氏体的体积分数。可以看出 3.5%Ni 钢、5%Ni 钢、7%Ni 钢中逆转奥氏体的体积分数均随着回火温度的增加而增加。在同一回火温度下，逆转奥氏体的体积分数随 Ni 含量的增加而增加。

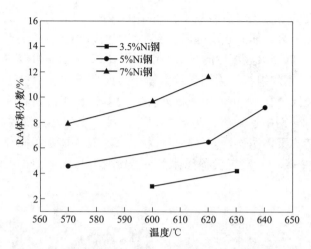

图 9-23　逆转奥氏体体积分数与回火温度的关系

　　采用 TEM 进一步观察了 5%Ni 钢不同回火温度条件下逆转奥氏体的形貌和分布，结果如图 9-24 所示。5%Ni 钢 580℃ 回火试样中逆转奥氏体呈细小针状分布在板条界处，排列方向与相邻的板条相同，其宽度为 20~55nm；回火温度升高到 620℃ 后，逆转奥氏体形貌和分布变化不大，但是宽度明显增加，其宽度为 30~200nm；640℃ 回火后，逆转奥氏体明显长大，且出现了大尺寸的不规则块状逆转奥氏体，逆转奥氏体的宽度为 30~250nm。

　　随着回火温度的升高，三种 Ni 系低温钢中的逆转奥氏体尺寸均增加。这是因为逆转奥氏体的长大是受扩散过程控制的，回火温度增加使合金元素的扩散速率增加，逆转奥氏体长大速率加快。在相近的回火温度下，Ni 含量较高的实验钢中逆转奥氏体尺寸更大，这与 QT 工艺条件下 Ni 元素对逆转奥氏体的影响规律相似，主要是由于 Ni 增大了 $\alpha \rightarrow \gamma$ 的相变驱动力，促进了相变的进行。针状逆转奥氏体的长大主要是沿厚度方向上的，长轴尺寸开始变化不大，当回火温度过高时，长轴尺寸减小，逆转奥氏体向块状转变。王长军等[108]研究了板条间析出的薄膜状奥氏体的长大规律，认为两相区热处理工艺条件下发生了合金元素的第一次配分，导致板条界面两侧基体合金元素浓度存在较大差异，在界面处形核的针状逆转奥氏体倾向于向合金元素浓度高的一侧生长。

　　多相组织的屈服强度主要由软相决定，而抗拉强度主要由硬相决定。Ni 系低温钢经 TMCP-UFC-LT 处理后组织中回火马氏体为硬相，临界铁素体和逆转奥氏体为软相。逆转奥氏体能够吸收基体中的合金元素，净化基体，逆转奥氏体的含量越多，对基体的净化作用也就越强，基体中合金元素的浓度也越低。随着回火温度的升高，逆转奥氏体含量增加，因此回火马氏体随回火温度的升高而软化；此外，提高回火温度会促进板条的回复与再结晶，使得板条内部位错密度大

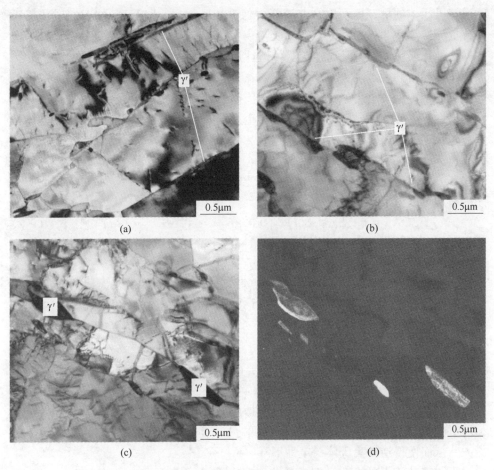

图 9-24 5%Ni 钢不同回火温度试样的 TEM 像
(a) 580℃；(b) 620℃；(c)，(d) 640℃

幅降低。两方面因素的综合作用使得 Ni 系低温钢的屈服强度随回火温度的升高一直下降；抗拉强度随回火温度的增加略微下降，而且当回火温度过高时，抗拉强度反而增加。这是由于回火温度过高时，钢中形成了大量的逆转奥氏体，使得其稳定性下降，在水冷时一部分转变为了新鲜马氏体，使得抗拉强度提高；此外，在拉伸过程中，逆转奥氏体会转变为马氏体，发生 TRIP 效应，进一步提高了钢板的抗拉强度。TRIP 效应可以释放局部应力集中，推迟颈缩的发生，使钢板的伸长率得到改善，因此伸长率随逆转奥氏体含量的增加而增加。

图 9-20 显示不同两相区温度条件下逆转奥氏体含量与低温韧性具有很好的对应关系。但是在不同回火温度条件下，逆转奥氏体含量和低温韧性不具有很好的关联性，例如 5%Ni 钢回火温度由 620℃ 升高至 640℃ 时，逆转奥氏体含量由 6.8% 增加到 9.2%，但是低温韧性反而由 183J 降低为 60J。这主要是由于 640℃

时逆转奥氏体的稳定性下降，在液氮中保温 10min 后，640℃条件下的逆转奥氏体含量降低为 7.8%，大约有 15%的逆转奥氏体在−196℃重新转变为了新鲜马氏体，这种硬而脆的新鲜马氏体与基体塑性形变不相容，易于促进裂纹的萌生和扩展，使得冲击韧性下降。

研究[109~112]表明，C、Mn、Ni 等奥氏体稳定元素在逆转奥氏体中富集是其具有稳定性的主要原因之一。由于钢中合金元素的含量一定，因此逆转奥氏体体积分数越高，其富集的合金元素含量越低，从而导致逆转奥氏体稳定性变差。Jimenez-Melero 等[113]认为奥氏体的稳定性不仅与富集的合金元素有关，还与其晶粒尺寸有关。假定奥氏体通过一个简单的变体方式转变为马氏体，那么其弹性应变能的增加可以由下式表示：

$$\Delta E = 0.5E_1\varepsilon_1^2(x/d)^2 + (0.5E_2\varepsilon_2^2 + 0.5E_3\varepsilon_3^2)(x/d) \tag{9-2}$$

式中　E_i（$i=1, 2, 3$），ε——杨氏模量和各个晶面的弹性应变；

　　　　x——马氏体板条的厚度；

　　　　d——奥氏体晶粒尺寸。

E_1、E_2 和 E_3 分别为 132.1GPa、220.8GPa 和 220.8GPa，ε_1、ε_2 和 ε_3 分别为 0.139、0.07 和 0.014。将杨氏模量和应变代入式（9-2）中，可得：

$$\Delta E = 1276.1(x/d)^2 + 562.6(x/d) \tag{9-3}$$

采用 EBSD（步长为 0.1μm）检测了 600℃和 620℃条件下的逆转奥氏体晶粒尺寸分别为 0.22μm 和 0.26μm。当板条宽度为 0.2μm 时，根据式（9-3）可以得到 600℃和 620℃条件下弹性应变能分别为 1566.1MJ/cm³ 和 1187.8MJ/cm³，可见 ΔE 随逆转奥氏体晶粒尺寸的增加而降低，这增加了逆转奥氏体转变为马氏体的能力，从而使得逆转奥氏体稳定性下降。

不同工艺获得的 5%Ni 钢板的力学性能见表 9-5。可以看到，QT 工艺条件下，5%Ni 钢的抗拉强度为 613MPa，屈服强度为 529MPa；QLT 工艺处理的 5%Ni 钢的抗拉强度降为 583MPa，屈服强度降为 462MPa；而 TMCP-UFC-LT 工艺条件下 5%Ni 钢的屈服强度较 QLT 工艺增加了 29MPa，抗拉强度增加了 25MPa。与 QT 工艺相比，QLT 和 TMCP-UFC-LT 工艺处理的 5%Ni 钢的伸长率显著增加。

表 9-5　QT 和 TMCP-UFC-LT 工艺条件下 5%Ni 钢的力学性能

工艺	R_m/MPa	$R_{p0.2}$/MPa	A/%	$R_{p0.2}/R_m$
QT	529	613	27	0.86
QLT	462	583	35	0.79
TMCP-UFC-LT	491	608	34	0.81

经不同热处理工艺处理后 5%Ni 钢在不同温度下的冲击功如图 9-25 所示。QLT 与 TMCP-UFC-LT 工艺处理的试样在−196℃冲击功分别高达 199J 和 185J，表明实验钢在−196℃以上没有发生韧脆转变现象；而 QT 工艺处理试样在−196℃冲

击功仅为34J，韧脆转变温度约为-156℃。

5%Ni钢的带衬度（BC）与奥氏体相叠加图如图9-26所示，EBSD步长为

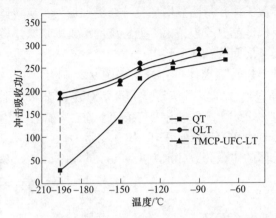

图 9-25　不同热处理工艺条件下 5%Ni 钢的韧脆转变曲线

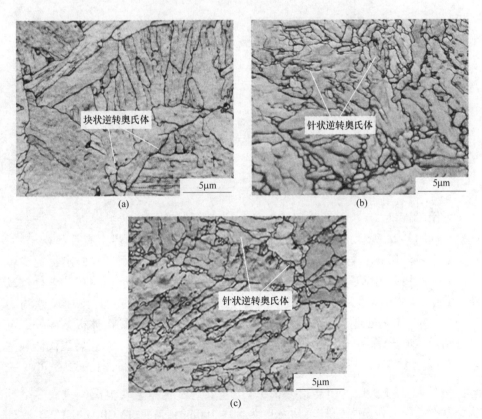

图 9-26　不同热处理工艺条件下 5%Ni 钢的 EBSD 图

（a）QT；（b）QLT；（c）TMCP-UFC-LT

0.05μm。QT 工艺处理试样中只含有极少量的块状逆转奥氏体，主要分布在原奥氏体晶界及马氏体板条束界等大角度晶界处；相反，在 QLT 及 TMCP-UFC-LT 工艺处理试样中逆转奥氏体含量明显增加且分布更加均匀，逆转奥氏体呈现两种形态，一种为在原奥氏体晶界或板条束界处析出的不规则块状逆转奥氏体，另一种为分布在马氏体板条之间的针状逆转奥氏体。

　　不同工艺条件下逆转奥氏体尺寸分布如图 9-27 所示。可以看出，三种工艺下的逆转奥氏体晶粒尺寸大多在 0.3μm 以下，QLT 工艺条件下大尺寸逆转奥氏体较多。QT、QLT 及 TMCP-UFC-LT 工艺条件下逆转奥氏体平均晶粒尺寸分别为 0.135μm、0.177μm 和 0.162μm。采用 XRD 测得 QT、QLT 及 TMCP-UFC-LT 处理试样中逆转奥氏体的体积分数分别为 1.93%、6.98% 和 5.83%。

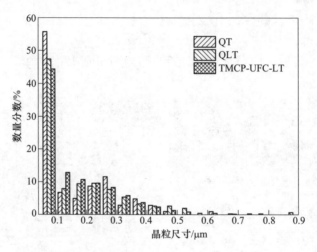

图 9-27　不同工艺条件下逆转奥氏体晶粒尺寸分布

　　采用 TEM 对 QT、QLT 及 TMCP-UFC-LT 工艺处理试样的组织进行了进一步观察，如图 9-28 所示。经高温回火后 QT 处理试样中板条边界上有片状析出物，其宽度为 40~70nm，长度为 110~220nm，选区衍射花样表明片状析出物为渗碳体，此外在板条内部还有大量直径小于 20nm 的球状渗碳体分布。QT 工艺处理试样内的逆转奥氏体多呈不规则块状分布在原奥氏体晶界处，其长轴尺寸约为 400nm。QLT 工艺处理试样内逆转奥氏体大多呈针状分布在马氏体板条界处，可以看到逆转奥氏体沿一定方向排列，平均宽度为 120~160nm，从逆转奥氏体和基体的选区衍射花样可以得知，针状逆转奥氏体与基体的取向关系为 K-S 关系：$(111)_\gamma // (1\,0\,1)_\alpha$。TMCP-UFC-LT 工艺处理试样内逆转奥氏体也大多呈针状分布在马氏体板条界处且平均宽度为 80~100nm，可见 TMCP-UFC-LT 工艺处理试样中逆转奥氏体的宽度较小，选区衍射花样表明逆转奥氏体与基体的取向关

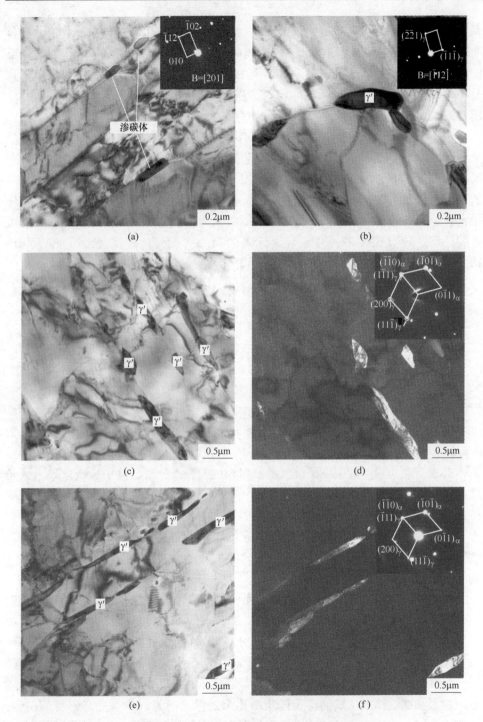

图 9-28 不同工艺条件下 5%Ni 钢的 TEM 像

(a)，(b) QT；(c)，(d) QLT；(e)，(f) TMCP-UFC-LT

系同样为 K-S 关系：$(111)_\gamma /\!/ (101)_\alpha$。QT 处理试样中逆转奥氏体含量较少且分布不均匀，由于长距离扩散较难，基体中 C 含量仍较高，因此基体上仍然有大量的渗碳体析出。而 QLT 与 TMCP-UFC-LT 处理试样组织中逆转奥氏体含量较多且分布均匀，大量的 C 原子从基体偏聚到逆转奥氏体中，因此 QLT 和 TMCP-UFC-LT 工艺处理试样组织中基本没有渗碳体存在。

表 9-6 示出了不同工艺条件下 5%Ni 钢的逆转奥氏体中 C、Mn、Ni 元素的质量分数。对于 QLT 和 TMCP-UFC-LT 工艺，在两相区保温过程中，合金元素会在基体和奥氏体中进行第一次配分，形成富合金元素的奥氏体和贫合金元素的临界铁素体，经水淬后奥氏体又重新相变为马氏体；在随后的回火过程中逆转奥氏体沿富合金元素的马氏体板条界析出，同时板条内的合金元素只需较短的距离就可以偏聚于逆转奥氏体中，完成合金元素的第二次配分，这使得 QLT 和 TMCP-UFC-LT 工艺条件下合金元素的富集程度高于 QT 工艺条件。

表 9-6   不同热处理工艺条件下 5%Ni 钢的逆转奥氏体中 C、Mn、Ni 含量

（质量分数，%）

工艺	C	Mn	Ni
QT	0.61	1.75	7.93
QLT	0.71	2.11	9.72
TMCP-UFC-LT	0.73	2.19	9.56

图 9-29 示出了 5%Ni 钢的奥氏体相与晶界分布叠加图，EBSD 步长为 0.2μm。可以看出，经 QT 热处理后 5%Ni 钢组织保留着马氏体板条结构，原奥氏体被板条束分割，板条束又被大量取向相近的板条分割，其中板条束界为大角度晶界。QLT 及 TMCP-UFC-LT 热处理后，5%Ni 钢组织为回火马氏体和临界铁素体，回火马氏体与临界铁素体之间的晶界为大角度晶界。与 QT 工艺处理试样相比，QLT 及 TMCP-UFC-LT 工艺处理试样的小角度晶界较少，大角度晶界较多。QT、QLT 及 TMCP-UFC-LT 工艺处理试样大角度晶界比例分别为 44%、64% 和 62%。

TMCP-UFC-LT 工艺条件下 5%Ni 钢的屈服强度和抗拉强度高于 QLT 工艺，但是伸长率略低，一方面 TMCP-UFC-LT 工艺条件下逆转奥氏体含量略低，因此对基体的净化程度也略低于 QLT 工艺，这使得其强度较高但是伸长率略低；另一方面 TMCP-UFC-LT 工艺在轧制过程中采用低温控轧，奥氏体晶粒在未再结晶区受到反复变形而被压扁，在奥氏体内部产生了高密度位错和大量变形带。采用控制轧制和在线淬火生成的马氏体组织比离线淬火的组织具有更高密度的位错，离线淬火时位错主要通过马氏体转变时发生体积膨胀而产生；而控制轧制和在线淬火中除相变产生的位错外，还继承了奥氏体低温轧制时产生的变形位错。马氏

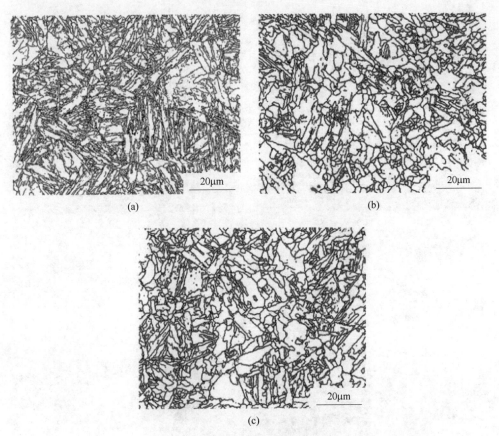

图 9-29 QT、QLT 与 TMCP-UFC-LT 处理后 5%Ni 钢的 EBSD 图
(a) QT；(b) QLT；(c) TMCP-UFC-LT

体相变的形核为非均匀形核，其促发因素与位错、层错等晶体缺陷有关，所以低温控轧+UFC 工艺获得的板条马氏体更为细小，之后经亚温淬火和回火热处理得到细小的回火马氏体晶粒，因此 TMCP-UFC-LT 工艺处理的 5%Ni 钢具有较高的强度。

不同热处理工艺条件下 5%Ni 钢在 -196℃ 的冲击断口形貌如图 9-30 所示。QT 工艺处理的 5%Ni 钢断口上有河流花样，并且具有塑性变形产生的撕裂棱，由于塑性变形较小，撕裂棱上的等轴韧窝尺寸很小，表现为典型的准解理断裂。QLT 与 TMCP-UFC-LT 工艺处理试样断口表面均匀分布着大量的等轴韧窝，表明试样在断裂前发生了较大的塑性变形，消耗大量的能量，因此 QLT 与 TMCP-UFC-LT 工艺处理试样具有较好的低温韧性。

5%Ni 钢在 -196℃ 的载荷-位移曲线如图 9-31（a）所示。TMCP-UFC-LT 工艺处理试样的峰值载荷略高于 QLT 工艺处理试样，这是因为 TMCP-UFC-LT 工艺

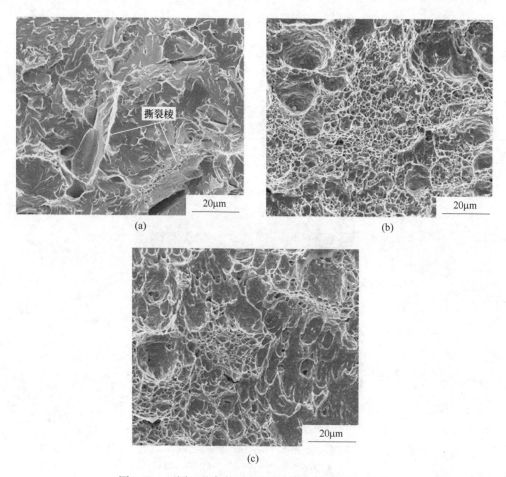

图 9-30　不同工艺条件下-196℃冲击试样的断口形貌
(a) QT；(b) QLT；(c) TMCP-UFC-LT

处理试样强度较高；QT 工艺处理试样载荷曲线上无明显塑性变形段，而且一旦形成裂纹就迅速断裂。图 9-31 (b) 给出了不同热处理状态下 5%Ni 钢在-196℃的冲击试验结果。QT 工艺处理试样裂纹形核功和裂纹扩展功分别为 23J 和 11J，说明其塑性变形能力较差；QLT 与 TMCP-UFC-LT 工艺处理试样扩展功较 QT 工艺处理试样大幅增加。

　　图 9-32 示出了不同热处理工艺条件下 5%Ni 钢冲击试样（测试温度-196℃）断口表面下方的组织，具有尖锐棱角的片状渗碳体与基体界面处容易成为微裂纹萌生的地点，粗大或片状的渗碳体对韧性的危害作用远大于弥散分布的细小渗碳体。TEM 像显示 QT 工艺处理的 5%Ni 钢晶界处分布着尺寸较大的棒状渗碳体，这将导致裂纹形核功明显降低，而 QLT 和 TMCP-UFC-LT 工艺条件下，晶界处的棒状渗碳体溶解消失，因而使得裂纹形核功显著提高。小取向差的马氏体板条界

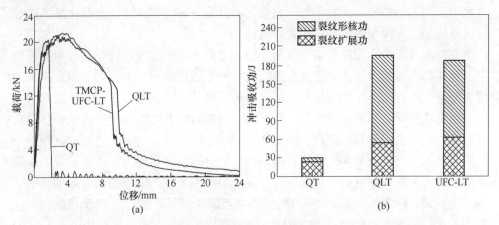

图 9-31　不同工艺条件下 5%Ni 钢的载荷-位移曲线（a）和平均冲击功（b）

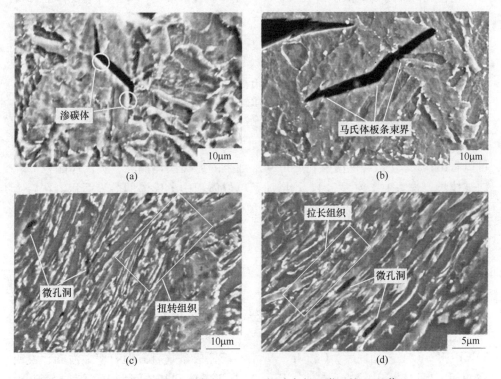

图 9-32　不同工艺条件下 5%Ni 钢冲击断口附近的 SEM 像
（a），（b）QT；（c）QLT；（d）TMCP-UFC-LT

不能阻碍裂纹的扩展，只有遇到板条束界和原奥氏体晶界等大角度晶界时，裂纹才发生明显偏转。大角晶界比例越高裂纹转折越多，裂纹扩展过程中消耗的能量就越多。对于 QT 工艺处理试样，一方面大角度晶界的比例较低，使得裂纹扩展过程中遇到的阻碍较少；另一方面大角度晶界处分布的渗碳体还会弱化晶界对裂纹的抵抗力，使得裂纹扩展功显著降低。

在冲击过程中，裂纹尖端存在明显的应力集中，当应力超过基体的屈服强度时，基体将发生塑性变形，于是在裂纹尖端产生塑性变形区，从而使裂纹尖端的应力松弛。塑性变形区的形成可以显著提高材料的冲击韧性，这一方面是因为基体发生塑性变形将消耗大量能量，另一方面基体组织发生塑性变形可以松弛裂纹尖端应力集中，阻碍裂纹扩展。从图 9-32 中还可以看出，QT 工艺处理试样在裂纹转折处未发现明显的塑性变形，呈现较差的抗裂纹扩展能力，这主要是由于基体组织的解理断裂强度低于屈服强度，在应力作用下在未发生塑性变形的情况下即发生断裂；QLT 和 TMCP-UFC-LT 工艺处理试样基体组织被拉长和扭曲，发生较大的塑性变形，因而 QLT 和 TMCP-UFC-LT 工艺条件下裂纹扩展功较高。

逆转奥氏体可以有效阻碍裂纹扩展，提高裂纹扩展功，除逆转奥氏体的含量和稳定性因素外，其分布和形态也是影响低温韧性的重要因素。相较于块状逆转奥氏体，板条间分布的针状逆转奥氏体更有利于韧性的提高，这主要是由于针状逆转奥氏体分布更加均匀，使裂纹扩展路径更加曲折，提高了裂纹扩展功。QT 工艺处理试样中逆转奥氏体主要沿大角度晶界析出，对裂纹扩展功影响不大；QLT 和 TMCP-UFC-LT 工艺处理试样中逆转奥氏体主要沿马氏体板条界析出，可以更有效阻碍裂纹扩展，提高裂纹扩展功。

图 9-33 示出了 5%Ni 钢 TMCP-UFC-LT 热处理过程中不同阶段的显微组织。可以看出，5%Ni 钢经低温控轧后得到了细小的原奥氏体晶粒，奥氏体晶粒沿轧向被拉长，长短轴比约为 3.4，这增加了单位体积中奥氏体的晶界面积，在后续两相区热处理过程中可以提供更多的形核位置，细化晶粒。热轧后的钢板经 UFC 冷却后得到细小的马氏体和少量贝氏体。低温轧制时，奥氏体晶粒内部产生了大量的变形带、位错等缺陷，这些缺陷与晶界提供了更多的马氏体形核位置。另外，奥氏体晶粒沿轧向被拉长，阻碍了马氏体板条贯穿晶界，使马氏体板条变短。5%Ni 钢经 680℃保温 40min 淬火后，组织为临界铁素体和淬火马氏体，再经 620℃回火 60min 后逆转奥氏体在淬火马氏体板条界形核长大。

图 9-34 示出了 5% Ni 钢不同热处理阶段的线扫描分析结果。可以看出，TMCP-UFC-L 工艺处理后，C、Mn、Ni 沿马氏体板条垂直方向有明显波动，说明在两相区保温过程中合金元素 C、Mn、Ni 在奥氏体和基体间发生了第一次配分，由于稳定性不够，在随后的淬火过程中奥氏体重新转变为板条马氏体。回火时，针状逆转奥氏体在板条界面处形核，其排列方向与板条平行，合金元素由板条向逆转奥氏体中扩散，使逆转奥氏体富集合金元素。富合金元素板条在回火过程中容易成为逆转奥氏体的形核点，这主要是因为：（1）马氏体板条边界处合金元素的含量较高，且界面处扩散速率较快，容易形成较大的浓度起伏，在某个微区

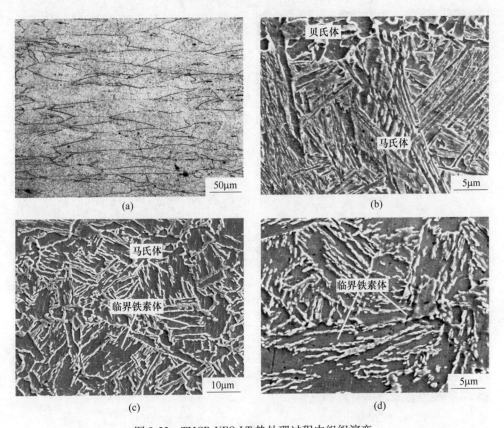

图 9-33　TMCP-UFC-LT 热处理过程中组织演变

（a）TMCP 条件下原奥氏体晶粒；（b）TMCP-UFC；（c）TMCP-UFC-L；（d）TMCP-UFC-LT

达到形成逆转奥氏体所需的合金元素含量；（2）板条界处形核为非均匀形核，所需的形核功较小；（3）板条中的 C、Ni、Mn 原子只需较短距离便可以扩散到逆转奥氏体中，使逆转奥氏体的稳定性提高。

Ni 系低温钢 TMCP-UFC-LT 工艺各阶段组织演变过程示意图如图 9-35 所示。通过控制轧制得到伸长的奥氏体晶粒，增加了晶界面积，同时在晶内产生了大量变形带和高密度位错等缺陷。热轧后采用 UFC 快冷得到板条马氏体，由于晶界、变形带和位错均可作为形核点，马氏体组织得以细化。未再结晶区压下量越大、变形温度越低，奥氏体压扁的程度越大，晶内的变形带和位错密度越多，因此适当的未再结晶区压下率和轧制温度可以细化组织。在两相区保温过程中发生了合金元素的配分，C、Mn、Ni 等合金元素从临界铁素体向奥氏体扩散，使奥氏体中富集合金元素，淬火后奥氏体重新转变为淬火马氏体，最终形成富合金元素的马氏体和贫合金元素的临界铁素体双相组织，在马氏体板条边界还有少量残余奥氏体分布。回火时，逆转奥氏体从富合金元素的马氏体板条边界形核长大，残余奥

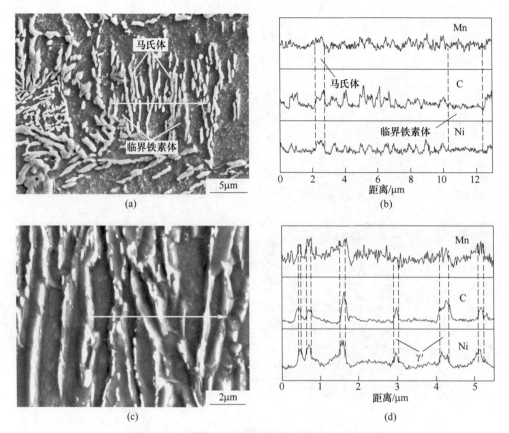

图 9-34　5%Ni 钢不同热处理阶段的 EPMA 线扫描结果

(a), (b) TMCP-UFC-L; (c), (d) TMCP-UFC-LT

氏体也可以作为逆转奥氏体的核心长大，最终得到细化的回火马氏体、临界铁素体和逆转奥氏体的混合组织，其中逆转奥氏体大多呈针状，回火马氏体可以提高钢的抗拉强度。临界铁素体强度较低，可以降低钢的屈强比，同时它还具有较好的塑性变形能力，在应力作用下可以发生塑性变形缓解局部应力集中，阻碍裂纹的形成和扩展，从而改善材料的塑性和韧性。逆转奥氏体吸收基体中的合金元素，降低了钢的强度，但是当逆转奥氏体含量较多时，逆转奥氏体可以提高钢的抗拉强度，这主要是拉伸过程中逆转奥氏体转变为淬火马氏体而产生的相变强化和逆转奥氏体向马氏体转变引起的体积膨胀在新转变马氏体处产生了较多的位错而引起的位错强化导致的。QT 热处理工艺条件下组织为回火马氏体和块状逆转奥氏体，强度较高，但塑性和冲击韧性较差；QLT 工艺处理的组织与 TMCP-UFC-LT 工艺相似，但是 QLT 工艺条件下马氏体组织较为粗大，导致钢板强度较低；TMCP-UFC-LT 工艺条件下得到细小的回火马氏体、临界铁素体和针状逆转奥氏体，具有最佳综合力学性能。

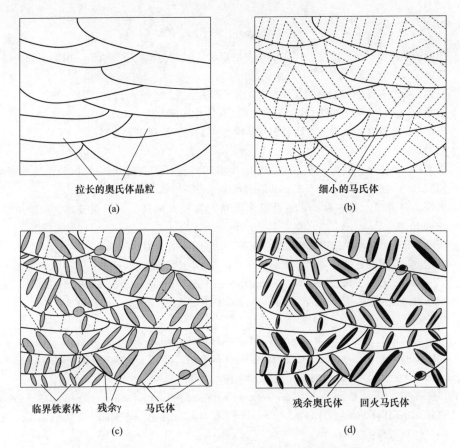

图 9-35　TMCP-UFC-LT 热处理过程中组织演变示意图

（a）TMCP 条件下原奥氏体晶粒；（b）TMCP-UFC；（c）TMCP-UFC-L；（d）TMCP-UFC-LT

9.6　低温用钢未来发展趋势

目前，我国已实现 LNG 储罐用 9%Ni 钢的规模化生产，规格最薄最宽可达（5mm×3000mm），最厚可达 60mm，产品被四大石油公司认定实物质量优于国际同类产品水平，达到了国际领先水平。然而，镍的价格较为昂贵，且我国属于"贫镍"国家，镍金属对外依存度超过 60%，每年都需要进口数量不少的镍金属，以满足国民经济发展的需要，因此开发低 Ni 型 LNG 储罐用钢有助于我国实现资源可持续发展的战略目标。同时，日本已将 7%Ni 钢应用于陆基 LNG 储罐的建造，而我国低 Ni 型 LNG 储罐用钢尚处于空白状态，造成我国在 LNG 市场竞争中处于不利位置，对我国 LNG 的自主保障造成威胁。因此，未来 Ni 系低温钢将继续向低 Ni 化发展，使低 Ni 型 LNG 储罐用钢国产化，并代替 9%Ni 钢应用于大型 LNG 储罐的建造。

参 考 文 献

[1] 周淑敏，郜婕，杨义，等. 中国 LNG 发展现状、问题与市场空间 [J]. 国际石油经济，2013，26（6）：5~15.

[2] 杨青. 要慎重抓紧 LNG 进口工作 [J]. 国际石油经济，1999，7（5）：213~231.

[3] 贾渊培. LPG 产业趋向多元化规范化发展 [N]. 中国能源报，2012-11-12 [014].

[4] 邱正华，张桂红，吴忠宪. 低温钢及其应用 [J]. 石油化工设备技术，2004，25（2）：43~46.

[5] 李文钱，马光亭，麻衡，等. 热处理对 16MnDR 低温压力容器钢板组织和性能的影响 [J]. 山东冶金，2011，33（5）：102~106.

[6] 黄维，高真凤，张志勤. Ni 系低温钢现状及发展方向 [J]. 鞍钢技术，2013（1）：10~14.

[7] 雍岐龙. 钢铁材料中的第二相 [M]. 北京：冶金工业出版社，2006：7~24.

[8] 肖纪美. 金属的韧性与韧化 [M]. 上海：上海科学技术出版社，1980：13~14.

[9] Wang B X, Lian J B. Effect of Microstructure on Low-Temperature Toughness of a Low Carbon Nb-V-Ti Microalloyed Pipeline Steel [J]. Materials Science and Engineering A, 2014, 592: 50~56.

[10] Liu J, Yu H, Wang J, et al. Effect of Tempering Temperature on Microstructure Evolution and Mechanical Properties of 5% Cr Steel via Electro-Slag Casting [J]. Steel Research International, 2015, 86（9）: 1082~1089.

[11] Hwang B, Lee C G, Kim S J. Low-Temperature Toughening Mechanism in Thermomechanically Processed High-Strength Low-Alloy Steels [J]. Metallurgical and Materials Transactions A, 42（3）: 717~728.

[12] Kim Y M, Shin S Y, Lee H, et al. Effects of Molybdenum and Vanadium Addition on Tensile and Charpy Impact Properties of API X70 Linepipe Steels [J]. Metallurgical and Materials Transactions A, 2007, 38（8）: 1731~1742.

[13] Li M, Wang Q F, Wang H B, et al. A Remarkable Role of Niobium Precipitation in Refining Microstructure and Improving Toughness of A QT-treated 20CrMo47NbV Steel With Ultrahigh strength [J]. Materials Science and Engineering A, 2014, 613: 240~249.

[14] 张勇，王家辉，刘林. 3.5Ni 钢的低温韧性试验 [J]. 石油化工设备，1991，20（4）：28~31.

[15] 徐道荣，李平瑾，卜华全，等. 3.5Ni 钢的热成形工艺试验研究 [J]. 压力容器，1999，3：11~15.

[16] 上田修三结构钢的焊接-低合金钢的性能和冶金学 [M]. 荆洪阳译. 北京：冶金工业出版社，2004，59~61.

[17] Saitoh N, Yamaba R, Muraoka H, et al. Development of Heavy 9% Nickel Steel Plates With Superior Low-Temperature Toughness for LNG Storage Tanks [J]. Nippon Steel Technical Report, 1993, 58（7）: 9~16.

[18] Kubo T, Ohmori A, Tanigawa O. Proerties of High Toughness 9%Ni Heavy Section Steel Plate

and it's Applicability to 200000kL LNG Storage Tanks [J]. Kawasaki Steel Technical Report, 1999, 40: 72~79.

[19] Kim J I, Syn C K, Morris J W. Microstructural Sources of Toughness in QLT-Treated 5.5Ni Cryogenic Steel [J]. Metallurgical Transactions A, 1983, 14: 93~103.

[20] Nishigami H, Kusagawa M, Yamashita M, et al. Development and Realization of Large Scale LNG Storage Tank Applying 7% Nickel Steel Plate [C]. Kuala Lumpur 2012 World Gas Conference, Kuala Lumpur, Malaysia, 2012, 1~18.

[21] 宋斌, 金恒阁, 王长生. 低温钢国内发展状况 [J]. 黑龙江冶金, 2009, 29 (1): 51~52.

[22] 朱霞, 董俊慧. 低温钢的焊接性能及其应用 [J]. 铸造技术, 2013, 34 (11): 1538~1540.

[23] 张勇. 低温压力容器用钢的现状与发展概况 [J]. 压力容器, 2006, 23 (4): 31~34.

[24] 庞辉勇, 谢良法, 李经涛. 提高 3.5Ni 厚钢板低温冲击韧性的研究 [J]. 压力容器, 2009, 26 (10): 29~33.

[25] 朱莹光, 敖列哥, 侯家平, 等. 5%Ni 钢热处理工艺研究 [J]. 鞍钢技术, 2014, (1): 34~37.

[26] 朱绪祥, 刘东升. 低 C 含 7.7%Ni 低温钢经两相区淬火后的组织性能 [J]. 钢铁, 2013, 48 (11): 72~83.

[27] ASTM Committee. ASTM A203/A203M-97, Standard Specification for Pressure Vessel Plates, Alloy Steel, Nickell [S]. West Conshohocken: ASTM, 1997: 2.

[28] ASTM Committee. ASTM A645/A645M-10, Standard Specification for Pressure Vessel Plates, 5% and 5.5% Nickel Alloy Steels, Specially Heat Treated [S]. West Conshohocken: ASTM, 2010: 2.

[29] ASTM Committee. ASTM A553/A553M-10, Standard Specification for Pressure Vessel Plates, Alloy Steel, Quenched and Tempered 8 and 9% Nickel [S]. West Conshohocken: ASTM, 2010: 2.

[30] Standards Policy and Strategy Committee on 2009. EN 10028-4: 2003, Flat Products Made of Steels for Prossure Purposes-Part4: Nickel Alloy Steels With Specified Low Temperature Properties [S]. London, British Standards Institution, 2009: 6.

[31] Japanese Industrial Standards Committee. JIS G3127: 2005, Nickel Steel Plates for Pressure Vessels for Low Temperature Service [S]. Tokyo: Japanese Standards Association, 2006: 5.

[32] 全国钢标准化技术委员会. GB/T 3531—2014, 低温压力容器用钢板 [S]. 北京: 中国标准出版社, 2014: 3.

[33] 全国钢标准化技术委员会. GB 24510 2009, 低温压力容器用 9%Ni 钢板 [S]. 北京: 中国标准出版社, 2009: 2.

[34] 刘东风. 超低温液化天然气储罐用 06Ni9 钢组织性能及生产工艺研究 [D]. 太原: 太原理工大学, 2014.

[35] 易邦学, 钱学君, 郎文旺, 等. 镍含量对 13Cr 型低碳马氏体不锈钢性能的影响 [J]. 金属功能材料, 1992 (2): 75~78.

[36] 徐恒钧. 材料学基础 [M]. 北京：北京工业大学出版社，2001：415~416.

[37] 束德林. 金属力学性质 [M]. 北京：机械工业出版社，1987：91~94.

[38] Vardavoulias M，Papadimitriou G. Effect of Ni Addition on the Fracture Behaviour of a Castferritic Stainless Steel [J]. Materials Letters，1996，27.

[39] Wu D Y，Han X L，Tian H T，et al. Microstructural Characterization and Mechanical Properties Analysis of Weld Metals with Two Ni Contents During Post-Weld Heat Treatments [J]. Metallurgical and Materials Transactions A，2015，46 (5)：1973~1984.

[40] Li S，Wang Y L，Wang X T. Effects of Ni Content on the Microstructures，Mechanical Properties and Thermal Aging Embrittlement Behaviors of Fe-20Cr-xNi Alloys [J]. Materials Science and Engineering A，2015，639：640~646.

[41] 谢振家，尚成嘉，周文浩，等. 低合金多相钢中残余奥氏体对塑性和韧性的影响 [J]. 金属学报，2016，52 (2)：224~232.

[42] 杨跃辉，蔡庆伍，武会宾，等. 两相区热处理过程中回转奥氏体的形成规律及其对 9Ni 钢低温韧性的影响 [J]. 金属学报，2009，45 (3)：270~274.

[43] Yang Y H，Cai Q W，Tang D，et al. Precipitation and Stability of Reversed Austenite in 9Ni Steel [J]. International Journal of Minerals，Metallurgy and Materials，17 (5)：587~595.

[44] 徐洲，赵连城. 金属固态相变原理 [M]. 北京：科学出版社，2004：16~17.

[45] 徐祖耀. 材料热力学 [M]. 北京：高等教育出版社，2009：72~73.

[46] 郭魁文，朱健，王秉新. 两相区热处理对 9Ni 钢低温韧性的影响 [J]. 辽宁石油化工大学学报，2010，30 (2)：26~28.

[47] 张坤，唐荻，武会宾，等. 两相区淬火对 9Ni 钢中逆转变奥氏体的影响 [J]. 材料热处理学报，2012，33 (8)：59~63.

[48] 张坤，武会宾，唐荻，等. 9Ni 钢中逆转变奥氏体的稳定性 [J]. 北京科技大学学报，2012，34 (6)：651~656.

[49] 宋斌，金恒阁，王长生. 低温钢国内发展状况 [J]. 黑龙江冶金，2009，29 (1)：51~52.

[50] 刘国权，王贵，沈稚伟，等. 3.5Ni 低温用钢板控制轧制控制冷却的研究 [J]. 钢铁，1992，27 (7)：30~38.

[51] 田国平，程知松，武会宾，等. 超快冷终冷温度对重加热后 9Ni 钢低温韧性的影响 [J]. 新技术新工艺，2010 (11)：76~79.

[52] Morito S，Tanaka H，Konishi R，et al. The Morphology and Crystallography of Lath Martensite in Fe-C Alloys [J]. Acta Materialia，2003，51 (6)：1789~1799.

[53] Roberts M J. Effect of Transformation Substructure on the Strength and Toughness of Fe-Mn Alloys [J]. Metallurgical Transactions A，1970，1 (12)：3287~3294.

[54] Morito S，Yoshida H，Maki T，et al. Effect of Block Size on the Strength of Lath Martensite in Low Carbon Steels [J]. Materials Science and Engineering A，2006，438 (1)：237~240.

[55] Naylor J P. The influence of the Lath Morphology on the Yield Stress and Transition Temperature of Martensitic Bainitic Steels. Metallurgical Transactions A，1979，10 (7)：861~873.

[56] Morito S，Saito H，Ogawa T. Effect of Austenite Grain Size on the Morphology and Crystallogra-

phy of Lath Martensite in Low Carbon Steels [J]. ISIJ International, 45 (1)：91~94.

[57] 王春芳. 低合金马氏体钢强韧性组织控制单元的研究 [D]. 北京：钢铁研究总院, 2008.

[58] Swarr T, Krauss G. The Effect of Structure on the Deformation of As-Quenched and Tempered Martensite in an Fe-0.2 pct C Alloy [J]. Metallurgical and Materials Transactions A, 1976, 7 (1)：41~48.

[59] Tomita Y, Okabayashi K. Effect of Microstructure on Strength and Toughness of Heat-Treated Low Alloy Structural Steels [J]. Metallurgical Transactions A, 1986, 17A (7)：1203~1359.

[60] 沈俊昶, 罗志俊, 杨才福. 板条组织低合金钢中影响低温韧性的"有效晶粒尺寸"[J]. 钢铁研究学报, 2014, 26 (7)：70~76.

[61] Lnoue T, Matsuda S, Okamura Y Aoki T. The Fracture of a Low Carbon Tempered Martensite [J]. Transactions of JIM, 1970, 11 (1)：36~43.

[62] Kim S, Lee S, Lee B S, et al. Effects of Grain Size on Fracture Toughness in Transition Temperature Region of Mn-Mo-Ni Low-Alloy Steels [J]. Materials Science and Engineering A, 2003, 359 (1-2)：198~209.

[63] Wang C F, Wang M Q, Shi J, et al. Effect of Microstructural Refinement on the Toughness of Low Carbon Martensitic Steel [J]. Scripta Materialia, 58 (6)：492~495.

[64] 康健, 袁国, 王国栋. 亚温淬火下组织形态对高强低合金钢冲击韧性的影响 [J]. 材料热处理学报, 2015, 36 (12)：152~157.

[65] 顾晓辉, 刘军, 石继红. 亚温淬火工艺对45钢组织和性能的影响 [J]. 金属热处理, 2011, 36 (11)：69~72.

[66] 王冀恒, 李惠, 谢春生, 等. 35CrMo钢亚温淬火强韧化组织与性能研究 [J]. 热加工工艺, 2009, 38 (6)：144~146.

[67] 黄开有, 唐明华, 胡双开. 亚温淬火抑制25MnV钢的高温回火脆性 [J]. 金属热处理, 2012, 37 (7)：83~85.

[68] 马跃新, 周子年. 30CrMnSiA钢亚温淬火工艺研究 [J]. 热加工工艺, 2009, 38 (8)：151~153.

[69] Song Y Y, Ping D H, Yin F X, et al. Microstructural Evolution and Low Temperature Impact Toughness of a Fe-13%Cr-4%Ni-Mo Martensitic Stainless Steel [J]. Materials Science and Engineering A, 2010, 527 (3)：614~618.

[70] 罗小兵, 杨才福, 柴锋, 等. 两相区二次淬火对高强度船体钢低温韧性的影响 [J]. 金属热处理, 2012, 37 (9)：71~74.

[71] Kim J I, Morris J W. On the Scavenging Effect of Precipitated Austenite in a Low Carbon Fe-5.5Ni Alloy [J]. Metallurgical Transactions A, 11：1401~1406.

[72] 孟祥敏, 李光来, 张弗天, 等. 9Ni钢中马氏体间规则界面结构的电镜研究 [J]. 金属学报, 1998, 34 (6)：565~570.

[73] Lis A K. Mechanical Properties and Microstructure of ULCB Steels Affected by Thermomechanical Rolling, Quenching and Tempering [J]. Journal of Materials Processing Technology, 2000, 106 (1-3)：212~218.

[74] Kang J, Wang C, Wang G D, et al. Microstructural Characteristics and Impact Fracture Behavior of a High-Strength Low-Alloy Steel Treated by Intercritical Heat Treatment [J]. Materials Science and Engineering A, 553: 96~104.

[75] Schnitzer R, Zickler G A, Lach E, et al. Influence of Reverted Austenite on Static and Dynamic Mechanical Properties of a PH 13-8 Mo Maraging Steel [J]. Materials Science and Engineering A, 2010, 527 (7-8): 2065~2070.

[76] Yang S, Peng Y, Zhang X M, et al. Phase Transformation and Its Effect on Mechanical Properties of C300 Weld Metal after Aging Treatment at Different Temperature [J]. Journal of Iron and Steel Research, International, 2015, 22 (6): 527~533.

[77] Gao G H, Zhang H, Tan Z L, et al. A Carbide-Free Bainite/Martensite/Austenite Triplex Steel With Enhanced Mechanical Properties Treated by a Novel Quenching-Partitioning-Tempering Process [J]. Materials Science and Engineering A, 2013, 559: 165-169.

[78] Strife J R, Passoja D E. The Effect of Heat Treatment on Microstructure and Cryogenic Fracture Properties in 5Ni and 9Ni Steel [J]. Metallurgical and Materials Transactions A, 1980, 11 (8): 1341~1350.

[79] 侯家平, 潘涛, 朱莹光, 等. 临界淬火工艺对 9Ni 低温钢力学性能及精细组织的影响 [J]. 材料热处理学报, 2014, 35 (10): 88~93.

[80] Kim J I, Morris J W. On the Effects of Intercritical Tempering on the Impact Energy of Fe-9Ni-0.1C [J]. Metallurgical Transactions A, 1978, 11: 1401~1406.

[81] 雷鸣, 郭蕴宜. 9%Ni 钢中沉淀奥氏体的形成过程及其在深冷下的表现 [J]. 金属学报, 1989, 25 (1): 13~17.

[82] Frear D, Morris J W. A Study of the Effect of Precipitated Austenite on the Fracture of a Ferritic Cryogenic Steel [J]. Metallurgical Transactions A, 1986, 17: 243~252.

[83] Kuzmina M, Ponge D, Raabe D. Grain Boundary Segregation Engineering and Austenite Reversion Turn Embrittlement into Toughness: Example of a 9 wt. % Medium Mn Steel [J]. Acta Materialia, 2015, 86: 182~192.

[84] Hu J, Du L X, Liu H, et al. Structure-Mechanical Property Relationship in a Low-C Medium-Mn Ultrahigh Strength Heavy Plate Steel With Austenite-Martensite Submicro-Laminate Structure [J]. Materials Science and Engineering A, 647: 144~151.

[85] Raabe D, Herbig M, Sandlöbes S, et al. Grain Boundary Segregation Engineering in Metallic Alloys: A Pathway to the Design of Interfaces [J]. Current Opinion in Solid State and Materials Science, 2014, 18: 253~261.

[86] Heo N H, Nam J W, Heo Y U, et al. Grain Boundary Embrittlement by Mn and Eutectoid Reaction in Binary Fe-12Mn Steel [J]. Acta Materialia, 2013, 61: 4022~4034.

[87] 张弗天, 楼志飞, 叶裕恭, 等. Ni9 钢的显微组织在变形-断裂过程中的行为 [J]. 金属学报, 1994, 30 (6): 239~247.

[88] Zou Y, Xu Y B, Hu Z P, et al. Austenite Stability and its Effect on the Toughness of a High Strength Ultra-Low Carbon Medium Manganese Steel Plate [J]. Materials Science and Engineering A, 2016, 675: 153~163.

[89] Syn C K, Fultz B, Morris J W. Mechanical Stability of Retained Austenite in Tempered 9Ni Steel [J]. Metallurgical Transactions A, 1978, 9: 1635~1641.

[90] Fultz B, Morris J W. The Mechanical Stability of Precipitated Austenite in 9Ni Steel [J]. Metallurgical Transactions A, 1985, 16: 2251~2256.

[91] 张弗天, 王景韫, 郭蕴宜. Ni9 钢中的回转奥氏体与低温韧性 [J]. 金属学报, 1984, 20 (6): 405~410.

[92] Kim K J, Schwartz L H. On the Effects of Intercritical Tempering on the Impact Energy of Fe-9Ni-0.1C [J]. Materials Science and Engineering, 1978, 33: 5~20.

[93] Kim J I, Syn C K, Morris J W. Microstructural Sources of Toughness in QLT-Treated 5.5Ni Cryogenic Steel [J]. Metallurgical Transactions A, 1983, 14: 93~103.

[94] Fultz B, Morris J W. A Mössbauer Spectrometry Study of the Mechanical Transformation of Precipitated Austenite in 6Ni Steel [J]. Metallurgical Transactions A, 1985, 16: 173~177.

[95] Kim J I, Kim H J, Morris J W. The Role of the Constituent Phases in Determining the Low Temperature Toughness of 5.5Ni Cryogenic Steel [J]. Metallurgical Transactions A, 1984, 15: 2213~2219.

[96] Guo Z, Morris J W. Martensite Variants Generated by the Mechanical Transformation of Precipitated Interlath Austenite [J]. Scripta Materialia, 2005, 53 (8): 933~936.

[97] Nakada N, Syarif J, Tsuchiyama T, et al. Improvement of Strength-Ductility Balance by Copper Addition in 9% Ni Steels [J]. Materials Science and Engineering A, 2004, 374 (1-2): 137~146.

[98] Yokota T, Fujioka M, Niikura M. Grain Structure of Fe-0.3 mass% C-9mass% Ni Steel processed Through $\alpha \rightarrow \gamma \rightarrow \alpha'$ Transformation Caused by Spontaneous Reverse transformation [J]. ISIJ International, 2005, 45 (5): 736~742.

[99] Syn C K, Jin S, Morris, J W. Cryogenic Fracture Toughness of 9Ni Steel Enhanced Through Grain Refinement [J]. Metallurgical and Materials Transactions A, 1976, 7 (12): 1827~1832.

[100] 李国明, 符中欣, 高聪. 调质热处理对 Ni9 钢低温韧性的影响 [J]. 材料加工工艺, 2006, 35 (20): 52~54.

[101] 杨秀利, 刘东风, 侯利锋等. 回火温度对 9Ni 钢低温韧度的影响研究 [J]. 钢铁研究学报, 2010, 22 (9): 22~27.

[102] Zhao X Q, Pan T, Wang Q F, et al. Effect of Tempering Temperature on Microstructure and Mechanical Properties of Steel Containing Ni of 9% [J]. Journal of Iron and Steel Research, International 2011, 18 (5): 47~58.

[103] Strife J R, Passoja D E. The Effect of Heat Treatment on Microstructure and Cryogenic Fracture Properties in 5Ni and 9Ni Steel [J]. Metallurgical and Materials Transactions A, 1980, 11 (8): 1341~1350.

[104] 王华, 蔡庆伍, 武会宾等. 9Ni 钢中逆转奥氏体及其稳定性的研究 [J]. 材料热处理技术, 2009, 38 (4): 17~20.

[105] Lei M, GUO Y Y. Formation of Precipitated Austenite in 9%Ni Steel and its Performance at

Cryogenic Temperature [J]. Acta Metallurgica Sinica (English Edition), 1989, 2 (4): 244~248.

[106] 刘东风, 杨秀利, 侯利锋, 等. 液化天然气储罐用超低温 9Ni 钢的研究及应用 [J]. 钢铁研究学报, 2009, 21 (9): 1~5.

[107] 王猛. Ni 系超低温用钢强韧化机理研究及生产技术开发 [D]. 沈阳: 东北大学, 2017.

[108] 王长军, 梁剑雄, 刘振宝, 等. 亚稳奥氏体对低温海工用钢力学性能的影响与机理 [J]. 金属学报, 2016, 52 (4): 385~393.

[109] Song Y Y, Li X Y, Rong L J, et al. The Influence of Tempering Temperature on the Reversed Austenite Formation and Tensile Properties in Fe-13% Cr-4% Ni-Mo Low Carbon Martensite Stainless Steels [J]. Materials Science and Engineering A, 2011, 528 (12): 4075~4079.

[110] Pan T, Zhu J, Su H, et al. Ni Segregation and Thermal Stability of Reversed Austenite in a Fe-Ni Alloy Processed by QLT Heat Treatment [J]. Rare Metals, 34 (11): 776~782.

[111] Tsuchiyama T, Inoue T, Tobata J, et al. Microstructure and Mechanical Properties of a Medium Manganese Steel Treated With Interrupted Quenching and Intercritical Annealing [J]. Scripta Materialia, 2016, 122: 36~39.

[112] Xie Z J, Yuan S F, Zhou W H, et al. Stabilization of Retained Austenite by the Two-Step Intercritical Heat Treatment and its Effect on the Toughness of a Low Alloyed Steel [J]. Materials & Design, 2014, 59: 193~198.

[113] Jimenez-Melero E, Van Dijk N H, Zhao L, et al. Martensitic Transformation of Individual Grains in Low-Alloyed TRIP Steels [J]. Scripta Materialia, 2007, 56: 421~424.

10 高性能耐大气腐蚀钢

10.1 概述

钢材的腐蚀是一个普遍而严重的问题。据统计，由于大气腐蚀所造成的经济损失约占总腐蚀损失的一半，世界上每年有大量的钢材因腐蚀而失效，发展耐大气腐蚀钢（耐候钢，Weathering Steel）成为解决这一问题的有效途径[1,2]。从 20 世纪初耐候钢便成为一个重要的研究领域，国内外学者在提高钢材耐大气腐蚀性能方面进行了广泛而深入的研究，开发出了一系列耐候钢，如铜-铬-镍系、铜-磷-镍-铬系、锰-铜-铬-镍系等，代表牌号有法国的 APS10C、APS200A，美国的 Cor-Ten 钢、Hi-Steel，德国的 St52、HSB55C，日本的 SPA-H、Zir-Ten、Cupton60、Rinen-Ten，中国的 BNQ 系列钢、JT 系列钢、09CuPTiRe、09CuPCrNi、NFS345 等[3~14]。几十年来，耐候钢作为一种高效钢材，其良好的耐大气腐蚀能力在提高钢材的使用寿命、减少材料使用量、降低维护费用等方面发挥了巨大的作用。

1908 年以来，添加铜有利于钢的耐蚀性引起人们的注意，随后铬、镍、硅、锰、磷等元素对耐蚀性的影响逐渐被认识并对合金元素共存的影响有了一定了解。1916 年，美国实验和材料学会（ASTM）开始了大气腐蚀研究[4,5]。随后，美国的 U. S. Steel 公司研制成功耐腐蚀高强度含铜低合金钢——Corten 钢，并得到广泛的应用，其中最普遍应用的是高磷、铜+铬、镍的 Corten A 系列钢和以铬、锰、铜合金化为主的 Corten B 系列钢，其出色的防腐性能很适合北美的大陆气候[6]。1957 年，日本开始生产铜系 Cuplon 耐候钢，随后又陆续开发出 YAM-TEN 钢（铜-磷-钛系）、Cupten 钢（铜-磷-铬系），并实现了一系列钢种的标准化。新日铁于 1998 年在世界上首次开发出耐盐腐蚀性能良好的桥梁用耐大气腐蚀钢（含镍 3%，为质量分数，不含铬），这种新产品不经涂层可直接用于沿海地区。NKK 公司也开发出了在含盐分多的海岸地区无涂层也可使用的耐大气腐蚀钢，该产品成分特点是添加（质量分数，下同）了 1.5% 镍和 0.3% 钼，现已被公路桥使用[7]。我国在耐候钢方面的研究始于 20 世纪 60 年代，1965 年试制出 09MnCuPTi 耐候钢，并制造了我国第一辆耐候钢铁路货车[9]。随后，对多个钢种进行了多年的暴露腐蚀实验数据积累及研究，从中得到一些新规律，开发出了以 09CuPTiRE、09CuPCrNi 为代表的耐候钢，以及低成本经济耐候钢，并批量生产[10~17]。目前，含铜含磷钢主要应用于建筑、桥梁、汽车、火车车体等，使用寿命大为提高。

进入 21 世纪后，随着国民经济的迅速发展，国家"西电东输"和三峡水利等工程的相继建设，我国原有的热镀锌防腐 Q235B、Q345B 结构钢和普通耐候钢已不能满足各类高耐蚀性、高寿命、低成本的用钢要求，迫切需要开发新型节能、环保的高耐腐蚀性结构钢。同时，高层建筑、深层地下和海洋设施、大跨度桥梁、轻型节能汽车、油气输送管线、大型储存容器、航空航天、高速铁路等都需要性能高、使用寿命长且成本低的新一代钢铁材料。另一方面，低碳环保的绿色化生产理念也对新型耐候钢的开发提出了新的更高要求。为此，我国已经制定了走新型工业化发展道路的战略，这就必须要在节约能源与资源、降低生产成本的基础上，不断挖掘钢材性能潜力，在保持良好耐腐蚀性能的基础上，采用新一代钢铁材料生产技术，提高强度，改善钢材的综合性能[15]。

10.2 耐大气腐蚀钢特点

10.2.1 耐大气腐蚀钢的含义及发展

耐大气腐蚀钢，又称为耐候钢，一般通过在钢材中添加少量 Cu、P、Cr、Ni 等合金元素，使钢材在锈层和基体之间形成一层 $50 \sim 100 \mu m$ 厚的致密且与黏附性良好的非晶态氧化物层，阻止大气中氧和水向基体渗入，减缓锈蚀向钢铁材料纵深发展，从而大幅提高材料的耐大气腐蚀能力[13]。耐候钢的耐大气腐蚀能力为普通碳素钢的 $2 \sim 8$ 倍[18~20]，与不锈钢比，它只有少量（通常小于 1%，质量分数）的合金元素，因此价格比较低廉。

对于耐候钢的研究大致可以分为三个阶段：（1）20 世纪 30~60 年代，主要研究合金元素对钢铁材料抗大气腐蚀能力的改善效果[1~3]；（2）60~90 年代，对耐候钢的抗大气腐蚀机理、锈层形成的热力学和动力学及锈层结构进行了广泛的研究，并开始关注环境因素对耐候性的影响；（3）90 年代以来，随着人类对耐候钢高性能和低成本的不断要求，其发展进入了一个新的时期，很多研究者将目光转向低成本、高强度、高耐蚀性的新一代耐候钢的开发。

耐候钢在铁道车辆用钢材中占比很大。铁道车辆在使用过程中不断受到大气腐蚀和动载荷磨蚀作用，恶劣的工况环境要求所使用的钢材具有高可靠性、长寿命、轻量化等性能，同时其成本要低[21]。传统的耐候钢如 09CuPCrNi 和 09CuPTiRE 等主要通过添加 Cu、P、Cr、Ni 等合金元素来保证耐大气腐蚀性能，这些钢的强度级别一般在 350MPa（屈服强度）以下，相对腐蚀率为 55 以下[21~24]（以普碳钢的腐蚀率为 100 计量）。通过对钢的化学成分进行优化，综合利用固溶强化、析出强化、细晶强化、相变强化等各种强化方式，充分发挥 Cr、Cu 和 Ni 等元素的作用，结合控轧控冷技术开发出屈服强度 450MPa 级及以上的高耐蚀型耐大气腐蚀钢，以满足铁路车辆的技术需求[25~27]。特别是，在成分设计上考虑到 P 对钢的焊接性能和韧性的不利影响，将其作为有害元素加以控制。为了增强钢的控制轧制和控制冷却效果，钢中添加了适量的 Nb 和 Ti 微合金元素，可进一步提升钢的综合性能。

10.2.2 耐大气腐蚀钢的锈层及耐腐蚀机理

耐候钢在大气中暴露时会有锈层生成，但锈的外观与普通碳素钢不同，而且一旦在腐蚀过程中生成某种程度的锈层后，就会对钢基体起保护作用，显著地抑制腐蚀的扩展[28]。把钢材放在大气中进行暴晒时，通过空气中的氧和水分的作用发生如下反应：

$$2Fe + O_2 + 2H_2O \Longrightarrow 2Fe(OH)_2 \tag{10-1}$$

$$4Fe(OH)_2 + O_2 + 2H_2O \Longrightarrow 4Fe(OH)_3 \tag{10-2}$$

在腐蚀初期，耐候钢的锈层生成较快。随着暴晒时间的延长，初期的红色铁锈处于大气的干湿交替之中，在邻接钢的表面部分慢慢形成一种更为致密的锈层。钢中含有铜时，在褐色锈的下面能生成致密的 CuO 和 FeO、$Fe_2O_3 \cdot H_2O$ 混合的黑色锈层，在黑色锈层下面进一步形成 $Cu \cdot CuO$ 层，通过这种致密锈层的保护作用提高了钢的耐腐蚀性能。因此可以直观地认为，在耐候钢表面形成的致密且黏附性良好的锈层能够阻止水、氧、SO_2 等腐蚀性物质的渗入。

通常大气暴露条件下形成于钢表面的腐蚀产物由 α-FeOOH、β-FeOOH、$Fe_{3-x}O_4$ 以及非晶态的物质组成[28~30]，而暴露在海洋环境下则易于形成 β-FeOOH[31]。Misawa 及其合作者[29,30]证明了含磷钢的腐蚀产物中存在非晶态的 δ-FeOOH（由于 Misawa 及其合作者对其开创性的研究工作，有学者[32]称为 Misawite）。Balasubramaniam 及其合作者[33~35]在对印度德里铁柱（已有 1600 多年历史）的研究中则发现其腐蚀产物还有更为致密的磷酸盐层。表 10-1 列出了耐候钢表面的锈蚀产物。为了更好地理解铁锈中这些已经被证实的腐蚀产物，对其稳定性进行了比较。表 10-2[36]列出了铁的氧化物、羟基氧化物、磷酸铁以及磷酸形成的自由能。

表 10-1 耐候钢表面形成的锈层物相种类

锈蚀相	$\dfrac{x(Fe^{3+})}{x(Fe^{2+})+x(Fe^{3+})}$	颜色	晶系	导电性	密度/$g \cdot cm^{-3}$
$Fe(OH)_2$	0	白色	六方	绝缘体	3.40
FeO	0	黑色	立方	半导体	5.50
Fe_3O_4	0	黑色	立方	导体	5.20
α-FeOOH	0.67	黄色	斜方	绝缘体	4.30
β-FeOOH	1.0	淡褐色	正方	绝缘体	3.00

锈蚀相	$\dfrac{x(\mathrm{Fe}^{3+})}{x(\mathrm{Fe}^{2+})+x(\mathrm{Fe}^{3+})}$	颜色	晶系	导电性	密度/$\mathrm{g \cdot cm^{-3}}$
γ-FeOOH	1.0	黄色	斜方	绝缘体	4.10
δ-FeOOH	1.0	褐色	六方	绝缘体	3.95
α-Fe$_2$O$_3$	1.0	褐黑色	三方	绝缘体	5.20
γ-Fe$_2$O$_3$	1.0	褐色	六方	半导体	4.88
非晶态	1.0	褐色	无定型	—	—

表 10-2　化合物在 298K 形成的自由能

化合物化学式	化合物名称	$\Delta W/\mathrm{kJ \cdot mol^{-1}}$
γ-Fe$_2$O$_3$	赤铁矿（Hematite）	−742.4
Fe$_{0.95}$O	方铁矿（Wüstite）	−244.3
FeO	Stoichiometric	−251.4
Fe$_3$O$_4$	磁铁矿（Magnetite）	−1014.2
α-FeOOH	针铁矿（Goethite）	−490.4
γ-FeOOH	纤铁矿（Lepidocrocite）	−471.4
δ-FeOOH	Misawite	—
FePO$_4 \cdot$ 2H$_2$O	Strongite	−1657.5
带水		−1142.6
晶态		−1119.2
液态		−1111.7

　　当钢被暴露于大气中时，首先形成的氧化物是由 Fe（Ⅱ）复合形成的铁的羟基氧化物[26]。有人提出暴露初期在铁表面形成的可能是几种羟基氧化物的同素异构体，但实验结果表明首先形成的羟基氧化物是 γ-FeOOH[30,37]。在 γ-FeOOH 形成之后，其一部分向同素异构体 α-FeOOH 转变，以后锈层即由这两种羟基氧化物形成。这两种羟基氧化物不能形成保护锈层，它们容易开裂导致氧和水分渗入基体造成进一步腐蚀。然而，随着腐蚀的进行，所形成 FeOOH 的一部分转变成比它们更具保护性的磁性铁氧化物[30]。关于磁性铁氧化物的形成也有不同看法，这是由于 Fe$_3$O$_4$ 和 γ-Fe$_2$O$_3$ 的衍射峰值在相同的位置。但是，Kumar 等人[34]的研究表明 Fe$_3$O$_4$ 先于 γ-Fe$_2$O$_3$ 形成，随后向 γ-Fe$_2$O$_3$ 转变。磁性氧化物一旦形成便具有保护性，氧化（腐蚀）速率降低。另外，相对于 α-FeOOH 和 γ-FeOOH，还有可能产生另一类羟基氧化物 δ-FeOOH。

　　值得注意的是，δ-FeOOH 通常是非晶态的，因此观察不到该相的衍射峰[30]。

在普碳钢中，由于 δ-FeOOH 是由 Fe(Ⅱ)复合物脱水氧化形成，导致 δ-FeOOH 相并没有形成连续层，而是以一种非连续的方式存在的[35]，如图 10-1 所示。因此在普碳钢表面形成的 δ-FeOOH 没有保护性。但是在钢中紧挨基体表面形成连续层以使其获得耐蚀性是可能的。在耐候钢中添加以提高耐大气腐蚀的磷、铜元素可以促进金属表面形成连续的 δ-FeOOH 层[30]。虽然形成这种非晶态保护层所需的时间由暴露条件决定，但这种非晶态层的存在就是耐候钢优良耐候性的原因[29,30]。

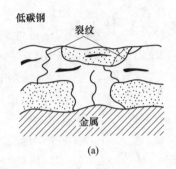

(a)

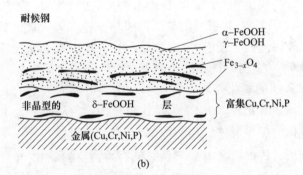

(b)

图 10-1　形成于低碳钢（a）和耐候钢（b）的锈层结构示意图

10.3　耐大气腐蚀钢冶金学原理

10.3.1　耐大气腐蚀钢合金设计基础

化学成分是保证耐候钢性能的关键因素，其成分设计主要从以下几个方面考虑：（1）耐大气腐蚀性能；（2）强塑性和韧性；（3）成型性能和焊接性能。耐候钢一般含有铜、磷、铬等合金元素，研究表明[38~51]，防护涂层的形成与这些合金元素及环境条件有关，这些元素能够促进钢材表面稳定而致密的氧化物保护层的形成，明显降低腐蚀率。但不同合金元素对耐蚀性的影响不尽相同，而且在不同环境条件下也可能得出不一致的结果[40,41]。合金元素的添加和控制夹杂物的形态、分布、大小和数量，是提高钢的耐大气腐蚀性能的关键因素。以下介绍耐候钢中几种主要合金元素对性能的影响。

（1）铜：铜是保证耐候性能的必需元素，磷、铬次之[41]。耐候钢中铜含量一般控制在 0.25%~0.5% 之间，进一步提高铜含量不仅对耐候性贡献不大，反而会引起热脆。关于铜在低合金耐候钢中的耐蚀机理主要有三种观点[14,43,44]：一是托马小夫（Tomashow）提出的阳极钝化理论，认为钢与表面二次析出的 Cu 之间的阴极接触，能促使钢的阳极钝化，形成保护性能较好的锈层；二是在钢铁发生腐蚀过程中，Cu、P 元素富集在钢基体附近锈层中，它与基体结合紧密，具有较好的保护作用，从而降低腐蚀速率，提高钢的耐蚀性能；三是认为 Cu 阻碍锈层的生长，促使锈层中 α-FeOOH 形成，减小 FeOOH 的晶粒尺寸和沉淀颗粒的大小，对锈层起到细化作用[45]。这些解释都是基于 Cu 在钢的表面及锈层中的富集现象，三种机制可能同时起作用。此外，Cu 还可以抵消钢中 S 的有害作用，一般认为这是 Cu 和 S 生成难溶的硫化物，阻塞锈层的裂缝，抵消了 S 对钢的腐蚀作用[46]。

（2）磷：在耐候钢中，磷是有效地提高耐大气腐蚀性能的合金元素，常常和其他元素配合，特别是和 Cu 配合可收到较好的复合效果。因此在高耐候性钢中，除含铜外还有 0.07%~0.12% 的磷。但磷是一种有害元素，应严格控制。研究表明，耐大气腐蚀的低合金钢中 Cu 含量大于 0.2%，P 含量大于 0.06%，会具有良好的耐蚀效果[14]。在大气腐蚀环境下，P 是阳极去极化剂，它在钢中能加速钢的均匀溶解和铁的氧化速率，有助于在钢表面形成均匀的 α-FeOOH 锈层，促使生成非晶态碱式氧化铁 $Fe_x(OH)_{3-2x}$ 致密保护膜，从而增大了电阻，成为腐蚀介质进入钢基体的保护屏障，使钢内部免遭大气腐蚀[48]。另外，P 形成 PO_4^{3-} 可以起到缓蚀作用，还可以阻止 Cl^- 对锈层的渗透，在海洋性气候中有利于保护性锈层的形成[19]。

（3）铬：铬是提高耐大气腐蚀的元素之一，能在钢表面形成致密的氧化膜，提高钢的钝化能力，铬和铜同时加入时效果更加明显。同时，铬加入钢中可改变钢的特性，提高钢的韧性、耐磨性、防腐性。耐候钢中 Cr 含量一般为 0.4%~1.0%（最高 1.3%）。Yamashita[45] 等人研究指出，Cr 含量的提高利于细化 α-FeOOH，当锈层/金属界面的 α-FeOOH 中 Cr 含量超过 5% 时，能有效抑制腐蚀性阴离子，特别是 Cl^- 的侵入；同时添加 Cr 元素还可以阻止干湿交替过程中，干燥时 $Fe^{3+} \rightarrow Fe^{2+}$ 的还原反应，从而提高钢的耐候性。但在 Cl^- 含量较高的地区，添加 Cr 元素被认为是有害的[46]。

（4）硅：硅在钢中除少量呈非金属夹杂物外，大部分都溶于铁素体中。较高的 Si 含量有利于细化 α-FeOOH，从而降低钢整体的腐蚀速率。

（5）镍：耐候钢中加入镍能使钢的自腐蚀电位向正方向变化，增加了钢的稳定性，但只有当其含量较高时才具有显著的耐候作用。含 1%~3%（质量分数）Ni 元素的低合金钢在含盐大气中具有较好的抗腐蚀能力。日本开发的无 Cr 含 3%Ni 海滨耐候钢的研究表明，稳定的锈层中富集 Ni 能有效抑制 Cl^- 的侵入，促使保护性锈层生成，降低钢的腐蚀速率[49]。

（6）锰：锰是钢铁工业中必不可少的元素，主要起固溶强化和细化晶粒作用，钢中加入适量的 Mn，在提高强度的同时，还可降低脆性转变温度。研究表明，Mn 能提高钢对海洋大气的耐蚀性，但对在工业大气中的耐蚀性能没有什么影响[14]。当锰含量大于 10%（质量分数）时，钢在大气中的抗腐蚀性大大增加，并可提高钢的可锻性和可轧性。

（7）碳：耐候钢中的碳含量一般都很低，属于低碳钢（碳<0.25%，质量分数）。对钢的耐大气腐蚀不利，同时 C 影响钢的焊接性能、冷脆性能和冲压性能等。

（8）RE：稀土元素是不含 Cr、Ni 耐候钢的主要添加元素之一。RE 是很强的脱氧剂和脱硫剂，主要对钢起净化作用，减少钢中有害的夹杂总量，使夹杂物与金属接触面减少，降低腐蚀源点。其次，RE 在晶界上的富集，可以提高晶界部分的电位，并抑制碳向该处偏聚。RE 对氢的溶解作用很大，使阴极强烈极化。同时，RE 加入含 P 钢中，可使 P 的宏观偏析减少，使 P 在钢中的分布更合理。这些都在不同程度上提高了钢的耐腐蚀稳定性。

考虑到资源和经济性，国内研制的耐候钢主要以铜、磷为主，辅加钒、钛、稀土等。国外则以铜、磷、铬、镍居多。各种元素对钢的耐候性影响见表 10-3[52]。

表 10-3　ASTM G101 规定的耐候钢的某些合金元素的含量范围

元素		影　响　效　果
种类	质量分数/%	
P	0.06~0.12	有效元素，若 0.1%磷与 0.3%铜共存，效果更佳
Cu	0.20~0.50	
Cr	0.1~1.3	有效元素，若与铜共存效果最佳
Ni	0.05~1.1	单独效果不大，与铜、铬、磷共存，可起促进作用
Mo	约 0.20	与铜、铬共存时，效果更佳
Al	约 0.20	
Si	0.1~0.5	破坏耐蚀性能
C	0.05~0.5	几乎无影响
Mn	0.50~1.5	
S	约 0.06	
RE	约 0.2	有效元素

10.3.2　耐大气腐蚀钢组织控制金属学基础

耐候钢一般在热轧、正火或退火状态下使用，显微组织为铁素体加少量珠光体，因此铁素体的固溶强化和晶粒细化是提高钢材强度的重要手段[53]。但将耐候钢进行双相化处理可以同时获得良好的耐候性和强塑性，以满足钢材的轻量化和良好冷成型性的要求。研究表明[54,55]，将 09CuPCrNi 钢（厚度 4mm）和 09CuPTiRe（厚度 6mm）钢在中温盐浴中加热到 780℃，保温 10min 后在 10%（质量分数）NaCl 水溶液中淬火，得到的双相化后的组织均由铁素体和马氏体组成，且马氏体含量随淬火加热温度的升高而增加。另外，双相化处理前的原始组织严重地影响着处理后的耐候双相钢组织。较细小的铁素体和珠光体原始组织在加热时，奥氏体形核率较大，因而转变而成的奥氏体晶粒比较细小，进而经淬火后由奥氏体转变而成的马氏体岛也会较细小，这必将有利于钢的力学性能的提高。

10.3.2.1　超细晶粒钢和 TMCP 工艺

超细晶粒钢是在 TMCP（Thermo-mechanical Control Process）技术基础上发展起来的新一代钢种，是通过细化晶粒达到其优良的综合性能，具有超细晶粒、超纯净度、高强度和高韧性的特点，是世界各国竞相开发的新一代钢铁材料，具有巨大的使用价值和广阔的市场前景[14]。超细晶粒钢与同等强度的传统钢相比，其强化手段不是通过增加碳含量和合金元素含量，而是通过细晶细化（包括变形细化和相变细化）、相变强化、析出强化等相结合的方法来提高强韧性[56,57]。

10.3.2.2　耐候钢连续冷却过程中的相变

变形会降低奥氏体的稳定性，因此对奥氏体连续冷却过程的相变有很大影响。形变奥氏体连续冷却过程的相变是控制冷却的基础，对于冷却过程的组织控制具有重要意义。对于以细化晶粒为目的控轧控冷，通常是在奥氏体未再结晶区进行大变形，增大有效晶界面积，提高形核率；在轧后 γ-α 相变温度范围内控制冷却，控制析出以抑制晶粒长大，细化晶粒，获得理想的目标组织[58]。研究表明[58]，铁素体和珠光体含量随冷却速度的增大而减少，而贝氏体含量逐渐增大，铁素体晶粒逐渐减小，硬度逐渐上升。

马铮等[28]测定了低碳耐候钢过冷奥氏体连续冷却过程中 CCT 转变曲线和组织演变，结果表明在冷度较慢的情况下，奥氏体变形对相变的加速作用较小。而在高速冷速时由于再结晶及晶粒长大的作用小，相变点的差异较明显。冷却速度对耐候钢的相变产物影响较大，未变形情况下，冷却速度低于 5℃/s 时，钢的显微组织由 F+P+B 组成；冷却速度大于 10℃/s 时，主要是贝氏体组织。变形时，冷却速度小于 0.5℃/s 时，只有 F+P 组织；冷却速度大于 1℃/s 时，开始有贝氏体组织出现，且随着冷却速度增加，铁素体、珠光体含量减少，贝氏体含量增加[59]。

10.3.3 耐大气腐蚀钢变形行为金属学基础

10.3.3.1 奥氏体高温变形行为

奥氏体在变形过程中会发生加工硬化、动态回复及动态再结晶三种物理冶金现象。这三种过程竞相发展，其竞争结果决定了奥氏体的流变行为，并决定了变形奥氏体的组织、变形抗力及最终材料的组织与性能[60]。从高温变形的应力-应变曲线来看，如果变形时只发生动态回复，应力-应变曲线在经过微应变阶段和加工硬化速率开始降低的阶段之后，将达到加工硬化速率为零的平稳态阶段，此时在亚组织变化上出现了位错密度基本恒定的现象，也就是位错的增殖和消失之间达到了动态平衡[61]。当发生动态再结晶后，应力-应变曲线不再具有动态回复时的简单形状，应力在上升到一个极大值后开始下降，最后出现一个平稳态，极大值对应的应变为 ε_p。在发生动态再结晶的变形过程中，金属中任意时刻均存在变形程度不等的区域，其应变量的差别范围由零到稍大于峰值应变量，这种组织状态维持金属的流变应力高于静态再结晶的应力。

A 耐候钢动态再结晶行为

耐候钢在温度较高、应变速率较低及原始奥氏体晶粒较细的情况下变形时，表现出典型的动态再结晶特征，再结晶晶粒按晶界凸出机制形核。图 10-2 为 Mn-Cu 耐候钢动态再结晶图。可以看出，在曲线 $Z=Z_c$ 的上部，奥氏体处于完全或部分动态再结晶状态；而在曲线 $Z=Z_c$ 的下部，动态再结晶则没有出现。其中，Z 为 Zener-Hollomon 参数，即温度补偿变形速率因子，其表达式为：$Z=\dot{\varepsilon}\exp(Q/RT)$，$\dot{\varepsilon}$ 为应变速率；T 为变形温度；Q 为变形激活能，kJ/mol；R 为摩尔气体常数，取值 8.3145J/(mol·K)。

当变形条件 Z 及奥氏体晶粒尺寸一定时，随着变形程度 ε 的增大，材料组织发生由动态回复（未再结晶状态）经过再结晶临界状态及部分再结晶直至最后完全再结晶状态，此时 Z 与 Z_c 之间的相对大小关系也会随之发生变化。从 $Z>Z_c$（或 $\varepsilon<\varepsilon_c$）、$Z=Z_c$，到 $Z<Z_c$（或 $\varepsilon>\varepsilon_c$）。反过来，当变形程度 ε 和原始奥氏体晶粒尺寸一定时，随着 Z 的变大，材料组织发生由完全动态再结晶到部分再结晶最后未再结晶状态（动态回复）的变化。因此，变形奥氏体发生动态再结晶必须满足 $Z<Z_c$（或 $\varepsilon>\varepsilon_c$）这一条件。

B 静态软化行为

奥氏体在低温轧制的道次间隔时间内，不能发生完全的再结晶而软化，在这种情况下，静态回复、静态再结晶能否发生，进而使加工硬化得到部分或全部消

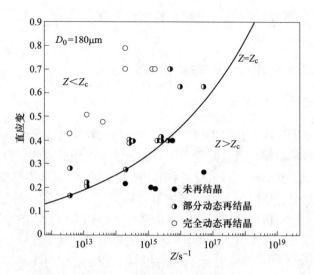

图 10-2　耐候钢动态再结晶图

除成为关键，而这很大程度地影响着随后道次的变形及组织变化[62]。静态再结晶成为软化的主要机制，因而研究金属在热变形时所发生的静态组织变化规律是非常重要的。多年来，研究者给出了不同的奥氏体静态再结晶行为的计算模型，计算结果差别不大，基本上都是在遵循理论规律的前提下，针对某一种或某一类钢种，通过实验修正再结晶动力学模型中的某些参数，对模型进一步完善[63,64]。这里对 Mn-Cu 耐候钢修正了静态再结晶动力学模型[62,58]。

耐候钢的奥氏体静态再结晶动力学一般遵循 Avrami 方程，即：

$$X_s = 1 - \exp\left[-0.693\left(\frac{t_p}{t_{0.5}}\right)^n \right] \tag{10-3}$$

式中　X_s——再结晶百分率；

　　　$t_{0.5}$——再结晶率达到 50% 时的时间。

将式（10-3）作双对数处理，可得：

$$\ln\ln\frac{1}{1-X_s} = n\ln\left(\frac{t_p}{t_{0.5}}\right) - 0.367 \tag{10-4}$$

即 $\ln\ln\dfrac{1}{1-X_s}$ 与 $\ln\left(\dfrac{t_p}{t_{0.5}}\right)$ 呈直线关系，其斜率为时间指数 n。根据实测数据得到 $\ln\ln\dfrac{1}{1-X_s}$ 与 $\ln\left(\dfrac{t_p}{t_{0.5}}\right)$ 的关系曲线如图 10-3 所示。

由图 10-4 可知，n 值并不是一个常量，而是一个与温度有关的变量，即：

$$n = a\exp\left(-\frac{b}{T}\right) \tag{10-5}$$

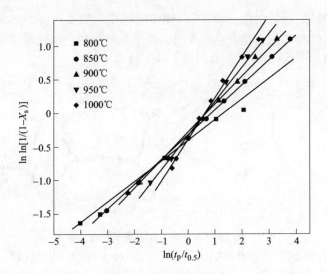

图 10-3 不同变形温度下描述软化行为的 Avrami 方程曲线

式中 T——绝对变形温度；

a，b——常数，利用最小二乘法对实验数据回归得：$a=1.5966$ 和 $b=31648$。

10.3.3.2 奥氏体变形对先共析铁素体相变的影响

钢铁材料在高温热机械变形后，会产生不同的奥氏体组织，如细化的奥氏体动态再结晶组织、奥氏体晶粒被拉长的加工硬化组织等，导致了不同的奥氏体状态[65]。奥氏体状态对铁素体相变行为及其各相的含量、晶粒大小等具有重要的影响。研究变形条件对奥氏体相变动力学及其转变组织的影响，对确定工艺（奥氏体化、变形和冷却）参数、控制相变行为，进而控制钢材的性能具有非常重要的意义。

关于奥氏体变形对先共析铁素体相变的影响，科研工作者做了大量的实验研究，如 Medina[66]、Essadiqi[67] 及 Khlestov[68] 等针对低碳微合金钢等研究了变形温度、变形速率对奥氏体向先共析铁素体相变的影响；杜林秀等[69~71] 研究了普通低碳钢的先共析铁素体相变行为。虽然不同研究者在各自研究中使用了不同的钢种，但得出的实验结果基本是一致的，普遍认为奥氏体变形促进了先共析铁素体相变，使相变温度升高，相变速率加快，组织中先共析铁素体及珠光体的比例增加，相变组织细化等。其原因主要有以下几个方面。

A 奥氏体变形增加了先共析铁素体相变的形核率

在奥氏体未经变形的条件下，先共析铁素体在晶粒角隅（三个奥氏体晶粒交界处）优先形核，如图 10-4 (a) 所示。因此，奥氏体晶界面积越大，晶粒交界点越多，先共析铁素体形核率越大。当奥氏体在未再结晶区变形时，晶粒被拉长，奥氏体晶粒的形状变得"扁平"，使单位体积内的奥氏体晶界面积增加。当奥氏体在变形过程中发生动态再结晶时，由于晶粒的细化也使单位体积内的奥氏体晶界面积增加[65]。这样，先共析铁素体形核率增大。

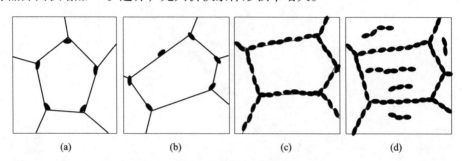

(a)　　　　　　　　(b)　　　　　　　　(c)　　　　　　　　(d)

图 10-4　变形对先共析铁素体形核点的影响

（a）未变形，先共析铁素体在晶粒角隅形核；（b）变形初期，铁素体开始在晶界形核；
（c）变形量增加，晶界形核点增多；（d）在奥氏体内形变带等缺陷上形核

此外，奥氏体变形改变了晶界的状态。变形后奥氏体晶界由呈退火状态的平直形貌变为具有很多楔形小台阶，如图 10-5（a）所示。先共析铁素体在这些楔形小台阶上的形核能要低于其在平面状晶界上的形核能，奥氏体晶界被激活，先共析铁素体开始在奥氏体晶界上形核；先共析铁素体的形核率由于增加了奥氏体晶界楔形小台阶的密度而提高，如图 10-4（b）所示。随着奥氏体变形量增加，楔形台阶密度增大，先共析铁素体在晶界上的形核点增多，形核率提高，如图 10-4（c）所示。继续变形时，在奥氏体内部形成了大量的附加形核点，如位错、形变带、大角度亚晶界等，这时先共析铁素体不仅在奥氏体晶界上形核，也可以在变形奥氏体内部形核，形核率大大提高，如图 10-4（d）所示。即使奥氏体在变形过程中发生动态再结晶，抵消了一部分加工硬化效果，但由于再结晶与加工硬化是处于一个动态平衡状态，这样在奥氏体晶粒内部还是存在一定数量的变形结构，附加形核点的数量也较高。因此，奥氏体变形提高了先共析铁素体的形核率，促进了奥氏体向先共析铁素体的分解相变。

　　B　奥氏体变形改变了奥氏体的能量状态

奥氏体变形使其内部的共格退火孪晶失去晶格的共格性，这样低能量的共格孪晶界面就转变成高能量的适合于先共析铁素体形核的非共格界面。另外，奥氏体变形后在其内部残留有较高的应变能，这些应变能提高了奥氏体的自由能，使得先共析铁素体相变驱动力增加。Bengochea 等[72]关于 C-Mn-Nb 钢变形奥氏体→铁素体相变组织演化规律的研究表明，积累变形产生的储存能在 790℃时占相变总自由能的 80%，在 770℃时占 50%，相变温度低于 700℃时变形储存能的影响减弱到可被忽略的程度。

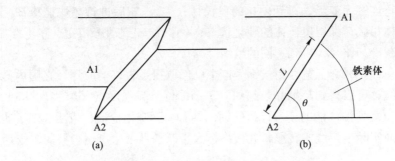

图 10-5　变形奥氏体晶界形貌及 PF 形核
（a）变形奥氏体楔形台阶晶界；（b）PF 在楔形台阶上形核

C　奥氏体变形加速了 C、Fe 等合金元素的扩散

奥氏体变形后，在其内部形成了大量的位错，这些位错形成位错管道，存在"管道效应"，即 C 和 Fe 原子等在位错管道中的扩散要比在奥氏体中其他区域容易。原子沿位错管道的扩散激活能还不到沿晶格扩散激活能的一半，因此位错管道加速了原子的扩散过程[62]。同时，奥氏体变形增加了单位体积内的奥氏体晶界面积，同位错管道一样，C 和 Fe 原子等在奥氏体晶界表面上的扩散也要比在奥氏体中其他区域容易。这样，也就加速了扩散控制的奥氏体向先共析铁素体的相变。此外，奥氏体变形容易诱发奥氏体中的合金元素以 C 的化合物形式析出，降低了奥氏体的稳定性，成为亚稳奥氏体，使其易于发生向先共析铁素体的相变。

变形对奥氏体→珠光体相变的影响与对奥氏体→铁素体相变的影响基本相同。变形加速珠光体相变，应变量越高、变形温度越低，这种作用越显著。

10.4　耐大气腐蚀钢绿色化生产技术

耐候钢典型的生产工艺为：精料入炉→铁水预处理→转炉冶炼→微合金化处理→LF 精炼→无氧化保护浇铸→低过热度连铸→控轧控冷等。经过多年发展，以细晶强化和固溶强化为核心的控制轧制和控制冷却技术成为该系钢种的重点发展方向，形成低成本、高强度、高耐蚀性的新一代耐候钢生产技术。

10.4.1　新一代控轧控冷（TMCP）技术

TMCP 技术是 20 世纪钢铁行业最伟大的成就之一，其在提高钢材综合力学性能、开发新品种、简化生产工艺、节约能耗和改善生产条件方面，取得了明显的经济效益和社会效益[73]。经过多年发展，东北大学王国栋院士团队提出以超快冷技术为核心的新一代 TMCP 技术，对比于传统 TMCP 工艺"低温大压下、添加合金元素以及轧后加速冷却，以控制硬化的奥氏体相变，细化晶粒"，新一代 TMCP 技术的核心思想是[74~78]：（1）在奥氏体区相对于"低温大压下"较高的温度进行连续大变形，得到硬化的奥氏体；（2）轧后进行超快速冷却，迅速穿过奥氏体相区，保留奥氏体的硬化状态；（3）冷却到动态相变点停止冷却；（4）后续控制冷却路径，得到不同的组织。

新一代 TMCP 工艺在耐候钢生产中已经取得了较好的应用，在国内推广了多条生产线，可以得到超细晶粒组织（3~5μm）、高强度（屈服强度达到 550MPa 以上）及高耐蚀性能的新一代耐候钢，具有实际应用价值，成功实现了实验室轧制工艺向实际生产线的转移，并最终在大生产条件下生产出合格的耐候钢板材。

10.4.2　薄带铸轧耐候钢技术

通过常规连铸工艺生产耐候钢（尤其当磷含量高于 0.1%，质量分数）时，磷容易产生中心偏析，且在后续加工处理过程中难以消除，破坏钢材性能。同时，常规连铸板坯中的磷偏析对力学性能破坏巨大。所以，针对我国钢铁工业中废钢再利用中低熔点杂质元素偏析行为问题和开发节约型高性能产品遇到的如何"变有害元素为有益元素"等迫切问题，有必要开发"变废为宝"产品的技术路线和相关机理，为薄带铸轧技术产业化积累可供参考的实验数据，探索出适合于薄带铸轧技术的钢种，最终为实现钢铁生产的"近终型化"和"低碳化"奠定基础。

薄带铸轧技术作为一种前景广阔的近终型技术，具有常规工艺难以企及的许多优势，可采用价格低廉的废钢做原料[78]，并改善杂质元素如铜、磷的偏析，提高耐候钢薄带的综合性能。图 10-6 为双辊薄带铸轧工艺示意图，其基本原理为：直接将钢水浇铸到侧封挡板与旋转的结晶辊组成的结晶器中，通过冷却和卷取直接生产出 1~5mm 厚的热带卷。双辊薄带铸轧工艺具有如下优点[79]：

（1）采用铸轧技术生产热轧带卷的总投资比传统薄带热轧技术要低得多，每吨带卷的成本比传统方法降低 40% 左右。

（2）能源消耗和 CO_2 排放大大降低。根据有关专家的测算，与连铸连轧过程相比，吨钢生产降耗 80%、减少 CO_2 排放 35%~60%。

（3）双辊薄带铸轧技术为中、小型钢铁企业带来了战略上的优势。这种企业由于在产量上达不到建设自己的常规热轧机组的能力，因此每吨钢材的成本会大大提高。采用双辊薄带铸轧技术后，可省去热轧机组，降低投资，这样中、小型企业可以在企业内部自己完成最终产品的加工。同时，采用双辊薄带铸轧不再需要板坯的中间转运和储藏地点，可以大大节省厂房空间。

图 10-7 示出了常规铸造（Conventional Slab Casting，CSC）、薄板连铸（Compact Strip Production，CSP）与薄带铸轧（Direct Strip Casting，DSC）生产线布置和成本的对比。与传统板带生产方法相比，双辊薄带铸轧技术可以完全省略板坯加热和热轧过程，节省大量的生产工序和能量[80~83]，减少设备投资，降低成本。

日本研究人员[82,84]发现，采用薄带铸轧技术可以提高低碳钢中磷、铜含量，

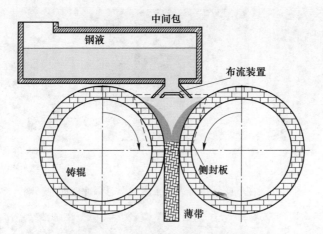

图 10-6　双辊薄带铸轧工艺示意图

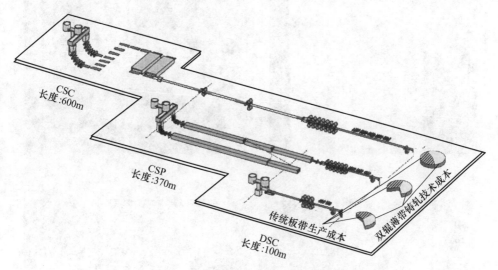

图 10-7　不同薄带生产线布置和成本对比

形成纳米级析出物从而提高钢材的强韧性。德国 IMET（Institut für Metallurgie）研究人员[81]采用履带式铸轧机，发现铜在低碳钢铸带表面富集的现象，可用于提高带钢的深冲性能，图 10-8 示出了在低碳钢铸带表面富集的铜对深冲性能的影响。东北大学刘振宇教授团队[40,85~88]研究了薄带铸轧高磷耐候钢的磷的表面逆偏析问题及其对强塑性、韧性和耐候性能的影响规律，发现在铸轧薄带凝固期间，随着柱状晶不断地从两个轧辊表面向前生长，两个柱状晶尖端在凝固终点相遇后，柱状晶间富磷的液相在轧制力的作用下沿着枝晶通道回流至薄带表面，导致表面磷含量升高，形成磷的表面逆偏析；磷逆偏析于铸轧薄带表面，导致基体中磷含量降低，有利于提高铸轧薄带的力学性能。图 10-9 示出了典型的 0.15P

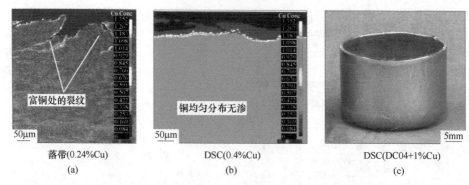

落带(0.24%Cu)　　　　　　　DSC(0.4%Cu)　　　　　　DSC(DC04+1%Cu)
(a)　　　　　　　　　　　　(b)　　　　　　　　　　　(c)

图 10-8　在低碳钢铸带表面富集的铜对深冲性能的影响

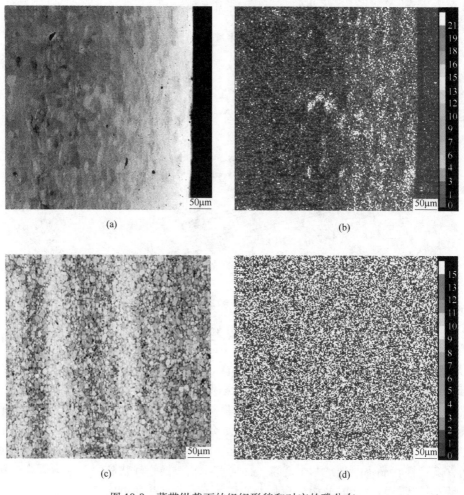

图 10-9　薄带纵截面的组织形貌和对应的磷分布
（a），（b）0.15P 铸轧-冷轧-退火薄带；（c），（d）0.15P 铸锭-热轧-冷轧薄带

铸轧-冷轧薄带和 0.15P 常规铸锭-热轧-冷轧薄带纵截面的组织形貌和对应的磷分布。材料成分为（质量分数,%）0.076C-0.341Si-0.326Mn-0.150P-0.510Cr-0.410Ni-0.325Cu-Fe 实验结果表明，磷含量为 0.15%（质量分数，下同）的铸轧耐候钢薄带表层的平均磷含量约 0.26%，超过形成磷酸盐的临界含量 0.24%，足以在锈层和基体之间形成比较致密的磷酸盐层，它均匀地覆盖在基体表面，阻挡腐蚀液和氧气进一步接触基体，大幅提高耐腐蚀性能。

薄带铸轧技术作为一种前景广阔的近终型技术，具有常规工艺难以企及的许多优势，利用其产生的独特冶金现象——磷的表面逆偏析探索废钢再利用新途径、提供一种新型优质、经济的高强耐候钢意义重大。它完全符合我国现阶段钢铁工业发展的主要目标——提高钢材质量、延长钢材使用寿命、降低合金元素用量、实现节能减排，促进国民经济建设可持续发展的基础。

10.5 耐大气腐蚀钢典型产品及应用

随着我国经济实力的增强和各项基础建设的展开，对耐候钢的需求日益增加，常应用于铁道车辆、集装箱、汽车、建筑和电力塔架等钢结构领域。其主要表现在[89,90]：（1）铁道车辆用耐候钢：铁道车辆是耐候钢的主要用户，需满足铁道车辆减轻自重、降低能耗、延长维修期和使用寿命的要求。同时我国对列车提速、增载、换型、减重等要求，使得铁道车辆对耐候钢的品种、质量和规格的要求进一步提高。（2）公路客车用耐候钢：客车与铁道车辆具有相似的服役环境。长期以来，客车行业对车辆的耐候性并未提出强烈的要求。但随着经济形势的发展和环境的恶化，厂家和用户已将客车车辆的防腐蚀作为比较关键的问题提出。此外，农用车、轻重卡车均可推广使用耐候钢，因此耐候钢的市场前景很可观。（3）集装箱、建筑轻结构、钢结构、塔架和桥梁等均是耐候钢应用的重要领域。

国内生产耐候钢的主要企业包括：宝武钢铁、鞍钢、本钢及攀钢等，上述企业技术开发水平也代表了国内耐候钢生产的先进水平。目前，这几家钢铁公司都在根据新时期的市场要求积极研发新一代高强度耐候钢。表 10-4 为国内几家大型钢厂开发生产的高强度耐大气腐蚀钢性能对比情况。

表 10-4 几家钢厂开发生产的高强度耐大气腐蚀钢性能

钢厂	钢号	规格/mm	屈服强度/MPa	抗拉强度/MPa	伸长率/%	-40℃冲击功/J	屈强比
宝钢	Q400NQRI	12.0~14.0	405~520	505~600	22~35	177~333	0.8~0.87
	Q450NQRI		455~525	550~600	22~30	>300	0.83~0.87
武钢	W400QN	3.0	458	58	31	—	0.79
	W450QN		465	59	26	—	0.78
	W500QN		545	72	24	—	0.75

钢厂	钢号	规格/mm	屈服强度/MPa	抗拉强度/MPa	伸长率/%	-40℃冲击功/J	屈强比
鞍钢	ANH400	6.0	415	555	31	64	0.75
	ANH450	7.0	480	595	28	84	0.81
	ANH500	7.0	555	660	28	70	0.84
	ANH550	7.0	575	675	29	58	0.85
本钢	09CuPCrNi-Nb	6.0	490	600	28	136	0.82
	09CuPTiRE-Nb	6.0	470	550	31	55	0.85
攀钢	≥400	3.0~8.0	400~480	500~600	24~40	30~50	~0.80
	≥450	—	450~510	600~680	24~35	30~45	~0.75
	≥500	—	500~580	700~760	22~32	30~40	0.71~0.76

　　除了上述企业外，马钢、包钢、邯钢、太钢等也能生产部分耐候钢，这些厂家充分发挥自身的各种优势（包括技术优势、地域优势、传统优势等）扩大品种，抢占市场。但除了几家大型企业能生产耐腐蚀性能良好、力学性能和焊接性能优良的品种外，其他厂家生产的耐候钢档次较低，特别是强度较低，很不适应铁路运输快速化、自重轻量化发展的要求，这也是国内一些中小型钢铁企业进军耐候钢市场所必须克服的技术难题。

参 考 文 献

[1] 刘国超，董俊华，韩恩厚，等. 耐候钢锈层研究进展 [J]. 腐蚀科学与防护技术，2006，18（004）：268~272.

[2] 朱永涛. 抓住机遇，更新观念，努力创新全面提高防腐蚀行业的水平 [J]. 全面腐蚀控制. 2008（3）：7~9.

[3] 杨景红，刘清友，王向东，等. 耐候钢及其腐蚀产物的研究概况 [J]. 中国腐蚀与防护学报，2007（06）：367~372.

[4] 周国平. 耐候钢铸轧薄带中磷的表面逆偏析及其对组织性能影响的研究 [D]. 沈阳：东北大学，2010.

[5] Chandler K A, Kilculen M B. Corrosion-resistant low-alloy steels-A review with particular reference to atmospheric conditions in the United Kingdom [J]. British Corrosion J. 1970, 5（1）：24~32.

[6] Hudson J C, Stanners J F. The corrosion resistance of low alloy steels [J]. J. Iron Steel Inst. 1955, 180（3）：271~284.

[7] 松岛岩. 低合金耐蚀钢—开发、发展及研究 [M]. 靳裕康译. 北京：冶金工业出版

社，2004.

[8] 杨建春．关于耐候钢开发的探讨［J］．安徽冶金科技职业学院学报，2003（4）．

[9] 丁元法，范钜琛．低合金钢在海洋环境中的腐蚀规律［J］．钢铁，1992，27（11）：33~36.

[10] 梁彩凤，侯文泰．钢的大气腐蚀预测［J］．中国腐蚀与防护学报，2006，26（3）：129~135.

[11] 梁彩凤，郁春娟，张晓云．海洋大气及污染海洋大气对典型钢腐蚀的影响［J］．海洋科学，2005，29（7）：42~44.

[12] 梁彩凤，侯文泰．大气腐蚀与环境［J］．装备环境工程，2004，1（5）：49~54.

[13] 刘先同，王金平，王春锋，等．武钢BOF-CSP耐候钢的生产工艺探讨［C］//薄板坯连铸连轧国际研讨会，2009.

[14] 查春和．耐候钢细晶化轧制工艺及耐腐蚀性能研究［D］．沈阳：东北大学，2007.

[15] 吴静．700MPa级冷轧耐候双相钢组织性能研究［D］．沈阳：东北大学，2012.

[16] 梁彩凤，侯文泰．合金元素对碳钢和低合金钢在大气中耐腐蚀性的影响［J］．中国腐蚀与防护学报．1997，17（2）：87~92.

[17] 张全成，吴建生．耐候钢的研究与发展现状［J］．材料导报，2000（7）．

[18] Wei F I. Atmospheric corrosion of carbon steels and weathering steels in Taiwan［J］. British Corrosion Journal. 1991，26（3）：209~214.

[19] 贾雄飞．含Ni、Cu耐候钢在大气环境中的早期腐蚀行为研究［D］．沈阳：东北大学，2016.

[20] 于千．耐候钢发展现状及展望［J］．钢铁研究学报．2007，19（11）：1~4.

[21] 胡德勇，高秀华，周海峰，等．铁路车辆用高强耐候钢的开发［J］．机械工程材料，2018，12（42）：47~52.

[22] Park K. Corrosion resistance of weathering steels［J］. Masters Abstracts International，2004，43（01）：02~67.

[23] 宋凤明，温东辉，李自刚，等．铁道车辆用耐大气腐蚀钢的现状及研发方向［J］．世界钢铁，2009，9（5）．

[24] 陆匠心，温东辉，李自刚，等．宝钢铁道车辆用耐候钢研制回顾与展望［J］．铁路采购与物流，2008，3（1）：26~27.

[25] 宋凤明，杜林秀，温东辉．轧制工艺对耐大气腐蚀钢综合性能的影响［J］．金属热处理，2012，37（12）：65~68.

[26] Morcillo M，Díaz I，Chico B，et al. Weathering steels：From empirical development to scientific design. A review［J］. Corrosion Science，2014，83：6~31.

[27] 叶永健，陈素文．耐候钢的研究与应用［C］// 2015中国钢结构行业大会．

[28] 马铮．超细晶耐候钢控轧控冷工艺的研究［D］．沈阳：东北大学，2006.

[29] Zhou G P，Liu Z Y，Yu S C，et al. Formation of phosphorous surface inverse segregation in twin-roll cast strips of low-carbon steels［J］. Journal of Iron and Steel Research International，2011，18（2）：18~23.

[30] Misawa T，Asami K，Hashimoto K，et al. The mechanism of atmospheric rusting and the pro-

tective amorphous rust on low alloy steel [J]. Corrosion Science. 1974, 14 (4): 279~289.

[31] Misawa T, Kyuno T, Suataka W, et al. The mechanism of atmospheric rusting and the effect of Cu and P on the rust formation of low alloy steels [J]. Corrosion Science. 1971, 11 (1): 35~48.

[32] Keller P. Occurrence, formation, and phase transformation of beta-FeOOH in rust [J]. Werkstoffe Korrosion. 1969, 20 (2): 102~108.

[33] Balasubramaniam R. On the corrosion resistance of the Delhi iron pillar [J]. Corrosion Science. 2000, 42 (12): 2103~2129.

[34] Kumar A V R, Balasubramaniam R. Corrosion product analysis of corrosion resistant ancient indian iron [J]. Corrosion Science. 1998, 40 (7): 1169~1178.

[35] Dillmann P, Balasubramaniam R, Beranger G. Characterization of protective rust on ancient Indian iron using microprobe analyses [J]. Corrosion Science. 2002, 40 (7): 1169~1178.

[36] Balasubramaniam R, Kumar A V R. Characterization of Delhi iron pillar rust by X-ray diffraction, Fourier transform infrared spectroscopy and MVssbauer spectroscopy [J]. Corrosion Science. 2000, 178 (1): 142~152.

[37] Wood T L, Garrels R M. Thermodynamic Values at Low Temperature for Natural Inorganic Materials [M]. A Critical Summary, Oxford: Oxford University Press, 1987: 100~106.

[38] Yamashita M, Miyuki H, Matsuda Y, et al. The long term growth of the protective rust layer formed on weathering steel by atmospheric corrosion during a quarter of a century [J]. Corrosion Science. 1994, 36 (2): 283~299.

[39] Okada H, Hosoi Y, Naito H. Electrochemical reduction of thick rust layers formed on steel surfaces [J]. Corrosion. 1970, 26 (10): 429~430.

[40] 周国平. 磷铜耐候钢铸轧薄带组织和性能的研究 [D]. 沈阳: 东北大学, 2007.

[41] 陈新华. 合金元素对经济耐候钢大气腐蚀协同抑制作用 [D]. 沈阳: 中国科学院金属研究所, 2007.

[42] Stratmann M, Bohnenkamp K, Ramchandran T. The influence of copper upon the atmospheric corrosion of iron [J]. Corrosion Science. 1987, 27 (9): 905~926.

[43] Li Q X, Wang Z Y, Han W, et al. Characterization of the rust formed on weathering steel exposed to Qinghai salt lake atmosphere [J]. Corrosion Science. 2008, 50 (2): 365~371.

[44] 于福洲. 金属材料的腐蚀性 [M]. 北京: 科学出版社, 1987: 50.

[45] 王笑天. 金属材料学 [M]. 北京: 机械工业出版社, 1987: 63.

[46] 秦树超, 董志强. 耐候钢的发展及技术难点浅析 [C]// 河北省 2010 年炼钢—连铸—轧钢生产技术与学术交流会.

[47] Tahara A, Shinohara T. Influence of the alloy element on corrosion morphology of the low alloy steels exposed to the atmospheric environments [J]. Corrosion Science. 2005, 47 (10): 2589~2598.

[48] 申勇, 曹树卫, 申斌, 等. 浅析耐候钢的现状及技术发展 [J]. 冶金信息导刊, 2008 (02): 36~40.

[49] 张东玲. 耐候钢合金设计以及国内常用标准介绍 [J]. 山西冶金, 2013 (03): 42~44.

［50］ Mendoza A R, Corvo F. Outdoor and indoor atmospheric corrosion of carbon steel ［J］. Corrosion Science. 1999, 41 (1): 75~86.

［51］ 郭锋, 等. 稀土对碳钢耐候性能的影响 ［J］. 稀土, 2003, 24 (5): 26.

［52］ 王龙妹, 等. 09CuPTi (RE) 耐候钢中稀土作用机制研究 ［J］. 中国稀土学报, 2003, 21 (5): 491.

［53］ 鄢檀力, 宋平, 刘有健. 化学成分和热轧生产工艺对耐大气腐蚀用钢 ［09CuPTiRE］ 冲击性能的影响 ［C］// 2005 中国钢铁年会论文集 (第4卷), 2005.

［54］ 张春玲, 蔡大勇, 廖波, 等. 热处理对 09CuPTiRE 耐候双相钢组织与性能的影响 ［J］. 特殊钢, 2003, 24 (1): 6~8.

［55］ 赵田臣, 樊云昌. 耐候钢热处理双相化组织与性能 ［J］. 金属热处理, 2001 (2): 15~18.

［56］ 樊云昌, 赵田臣, 陈怀荣. 车辆车体耐候钢双相化热处理工艺及性能研究 ［J］. 石家庄铁道学院学报. 2000, 13 (3): 33~38.

［57］ 屈朝霞, 田志凌, 何长红, 等. 超细晶粒钢及其焊接性 ［J］. 钢铁, 2000, 35 (2): 70~73.

［58］ 吴红艳. 低成本超细晶耐候钢的开发研究 ［D］. 沈阳: 东北大学, 2008.

［59］ 张冬梅, 张晓明, 杜林秀, 等. 含钛微合金钢连续冷却转变的研究 ［J］. 钢铁研究, 2005 (3): 21~24.

［60］ 王珊. Cu-P-Cr-Ni-Mo-Nb 耐候钢的热变形行为研究 ［D］. 西宁: 青海大学, 2012.

［61］ 李彬周. 20CrNi2Mo 钢热轧过程中贝氏体组织控制 ［D］. 沈阳: 东北大学, 2015.

［62］ 沈开照. 低成本 Mn-Cu 耐候钢热轧过程组织性能控制 ［D］. 沈阳: 东北大学, 2007.

［63］ Samuel F H, Yue S, Jonas J J, et al. Modeling of flow stress and rolling load of a hot strip mill by torsion testing. ［J］. ISIJ International, 1989, 29 (10): 878~886.

［64］ Karjalainen L P, Maccagno T M, Jonas J J. Softening and flow stress behavior of Nb microalloyed steels during hot rolling simulation ［J］. ISIJ International. 1995, 35 (12): 1523~1531.

［65］ 王秉新. 齿套用 22CrSH 钢管的研制 ［D］. 沈阳: 东北大学, 2004.

［66］ Medina S F, Mancilla J E. Determination of static recrystallisation crytical temperature of austenite in microalloyed steel ［J］. ISIJ International, 1993, 33 (12): 1257~1264.

［67］ Essadiqi E, Jonas J J. Effect of deformation on the austenite-to-ferrite transformation in a plain carbon and two microalloyed steels ［J］. Metallurgical Transactions A, 1988, 19A: 417~425.

［68］ Khlestov V M, Konopleva E V, McQueen H J. Effect of deformation in controlled rolling on ferrite nucleation ［J］. Canadian Metallurgical Quarterly, 2001, 40 (2): 221~233.

［69］ 杜林秀, 刘东升, 刘相华, 等. 低碳钢应变诱导相变区变形行为的研究. 机械工程材料 ［J］. 2000, 24 (6): 8~10.

［70］ 杜林秀, 丁桦, 刘相华, 等. 低碳钢控制轧制的温度范围及组织变化 ［J］. 东北大学学报, 2002, 23 (10): 972~975.

［71］ 杜林秀, 高彩茹, 张彩碚, 等. 低碳钢应变诱导铁素体相变发生的温度条件 ［J］. 金属学报, 2002, 38 (10): 1031~1036.

［72］ Bengochea R, Lopez B, Gutierrez I. Microstructural evolution during the austenite-to-ferrite transformation from deformed austenite [J]. Metallurgical and Materials Transactions A, 1998, 29A: 417~426.

[73] 齐鹏远, 刘家奇, 张子谦, 等. 钢材控轧控冷技术在中厚板轧制中的应用 [J]. 科技创新导报, 2018, 15 (35): 81~82.

[74] 王国栋. 新一代控制轧制和控制冷却技术与创新的热轧过程 [J]. 东北大学学报 (自然科学版), 2009, 30 (7): 913~922.

[75] 王国栋. 以超快速冷却为核心的新一代 TMCP 技术 [J]. 上海金属, 2008 (2): 1~5.

[76] 王国栋. 新一代 TMCP 技术的发展 [J]. 中国冶金, 2012, 22 (12): 1~5.

[77] 陈俊. 控轧控冷中微合金钢组织性能调控基本规律研究 [D]. 沈阳: 东北大学, 2014.

[78] 邸洪双. 薄带连铸技术发展现状与展望 [J]. 河南冶金, 2005, 13 (1): 5~7.

[79] 刘振宇, 邱以清, 刘相华, 等. 薄带铸轧中的一些新的冶金学现象及铸轧产业化定位的思考 [C]// 中国工程院化工·冶金与材料工程学部第六届学术会议, 2007.

[80] Luiten E E M, Blok K. Stimulating R&D of industrial energy-efficient technology: the effect of government intervention on the development of strip casting technology [J]. Energy Policy. 2003, 31 (13): 1339~1356.

[81] Wechsler R. The status of twin-roll casting technology [J]. Scandinavian Journal of Metallurgy. 2003, 32 (1): 58~63.

[82] Schäperkötter M, Eichholz H, Kroos J, et al. Direct strip casting (DSC) - an option for the production of HSD steel grades [C]. Proc. 1st Int. Conf. Super-High strength steels, Rome, Italy, 2005, 11.

[83] 刘振宇, 王国栋. 钢的薄带铸轧技术的最新进展及产业化方向 [J]. 鞍钢技术, 2008 (05): 5~12, 26.

[84] Liu Z, Kobayashi Y, Nagai K. Effect of nano-scale copper sulfide particles on the yield strength and work hardening ability in strip casting low carbon steel [J]. Materials Transactions. 2004, 45 (2): 479~487.

[85] 周国平, 刘振宇, 邱以清, 等. 磷的表面逆偏析对铸轧低碳钢力学性能的影响 [J]. 东北大学学报 (自然科学版), 2010, 31 (5): 648~651.

[86] Zhou G P, Liu Z Y, Qiu Y Q, et al. The improvement of weathering resistance by increasing P contents in cast strips of low carbon steels [J]. Materials and Design, 2009, 30 (10): 4342~4347.

[87] Liu Z Y, Zhou G P, Qiu Y Q, et al. Inversed phosphorus segregation in twin roll cast strips for improvement of mechanical properties and weathering resistance [J]. ISIJ International. 2010, 50 (4): 531~539.

[88] 周国平, 刘振宇, 陈俊, 等. 磷的表面逆偏析对铸轧薄带钢耐候性能的影响 [J]. 腐蚀科学与防护学报, 2010, 22 (3): 157~161.

[89] 陈新华. 合金元素对经济耐候钢大气腐蚀协同抑制作用 [D]. 沈阳: 中国科学院金属研究所, 2007.

[90] 张程远. 析出强化型铁素体耐候钢的耐蚀性能和力学性能 [D]. 沈阳: 东北大学, 2019.

索　引